U0292114

钢渣梯级利用技术

徐国平　黄　毅　程慧高　万迎峰　林　路◎编著

图书在版编目(CIP)数据

钢渣梯级利用技术/徐国平等编著. --北京:气象出版社,2016.11

ISBN 978-7-5029-6458-0

Ⅰ.①钢… Ⅱ.①徐… Ⅲ.①钢渣处理 Ⅳ.①TF341.8

中国版本图书馆 CIP 数据核字(2016)第 268760 号

GANGZHA TIJI LIYONG JISHU

钢渣梯级利用技术

徐国平 等 编著

出版发行:气象出版社

地　　址:北京市海淀区中关村南大街 46 号　　**邮政编码**:100081

电　　话:010-68407112(总编室)　010-68409198(发行部)

网　　址:http://www.qxcbs.com　　**E-mail**:qxcbs@cma.gov.cn

责任编辑:彭淑凡　　**终　　审**:邵俊年

责任校对:王丽梅　　**责任技编**:赵相宁

封面设计:博雅思企划

印　　刷:北京中新伟业印刷有限公司

开　　本:787 mm×1092 mm　1/16　　**印　　张**:14

字　　数:341 千字

版　　次:2016 年 11 月第 1 版　　**印　　次**:2016 年 11 月第 1 次印刷

定　　价:68.00 元

本书如存在文字不清、漏印以及缺页、倒页、脱页等,请与本社发行部联系调换

前　言

钢渣是钢铁工业的主要固体废物，每生产1吨钢，即产生钢渣约0.15吨。我国是世界最大的钢铁生产国，2015年，全国粗钢产量约8.04亿吨，同时排放钢渣约1.2亿吨。由于钢渣体积不稳定，磷、硫杂质含量高，磨细能耗大等原因，目前我国钢渣的综合利用率仅为20%左右，造成大量钢渣无法利用而堆积。据统计，目前我国钢渣堆积量已逾10亿吨，既占用大量土地又对周边环境造成严重威胁。因此，进一步推动钢铁企业开展钢渣资源化利用工作，显著提高钢渣的综合利用率已势在必行。

2012年，中钢集团武汉安全环保研究院有限公司承担了国家“十二五”科技支撑计划项目“大型钢铁联合企业废物循环利用技术与示范”中的“钢渣梯级利用与余热梯度回用技术及应用”课题，课题通过研究各类钢渣的理化性质，钢渣的梯级利用模式以及钢渣的显热梯度回用技术，旨在促进钢渣的精细化管理及资源化利用和显热回收水平的提升。本书《钢渣梯级利用技术》为课题的主要成果之一，其作用是指导钢铁企业开展钢渣的梯级利用工作，使钢渣能得到更充分更高水平的利用。

编者按照“分析钢渣的理化性质、明确钢渣适宜的利用途径—提出钢渣梯级利用模式—钢渣的处理和利用技术具体实施方案—案例分析”的思路编写本书，主要内容包括：①钢渣的理化性质分析，主要介绍对34家国内大型钢铁联合企业各类钢渣理化性质统计分析的结果；②钢渣的梯级利用模式，主要介绍钢渣的利用途径分析、梯级利用技术路线及资源化效益评价模型；③钢渣的处理技术，介绍了钢渣热泼、热闷、滚筒、风淬等钢渣处理技术的原理、工艺特点、工艺流程、设备装置、典型案例等；④钢渣资源化利用技术，介绍国内外钢渣资源化利用技术的原理、工艺流程、适应性、设备装置、经济效益、管理建议、相关标准规范、典型案例等；⑤钢渣梯级利用模式的实践，介绍课题利用所建立的钢渣梯级利用模式指导某钢厂实施钢渣资源化利用所形成的技术路线、产品方案、实施步骤、管理建议、经济效益等。在编写过程中，编者力求做到点面结合，既重点突出梯级利用思想，明确系统规划的重要性，又能更全面、具体地介绍每一项钢渣资源化利用技术，特别是明确各项工艺的参数、设备情况、对钢渣性能的要求、经济效益等，以使其能更好地体现本书的指导性作用。

本书的出版获得了国家科技部“十二五”科技支撑计划项目的基金支持，同时，本书引用了大量国内外相关科研机构和企业的研究成果，在此一并对其表示衷心的感谢！

本书所附的光盘内容为钢渣理化性质及应用性能评价数据库，该数据库也为“钢渣梯级利用与余热梯度回用技术及应用”课题成果之一，其版权归中钢集团武汉安全环保研究院有限公司所有。

由于作者的学识水平有限，本书内容难免存在疏漏和不当之处，欢迎读者不吝指正。

编著者

2016 年 7 月

目　　录

前　言

第1章　钢渣的利用现状 …… (1)

1.1　钢渣的产生 …… (1)

1.2　国内外钢渣排放和利用情况 …… (1)

1.3　我国钢渣综合利用工作取得的进展、存在的问题及相关政策 …… (2)

1.3.1　取得的进展 …… (2)

1.3.2　存在的问题 …… (2)

1.3.3　相关政策 …… (2)

第2章　典型钢渣理化性质及应用性能分析 …… (5)

2.1　引言 …… (5)

2.2　钢渣的分类 …… (5)

2.2.1　按工序分类 …… (5)

2.2.2　按碱度分类 …… (6)

2.2.3　按钢渣的处理方式分类 …… (6)

2.2.4　按钢种分类 …… (6)

2.3　典型钢渣的理化性质和应用性能分析 …… (6)

2.3.1　样品和分析测试方法 …… (6)

2.3.2　化学成分、显微结构与物相分析 …… (7)

2.3.3　硫容量、磷容量、黏度和熔化温度分析 …… (14)

2.3.4　典型钢渣的 f-CaO 含量和稳定性分析 …… (14)

2.3.5　典型钢渣的易磨性和胶凝活性分析 …… (17)

2.3.6　不同处理工艺的钢渣理化性质和应用途径比较分析 …… (20)

第3章　钢渣梯级利用模式 …… (26)

3.1　钢渣梯级利用的总体思路 …… (26)

3.2　各类钢渣的梯级利用模式 …… (26)

3.2.1　铁水预处理脱硫渣 …… (26)

3.2.2　转炉渣 …… (28)

3.2.3　电炉渣 …… (30)

3.2.4　精炼渣 …… (31)

3.3　钢铁企业钢渣梯级利用的系统评价和规划 …… (32)

3.3.1　模糊数学法结合层次分析法用于钢渣资源化利用系统评价 …… (32)

3.3.2 钢渣梯级利用系统规划 …… (35)
3.4 结语 …… (36)
第4章 钢渣处理技术及应用实例 …… (37)
4.1 热泼法 …… (37)
4.1.1 工艺流程和特点 …… (37)
4.1.2 存在的问题 …… (37)
4.1.3 应用实例 …… (38)
4.2 浅盘水淬法 …… (38)
4.2.1 工艺流程 …… (38)
4.2.2 工艺优缺点 …… (39)
4.2.3 应用实例 …… (39)
4.3 水淬法 …… (39)
4.3.1 工艺原理 …… (39)
4.3.2 工艺流程和设备 …… (39)
4.3.3 工艺特点 …… (41)
4.3.4 操作安全要求 …… (41)
4.3.5 应用实例 …… (41)
4.4 钢渣余热自解热闷法 …… (42)
4.4.1 工艺原理 …… (43)
4.4.2 工艺流程 …… (43)
4.4.3 工艺特点 …… (44)
4.4.4 应用实例 …… (45)
4.5 风淬法 …… (45)
4.5.1 工艺原理 …… (45)
4.5.2 工艺特点 …… (46)
4.5.3 工艺流程及设备 …… (46)
4.5.4 操作安全要求 …… (47)
4.5.5 应用实例 …… (47)
4.6 滚筒工艺 …… (48)
4.6.1 工艺原理 …… (49)
4.6.2 工艺特点 …… (49)
4.6.3 工艺流程与装置 …… (49)
4.6.4 操作安全要求 …… (50)
4.6.5 应用实例 …… (50)
4.7 粒化轮工艺 …… (51)
4.7.1 嘉恒法 …… (52)
4.7.2 华科法 …… (53)
4.8 气淬工艺 …… (55)
4.8.1 工艺流程 …… (55)

4.8.2　工艺设备和装置 …………………………………………………………（56）
4.8.3　工艺特点 ………………………………………………………………（56）
4.9　钢渣处理技术性能及经济性比较 ………………………………………（57）
第5章　钢渣梯级利用技术及应用实例 ………………………………………（58）
Ⅰ级利用　钢渣在冶金流程中的梯级回用 ……………………………………（58）
5.1　钢渣在冶金流程中梯级回用的潜能及途径 ……………………………（58）
5.1.1　钢渣在冶金流程中梯级回用的潜能 ………………………………（58）
5.1.2　钢渣在冶金流程中的梯级回用途径 ………………………………（59）
5.2　LF精炼渣在LF精炼流程中的回用 ……………………………………（60）
5.2.1　LF精炼渣的要求及特点………………………………………………（60）
5.2.2　LF精炼渣热态回用于LF精炼流程的理论分析 ……………………（60）
5.2.3　应用实例 ………………………………………………………………（61）
5.2.4　经济效益分析 …………………………………………………………（61）
5.3　LF精炼渣在转炉流程中的回用…………………………………………（61）
5.3.1　转炉流程炉渣的要求及特点 …………………………………………（61）
5.3.2　LF精炼渣冷态回用于转炉流程的理论分析…………………………（61）
5.3.3　应用实例 ………………………………………………………………（63）
5.4　LF精炼渣回用于铁水预处理脱硫………………………………………（64）
5.4.1　LF精炼渣回用于铁水预处理脱硫的可行性分析……………………（64）
5.4.2　应用实例 ………………………………………………………………（64）
5.4.3　经济效益分析 …………………………………………………………（64）
5.5　转炉渣热态回用于转炉流程脱磷 ………………………………………（64）
5.5.1　转炉脱磷流程炉渣的要求及特点 ……………………………………（64）
5.5.2　转炉渣回用于转炉流程脱磷的理论分析 ……………………………（64）
5.5.3　应用实例 ………………………………………………………………（65）
5.5.4　经济效益分析 …………………………………………………………（66）
5.6　钢渣在冶金流程中循环回用时存在的问题及解决方案 ………………（66）
5.6.1　LF精炼渣…………………………………………………………………（66）
5.6.2　转炉渣 …………………………………………………………………（67）
5.7　钢渣冶金回用性能的评价指标 …………………………………………（67）
Ⅱ级利用　有价元素提取…………………………………………………………（68）
5.8　钢渣磁选选铁 ……………………………………………………………（68）
5.8.1　概述 ……………………………………………………………………（68）
5.8.2　钢渣中的磁性物质 ……………………………………………………（68）
5.8.3　钢渣湿法选铁工艺 ……………………………………………………（69）
5.8.4　钢渣干法磁选选铁工艺 ………………………………………………（75）
5.8.5　湿法和干法磁选选铁工艺的比较 ……………………………………（78）
5.8.6　对钢铁企业钢渣管理和利用的建议 …………………………………（79）
5.9　钢渣中磷(P)元素的提取…………………………………………………（79）

5.10 钢渣中钒(V)的提取 …………………………………………………………… (80)
5.10.1 含钒钢渣的性质及钢渣提钒概述 …………………………………………… (80)
5.10.2 含钒钢渣提钒实例分析 ……………………………………………………… (84)
5.11 钢渣中铬的提取 ……………………………………………………………… (84)
5.11.1 含铬钢渣的性质及钢渣提铬概述 …………………………………………… (84)
5.11.2 含铬钢渣提铬实例分析 ……………………………………………………… (85)
5.11.3 钢渣提钒、提铬存在的问题 ………………………………………………… (86)
Ⅲ级利用 钢渣的末端利用 ……………………………………………………… (86)
5.12 钢渣在道路工程中的应用 …………………………………………………… (86)
5.12.1 钢渣作为道路工程材料的性能 ……………………………………………… (87)
5.12.2 钢渣桩处理公路软土地基 …………………………………………………… (87)
5.12.3 钢渣在道路底基层和基层中的应用 ………………………………………… (88)
5.12.4 钢渣在道路面层中的应用 …………………………………………………… (94)
5.12.5 钢渣在道路工程中应用存在的问题和解决措施 …………………………… (103)
5.12.6 钢渣在道路工程中应用的适应性 …………………………………………… (106)
5.12.7 对钢企钢渣管理的建议 ……………………………………………………… (106)
5.13 钢渣在建筑工程中的应用 …………………………………………………… (107)
5.13.1 钢渣桩在加固建筑物软土地基中的应用 …………………………………… (107)
5.13.2 钢渣用于工程回填 …………………………………………………………… (110)
5.13.3 钢渣在建筑工程中利用存在的主要问题和建议 …………………………… (112)
5.13.4 钢渣在建筑工程中利用的经济效益分析 …………………………………… (112)
5.14 钢渣用于配烧水泥熟料 ……………………………………………………… (113)
5.14.1 概述 …………………………………………………………………………… (113)
5.14.2 对钢渣的技术要求 …………………………………………………………… (113)
5.14.3 经济效益分析 ………………………………………………………………… (114)
5.14.4 应用实例——转炉钢渣替代铁粉配料在5000 t/d生产线上的应用 …… (114)
5.14.5 存在问题 ……………………………………………………………………… (116)
5.15 钢渣制备钢渣粉及其在水泥和混凝土中的应用 …………………………… (116)
5.15.1 概述 …………………………………………………………………………… (116)
5.15.2 钢渣粉的胶凝活性及影响因素 ……………………………………………… (117)
5.15.3 钢铁渣复合粉作混凝土掺合料对混凝土性能的影响 ……………………… (117)
5.15.4 钢渣粉的生产工艺和设备 …………………………………………………… (118)
5.15.5 钢渣粉及钢渣水泥和混凝土相关规范和标准 ……………………………… (120)
5.15.6 经济效益分析 ………………………………………………………………… (122)
5.15.7 应用实例 ……………………………………………………………………… (123)
5.16 钢渣建材产品 ………………………………………………………………… (127)
5.16.1 概述 …………………………………………………………………………… (127)
5.16.2 钢渣透水混凝土 ……………………………………………………………… (127)
5.16.3 钢渣配重混凝土 ……………………………………………………………… (130)

5.16.4 钢渣混凝土多孔砖和路面砖 …… (132)
5.16.5 钢渣泡沫混凝土砌块 …… (134)
5.16.6 钢渣预拌砂浆 …… (135)
5.16.7 钢渣用于矿山胶结充填材料 …… (138)
5.16.8 钢渣混凝土膨胀剂 …… (138)
5.16.9 钢渣人造石材 …… (139)
5.16.10 钢渣微晶玻璃 …… (140)
5.16.11 其他建材产品 …… (143)
5.16.12 存在的主要问题及解决方案 …… (145)
5.16.13 对钢铁企业钢渣管理和应用的建议 …… (145)
5.17 钢渣用作酸性土壤改良剂和肥料 …… (145)
5.17.1 钢渣用作酸性土壤改良剂 …… (145)
5.17.2 钢渣用作肥料 …… (149)
5.18 钢渣用于废水和废气处理 …… (152)
5.18.1 概述 …… (152)
5.18.2 钢渣用于废水处理 …… (153)
5.18.3 钢渣用于吸收 CO_2 联产轻质 $CaCO_3$ …… (157)
5.18.4 钢渣用于烟气脱硫 …… (159)
5.19 钢渣的海洋利用 …… (161)
5.19.1 概述 …… (161)
5.19.2 研究和应用现状 …… (161)
5.20 钢渣制备其他无机材料 …… (166)
5.20.1 钢渣除锈磨料 …… (166)
5.20.2 钢渣制备硫酸亚铁和氧化铁颜料 …… (167)
5.20.3 钢渣制备絮凝剂 …… (168)
5.20.4 精炼渣制取 Al_2O_3 …… (168)
第6章 钢渣梯级利用模式的实践 …… (169)
6.1 企业概况 …… (169)
6.2 钢渣的处理和利用现状 …… (169)
6.2.1 钢渣处理现状 …… (169)
6.2.2 钢渣利用现状 …… (170)
6.3 开展钢渣梯级利用的必要性和意义 …… (170)
6.4 A钢厂钢渣理化性质和应用性能分析 …… (171)
6.4.1 转炉渣 …… (171)
6.4.2 精炼渣 …… (177)
6.5 钢渣梯级利用模式 …… (179)
6.5.1 指导思想和原则 …… (179)
6.5.2 钢渣预处理和磁选选铁工艺存在的问题和建议 …… (180)
6.5.3 钢渣应用途径分析 …… (180)

6.5.4 A钢厂钢渣梯级利用模式的构建 …………………………………… (191)
第7章 钢渣理化性质及应用性能评价数据库 ………………………… (201)
7.1 数据库简介 …………………………………………………………… (201)
7.2 数据库内容和功能 …………………………………………………… (202)
7.2.1 钢渣理化性质和应用性能分析数据 ……………………………… (202)
7.2.2 钢渣应用性能评价 ………………………………………………… (203)
7.2.3 钢渣综合利用的相关资料、技术信息等 …………………………… (203)
参考文献 …………………………………………………………………… (206)
附　录 书中涉及的国家和地方标准名单 ……………………………… (210)

第1章　钢渣的利用现状

1.1　钢渣的产生

钢渣是指炼钢过程中排出的熔渣，主要包括金属炉料中各元素被氧化后生成的氧化物，被侵蚀的炉衬料，补炉材料、金属材料带入的杂质和为了调整钢渣性质而特意加入的造渣材料等，如石灰石、白云石、铁矿石、萤石等。钢渣是钢铁工业的主要固体废物，每生产1 t钢，即产生钢渣约0.15 t，现今我国已成为世界第一产钢大国，2013年粗钢产量逾7亿t，排放钢渣约1亿t。

1.2　国内外钢渣排放和利用情况

表1-1所示为中国、日本、美国和欧洲钢渣的排放和利用情况。由表1-1可以看出，中国的钢渣排放量要远大于日本、美国及欧洲地区，但利用率却明显偏低。目前，国内外钢渣的利用途径主要包括冶金回用、道路工程材料，水泥生产、土壤改良和肥料等。我们通过对国内34家典型钢铁厂炼钢过程产生的钢渣利用情况调研发现，多数钢厂将钢渣选铁后，大多直接外售用于筑路，利用层次较低，同时利用率较低；部分用作生产钢渣粉、钢渣水泥、钢渣砖等，少数企业选铁后返回冶炼内循环利用，如作烧结配料、炼钢造渣剂或氧化剂等。

表1-1　部分国家或区域钢渣排放及利用情况

国家/地区	年度	钢渣排放量	钢渣利用途径	钢渣利用率
中国	2010	8147万t，累计堆存量9亿余吨	钢渣粉5.14%，水泥28.58%，道路工程及工程回填60.27%，钢渣砖1%	22%
日本	2014	1507.8万t，其中转炉渣1224.7万t，电炉渣283.1万t	内部回用20.8%，道路工程32.4%，水泥3.4%，土壤改良3.9%，市政工程30.9%，厂外回用0.9%，其他6.4%	98.7%
欧洲	2010	2180万t，其中转炉渣占48%，电炉渣占39%，精炼渣占13%	道路工程48%，冶金回用10%，水泥生产6%，水利工程3%，肥料3%，其他6%	76%
美国	2009	约1000万t	道路工程约占68%，水泥生产约占2.2%，土壤改良剂等0.5%，其他16.5%	87%

1.3 我国钢渣综合利用工作取得的进展、存在的问题及相关政策

1.3.1 取得的进展

近年来，我国加强了钢渣的综合利用的研究和应用，取得了一定成效，综合利用率也从不足10%提高到22%，主要包括以下四个方面。

(1)钢渣处理技术不断推陈出新。如中冶建研院开发的钢渣余热自解热闷技术，有效解决了钢渣中游离CaO和游离MgO的问题，同时还可回收钢渣余热，目前已在国内多家钢厂建设了该项技术的生产线；唐钢开发了钢渣气淬技术，具有处理周期短、余热利用率高、单质铁回收比例大等特点。

(2)钢渣资源化利用技术不断发展。近年来，钢铁企业以及各大科研机构积极开展了钢渣综合利用技术研究和应用，取得了一定的成果，其中一些成果已经实现产业化并在逐步推广应用。中冶建研院开发的钢铁渣复合粉技术可充分发挥钢渣与矿渣二者优点，用于混凝土可优化混凝土结构，提高其抗渗性、耐磨性和抗钢筋腐蚀能力，改善其耐久性。宝钢开发的钢渣透水砖已成功应用于上海世博工程，首钢的钢渣预拌砂浆也已应用于北京奥运工程。武钢发明的钢渣复合料技术可用于道路路面的铺设并具有比普通水泥路面更好的性能。武汉理工大学用钢渣代替石灰岩和玄武岩碎石制备钢渣沥青玛蹄脂混合料，并在武汉铺设了多条试验路面，取得了很好的效果。另外，还有钢渣泡沫混凝土，钢渣彩色路面砖，钢渣除锈磨料，钢渣生产抗硫酸盐水泥，钢渣用于烟气脱硫等产品和技术相继开发。这些钢渣资源化利用技术为提高我国钢渣综合利用率、提升钢渣综合利用水平起到了重要作用。

(3)装备水平不断提高。近几年来，通过技术创新和引进、消化国外的先进设备，冶金渣处理利用装备水平不断提高。钢渣余热自解热闷处理工艺设备、钢渣滚筒工艺设备、钢渣风淬、水淬工艺设备等，已在液态钢渣加工处理上推广应用。钢渣的节能粉磨设备在引进国外卧式辊磨设备基础上，消化创新，自行设计的卧式辊磨也在试制过程中。渣钢提纯和磁选设备在引进国外钢渣棒磨机和宽带磁选机的基础上，消化创新，研发了国产钢渣提纯棒磨机和宽带磁选机，并在国内钢渣加工生产线上开始应用。

(4)钢渣综合利用技术标准体系逐步完善。目前，我国颁布的钢渣综合利用相关标准已有30多项，主要包括产品标准及基础和方法标准。标准体系逐步完善对于钢渣产品进入市场、指导企业合理利用钢渣具有重要意义。

1.3.2 存在的问题

虽然近几年我国钢渣综合利用工作取得了一定的进展，综合利用率有所提高，但仍然存在诸多问题，主要包括：①近年来炼钢原料、工艺有了新的变化，但缺乏对钢渣理化性质和应用性能的全面、系统、深入的研究；②在钢铁生产流程内钢渣梯级利用不充分，整体利用率仍然偏低，不能针对钢渣的特性选取合理的资源化途径，管理和利用方式仍然比较粗放；③缺乏高附加值的钢渣利用技术；④政策扶持的力度及技术推广应用工作需继续加强。

1.3.3 相关政策

《国民经济和社会发展第十二个五年规划纲要》中明确指出，要大力发展循环经济，要加

快推行清洁生产，在农业、工业、建筑、商贸服务等重点领域推进清洁生产示范，从源头和全过程控制污染物产生和排放，降低资源消耗。加强共伴生矿产及尾矿综合利用，提高资源综合利用水平。推进大宗工业固体废物和建筑、道路废弃物以及农林废物资源化利用，工业固体废物综合利用率达到72%。按照循环经济要求规划，建设和改造各类产业园区，实现土地集约利用、废物交换利用、能量梯级利用、废水循环利用和污染物集中处理。推动产业循环式组合，构筑链接循环的产业体系。资源产出率提高15%。

为贯彻《国民经济和社会发展第十二个五年规划纲要》，落实节约资源和保护环境基本国策，深入推进"十二五"时期的资源综合利用工作，促进循环经济发展，2011年，发改委组织编制了《"十二五"资源综合利用指导意见》(简称《指导意见》)和《大宗固体废物综合利用实施方案》(简称《实施方案》)。《指导意见》提出要建立和完善鼓励资源综合利用的投资、价格、财税、信贷、政府采购等激励措施，加强资源综合利用制度建设，在煤炭、电力、石油石化、钢铁等行业中选取利用量大、产值高、技术装备先进、引领示范作用突出的资源综合利用骨干企业，予以重点扶持和培育，加快资源综合利用前沿技术的研发与集成，推动科技成果转化为现实生产力，提高资源综合利用技术装备标准化、系列化、成套化和国产化水平。其中冶炼渣的重点利用领域是进一步推广高炉渣和钢渣在生产建材、回收有用组分等综合利用。《实施方案》提出的冶炼渣利用目标是到2015年，冶炼渣综合利用率提高到70%，通过实施重点工程新增4000万吨的年产能。主要任务包含鼓励钢厂推广应用钢渣"零排放"技术，推动建立技术创新体系，加大钢渣处理、渣钢提纯磁选等先进技术研发力度，突破制约冶炼渣利用的技术瓶颈；大力发展钢渣余热自解稳定化处理，提高金属回收率，推广生产钢铁渣复合粉作水泥和混凝土掺合料；加快制定冶炼渣综合利用的技术、产品和应用标准，拓宽综合利用产品市场。重点工程包含建设一批钢渣预处理和"零排放"示范项目；建设10个利用高炉渣、钢渣复合粉生产水泥和混凝土掺合料示范项目。

为贯彻《国民经济和社会发展第十二个五年规划纲要》和《工业转型升级规划(2011—2015年)》的总体部署，落实国务院发展节能环保战略性新兴产业的具体要求，全面推进我国大宗工业固体废物综合利用工作，提高综合利用技术水平，工业和信息化部制定和发布了《大宗工业固体废物综合利用"十二五"规划》，规划提出我国冶炼渣的综合利用率要达到75%(2010年为60%)，其中钢铁渣的重点发展领域包括推广钢渣自解及稳定化技术、大规模低能耗破碎磁选技术、钢渣微粉和钢铁渣复合微粉应用技术，发展钢铁渣在路面基层材料、采矿充填胶凝材料及建筑材料中的应用，实现钢铁渣集约化、规模化综合利用。钢渣综合利用重点工程包括促进钢渣热闷自解、低能耗破碎磁选提取渣钢、生产钢渣微粉和钢、矿渣复合微粉为核心内容的整体利用，建设和改造一批专业钢渣预处理、钢渣微粉和钢、矿渣复合微粉项目；在钢渣生产微膨胀型充填采矿专用胶凝材料等特种胶凝材料方面，建设若干个示范项目，实现年消纳钢渣5475万吨，预计年产值125亿元。

2010年，中国废钢铁协会发布的《冶金渣开发利用产业"十二五"发展规划》提出了"十二五"期间我国冶金渣利用目标，到2015年钢渣的利用率要达到60%，重点发展的技术包括：钢渣高压热闷处理技术设备的研发和应用，钢渣滚筒技术的完善、研发和应用，钢渣风淬水淬技术的完善、研发和应用，铁合金渣处理技术的研发和应用，不锈钢渣处理技术的研发和应用，钢渣高效宽带磁选设备的研发，渣钢产品深加工生产TFe>90%的渣钢技术和TFe>60%的磁选粉技术的研发和应用，冶金渣尘泥中钒、钛、稀土、锌等贵金属的提取技术的研发，钢铁渣复合粉生产工艺技术研发及应用，钢渣粉加工技术和设备的研发和应用，等等。

2013 年环保部发布的《钢铁工业污染防治技术政策》规定："钢渣应采用滚筒法、热闷法、浅盘热泼法、水淬法等工艺处理，处理后的钢渣宜用于生产钢渣微粉（水泥）或替代石灰（石灰石）熔剂用于烧结等。"

第2章 典型钢渣理化性质及应用性能分析

2.1 引言

钢渣的分类方法有很多，主要根据炼钢工序分类，也可根据其碱度大小、钢种以及预处理方式等进行分类。不论钢渣按照哪种方法分类，不同种类钢渣的理化性质有所差异，而钢渣的理化性质又直接决定了钢渣可资源化利用的途径，如钢渣的胶凝活性的大小决定了其是否适合用于水泥混合材，钢渣的 Fe_2O_3 含量决定了其作为水泥铁质校正原料的可行性等，因此，有必要对钢渣进行分类分析。

2.2 钢渣的分类

2.2.1 按工序分类

近代钢铁工业发展至现阶段，基本形成了两类流程：①以铁矿石、煤炭为源头的高炉—转炉—精炼—连铸—热轧流程，即长流程；②以废钢、电力为源头的电炉—精炼—连铸—热轧流程，即短流程。某厂炼钢工艺流程如图 2-1 所示，钢渣产生环节包括铁水脱硫工序、转炉和电炉冶炼以及精炼和连铸等工序。因此，根据炼钢工序钢渣可以分为铁水预处理脱硫渣，转炉渣、电炉渣，精炼渣，铸余渣。

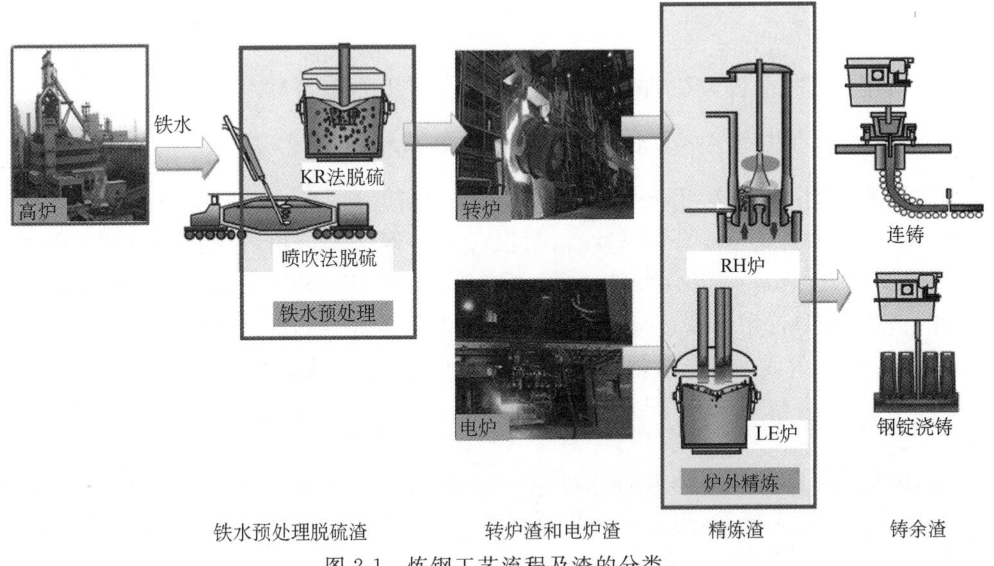

图 2-1 炼钢工艺流程及渣的分类

2.2.2 按碱度分类

钢渣的碱度是指其主要成分中的碱性氧化物和酸性氧化物的含量比，计算公式为碱度 $R=\%CaO/(\%SiO_2+\%P_2O_5)$。Mason[1] 提出碱度<1.8 的钢渣属于低碱度钢渣，碱度在 1.8 到 2.5 之间的钢渣属中碱度钢渣，碱度>2.5 的钢渣为高碱度钢渣。钢渣的矿物组成与其碱度密切相关，因此，钢渣的碱度也影响其应用性能。

2.2.3 按钢渣的处理方式分类

钢渣按照钢渣的处理方式不同可分为热泼渣、热闷渣、水淬渣、风淬渣、滚筒渣等。不同处理方式对钢渣的理化性质如粒度、游离氧化钙含量、矿物组成、微观形貌等都有重要影响，因此，不同处理方式的钢渣最佳利用途径应该有所不同。

2.2.4 按钢种分类

冶炼不同的钢种所产生的渣的性质也有所区别，如不锈钢钢渣中往往 Cr_2O_3 含量较普通碳钢钢渣中大。又如在 LF 精炼中，冶炼不同的钢种，钢水中 O、S 含量要求等的不同使得精炼渣的成分会有比较大的差异。

2.3 典型钢渣的理化性质和应用性能分析

为了掌握我国各类钢渣的理化性质特点，我们对我国 34 家大型联合钢铁企业的各类钢渣样品的化学成分、物相组成、显微结构、稳定性、胶凝活性、易磨性、冶金回用性能等理化性质和应用性能进行了分析测试，并对分析测试结果进行了统计分析，从而为钢渣的综合利用提供坚实的数据支撑。

2.3.1 样品和分析测试方法

2.3.1.1 分析样品

分析所用钢渣样品皆为在钢企渣场所取的未经陈化的新鲜样品。

2.3.1.2 钢渣的化学成分、物相分析和显微结构分析方法

各类钢渣经烘干、破碎、手工拣选和磁选选铁后研磨至 80 μm 以下，用 X 射线荧光光谱分析仪(XRF)测试其化学成分，X 射线衍射仪(XRD)测试其矿相，根据行业标准《钢渣化学分析方法》(YB/T 140—2009)中的规定测试其金属铁(MFe)和 *f*-CaO。选取钢渣样品经磨面、抛光、清洗处理后，用扫描显微电镜(SEM)背散射电子像(BEI)观察试样中各物相的显微形貌，并结合 X 射线能量色散谱(EDS)对各物相的化学组成进行分析。

2.3.1.3 钢渣的稳定性、易磨性和胶凝活性分析方法

钢渣的稳定性按照国家标准《钢渣稳定性试验方法》(GB/T 24175—2009)规定的方法测定，易磨性按照行业标准《冶炼渣易磨性试验方法》(YB/T 4186—2009)规定的方法测定，胶凝活性按照《用于水泥和混凝土中的钢渣粉》(GB/T 20491—2006)附录 A 的规定测定。

2.3.1.4 钢渣的光学碱度、硫容量、磷容量、熔点及黏度计算方法

光学碱度 Λ 由公式(2-1)计算：

$$\Lambda = \sum_{i=1}^{n} x_i \Lambda_i \tag{2-1}$$

式中，Λ_i 为氧化物的光学碱度，其值见表 2-1；x_i 为氧化物在渣中氧原子的摩尔分数。

表 2-1 炉渣各组元的光学碱度值

Fe_2O_3	CaO	SiO_2	MgO	V_2O_5	TiO_2	MnO	Al_2O_3	P_2O_5	Na_2O	K_2O	BaO	Cr_2O_3
0.48	1.00	0.48	0.78	0.75	0.61	0.59	0.61	0.40	1.15	1.40	1.15	0.55

$$\lg C_s = \left(\frac{22690 - 54640\Lambda}{T}\right) + 43.6\Lambda - 25.2 \tag{2-2}$$

式中，C_s 为硫化物容量；T 为炉渣温度，单位 K。

炉渣的磷容量可以由公式(2-3)求出：

$$\lg C_{PO_4^{3-}} = \frac{32912}{T} - 27.90 + 21.55\Lambda \tag{2-3}$$

式中，$C_{PO_4^{3-}}$ 为磷酸盐容量；T 为炉渣温度，单位 K。

根据 XRF 的分析结果，利用 FactSage 软件中的 Equilib 模块计算炉渣的熔化温度，利用软件中的 Viscosity 模块计算不同温度下炉渣的黏度。

2.3.2 化学成分、显微结构与物相分析

2.3.2.1 铁水脱硫渣的化学成分、显微结构和物相分析

铁水脱硫是 20 世纪 70 年代发展起来的铁水处理工艺技术，它已成为现代钢铁企业优化工艺流程的重要组成部分。采用铁水脱硫，不仅可以减轻高炉负担，降低焦比，减少渣量和提高生产率，也使转炉不必为脱硫而采取大渣量高碱度操作，因为在转炉高氧化性炉渣条件下脱硫是相当困难的。因此，铁水脱硫已成为现代钢铁工业优化工艺流程的重要手段，是提高钢质量、扩大品种的主要措施。目前，铁水脱硫常用的脱硫剂有四种，即石灰(CaO)基脱硫剂、苏打(Na_2CO_3)脱硫剂、电石(CaC_2)基脱硫剂和镁(Mg)基脱硫剂。

铁水脱硫渣即在铁水脱硫工序所产生的高温炉渣。通过对各钢铁企业的脱硫渣的理化性质分析可以发现，脱硫渣的化学成分与使用的脱硫剂的种类密切相关，几种典型的脱硫剂及其形成的脱硫渣的化学成分见表 2-2，XRD 分析见图 2-2。由表 2-2 可知，脱硫渣的 SO_3 和 MFe 含量较高，其他主要化学成分为 CaO、MgO、SiO_2 和 Fe_2O_3。由图 2-2(a)可知，以 CaO 为脱硫剂的脱硫渣的主要物相为游离 CaO、$Ca(OH)_2$(CH)、铁酸钙及少量二价金属氧化物固溶体相(RO)和硅酸二钙($2CaO \cdot SiO_2$，简式 C_2S)；由图 2-2(b)可知，以 CaC_2 为脱硫剂的脱硫渣含大量石墨，还有少量铝硅酸钙和单质铁等物相，石墨的存在使得脱硫渣在处理过程中存在严重的粉尘污染；由图 2-2(c)可知，钙镁复合脱硫渣的主要物相为游离 CaO、C_2S、镁黄长石、氧化铁、MgO 等，由于该样品中 SO_3 含量高达 10%以上，还出现了明显的 CaS 和 $CaSO_4$ 相。

通过对 16 种铁水脱硫渣的显微结构进行分析后，发现渣中的 S 可以以 CaS、$CaSO_3$、$CaSO_4$、FeS 形式存在或固溶在硅酸钙相中。

由以上分析可知，铁水脱硫渣物相组成较为复杂，渣中的 S 和 MFe 含量较高，而硅酸二

钙(C_2S)，硅酸三钙($3CaO \cdot SiO_2$，简式 C_3S)等胶凝活性物质含量较少，这些都限制了其在建材领域中的应用。因此，在实际利用中脱硫渣应考虑各组分梯级利用，回收其中的铁和片状石墨后，再考虑回用渣中的 CaO、MgO 等物质。

表 2-2　典型脱硫渣的化学成分 (%)

脱硫剂＼成分	SiO_2	CaO	Al_2O_3	MgO	Fe_2O_3	MnO	SO_3	MFe
CaO	13.32	49.07	1.67	0.87	17.20	0.01	1.67	2.73
CaC_2	18.94	25.89	4.81	5.48	30.30	0.20	2.19	3.21
CaO-Mg 复合	8.14	41.60	1.97	11.77	24.50	0.01	11.29	5.42

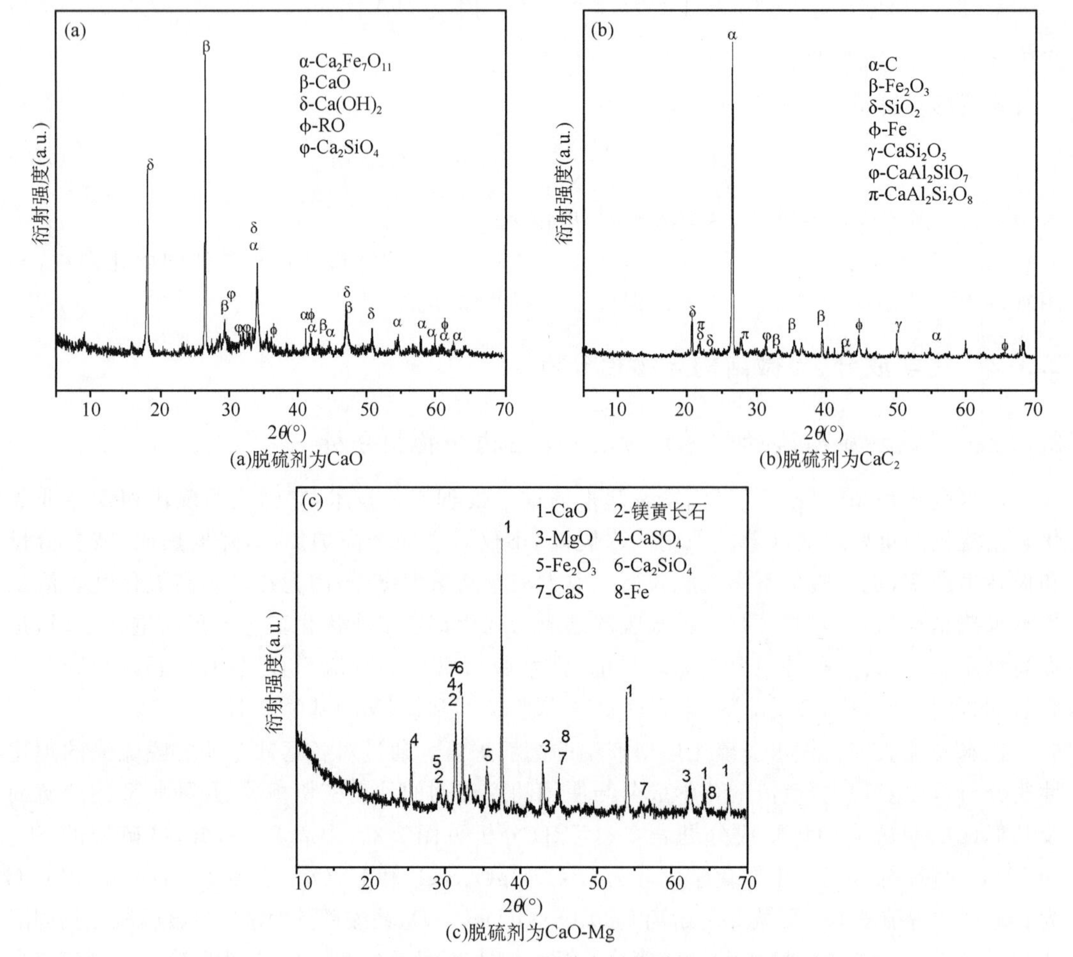

(a)脱硫剂为CaO　(b)脱硫剂为CaC_2　(c)脱硫剂为CaO-Mg

图 2-2　以 CaO、CaC_2 和 CaO-Mg 为脱硫剂的脱硫渣的 XRD 分析图

2.3.2.2　转炉钢渣的化学成分、显微结构和物相分析

在所取得的转炉渣样品中，除 2 个样品属低碱度渣外，其他样品属中高碱度渣。中高碱度渣样品的化学成分范围和平均值见表 2-3，由表 2-3 可知，转炉钢渣的主要成分为 CaO、Fe_2O_3 和 SiO_2，三者含量占总组分的 85%左右。另外，我们需要关注的是钢渣中的 P_2O_5 含量，因为 P_2O_5 含量关系到转炉渣回用到炼铁或炼钢流程中的价值。若 P_2O_5 含量过高，当转

炉渣回用于烧结、高炉或转炉时易造成铁水和钢水的回磷，加重了铁水和钢水的脱磷负担。国家标准《冶金炉料用钢渣》(YB/T 802—2009)规定用钢渣作烧结料时的 P_2O_5 含量≤1%。国际钢协 2006 年对世界范围内 29 家钢厂所做的调研表明，当钢渣中 P 含量>0.5%(即 P_2O_5 含量>1.15%时)，钢渣回用到炼铁或炼钢流程中的比率大大降低[2]。我们所分析样品中的 P_2O_5 平均含量达 2.06%，最大值达 3.38%，因此，大多数样品在炼铁或炼钢流程中回用时应注意磷平衡的核算，避免造成钢渣中磷富集和铁水质量恶化的现象。

2 个低碱度渣的成分如表 2-4 所示。由表 2-4 可知，2 个低碱度渣样品的化学成分与其他样品相比较为特殊，其中 1 个样品 V_2O_5 含量较大，另一个样品 Cr_2O_3 含量较大。

表 2-3 转炉渣的化学成分 (%)

成分	SiO_2	CaO	Al_2O_3	MgO	Fe_2O_3	P_2O_5	MnO	碱度
范围	10.59～19.26	38.15～51.19	0.82～4.36	2.04～10.85	20.90～31.44	0.43～3.38	0.01～6.29	1.94～5.20
平均值	13.74	44.34	2.10	5.74	26.16	2.06	2.39	2.91

表 2-4 低碱度转炉渣的化学成分 (%)

成分	SiO_2	CaO	Al_2O_3	MgO	Fe_2O_3	P_2O_5	MnO	V_2O_5	Cr_2O_3	碱度
样品 1	12.68	15.13	3.52	7.74	42.53	0.91	3.98	6.96	0.13	1.11
样品 2	23.97	28.42	7.07	8.59	10.01	0.43	3.76	0.56	12.43	1.16

钢渣的矿物组成与钢渣碱度有密切关系，同时也受钢渣的处理方式的影响。图 2-3，图 2-4 所示分别为不同碱度的热泼渣样和热闷渣样的 XRD 分析图。由图 2-3 可知，热泼钢渣的主要矿物相为 C_2S、C_3S、铁酸二钙(C_2F)、铁酸一钙(CF)、RO 相、镁橄榄石、CaO 和 CH。C_3S 更易出现在高碱度渣中而镁橄榄石更易在低碱度渣中出现，这基本符合 Mason B 关于钢渣碱度与矿物组成的关系[1]。但对于热闷渣，这一规律并不明显(见图 2-4)，在中高碱度渣中都有 C_3S 和橄榄石的生成，且碱度为 2.98 的样品 C_3S 的衍射峰不明显，这可能是因为碱度为 2.98 的样品中铁酸钙的含量较高，从而使与 SiO_2 结合的 CaO 量减少的缘故。另外，钢渣在蒸压的环境里，C_3S 易分解为 C_2S，各厂家的热闷工艺又有所差别，因此，使得钢渣中 C_3S 的含量与碱度的关系规律变得不明显。

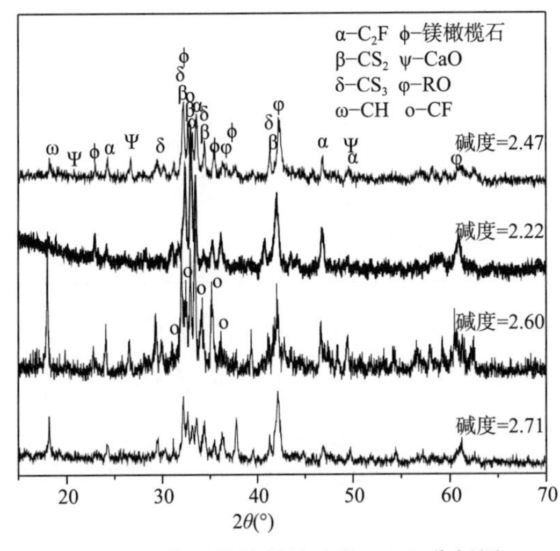

图 2-3 典型热泼转炉渣的 XRD 分析图

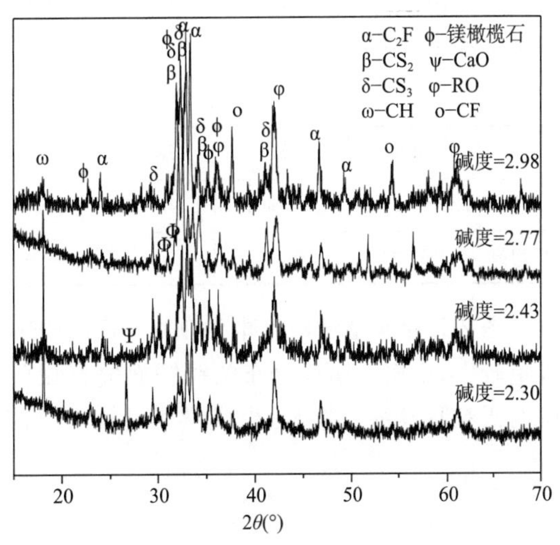

图 2-4 典型热闷转炉渣的 XRD 分析图

由上述XRD分析可知，不论是热泼渣还是热闷渣，在所取得转炉渣样品中最主要的物相是硅酸钙相、铁酸钙相、RO相和*f*-CaO相，图2-5为某典型转炉钢渣的SEM-BEI图，显示了这些物相的显微形貌，其中A物相为板状、针状和无规则状的铁酸钙相；B物相为圆形、板状和鬼手状的硅酸钙相(固溶少量P)，散布于其他物相中；C相为无规则状的RO相；D相为堆积颗粒状游离CaO，应为C_3S在高温冷却段分解所形成，E相为金属铁。

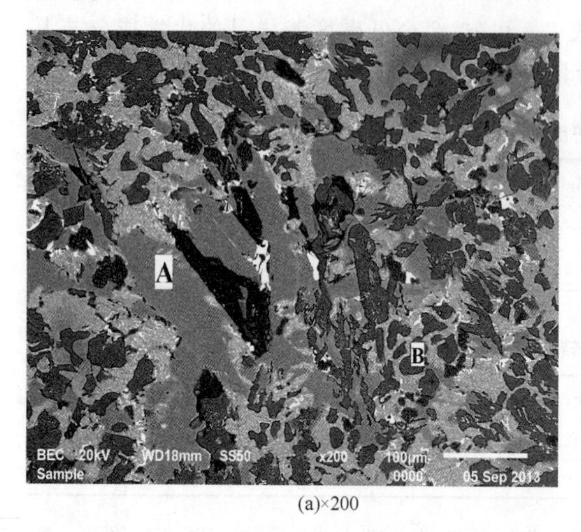

(a)×200

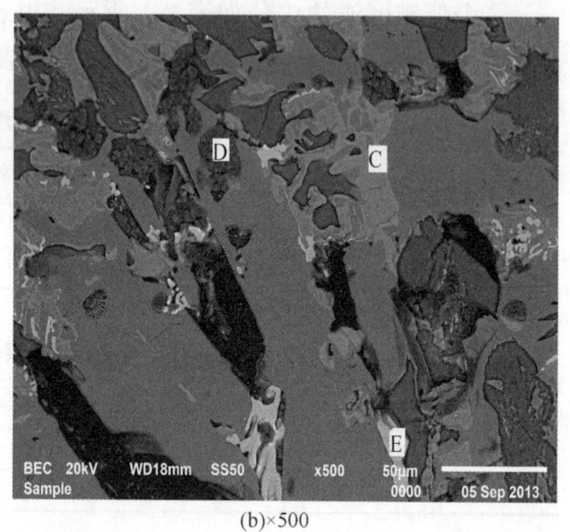

(b)×500

图2-5　典型转炉渣的SEM-BEI图

2.3.2.3　电炉渣的化学成分、显微结构和物相分析

电炉渣含铁量高，缓冷成坨，颜色黑，硬度高。表2-5所示为电炉渣的化学成分范围。由表2-5可知，电炉渣的主要化学组成是SiO_2、CaO和Fe_2O_3等，三者含量占总组分的85%左右。与转炉渣相比，总体上，电炉渣的碱度偏小。图2-6所示为三种碱度小于2的电炉渣的XRD分析图，由图2-6可知，三种电炉渣的主要物相包括C_2F、RO、C_2S、铁橄榄石、镁黄长石等。由于碱度较低，RO相生成量普遍较大，C_2S的生成量相对较少，胶凝活性较低，因而不适用于制钢渣水泥。

表2-5　电炉渣的化学成分　(%)

成分	SiO_2	CaO	Al_2O_3	MgO	Fe_2O_3	P_2O_5	MnO	碱度
范围	11.55～21.54	24.71～45.35	1.80～15.89	2.04～6.79	23.10～48.13	0.14～2.63	0.01～5.36	1.26～2.93
平均值	16.29	35.05	4.69	3.23	33.36	1.48	3.12	2.15

图2-7为典型低碱度电炉渣的SEM-BEI图。图2-7中A相为圆形、纺锤形的RO相，生成量较大；B相为连续分布的钙铁橄榄石相(固溶少量Al_2O_3和MgO)；C相为镶嵌于B相中的圆粒状硅酸二钙相，生成量相对较小，与XRD分析结论相符。

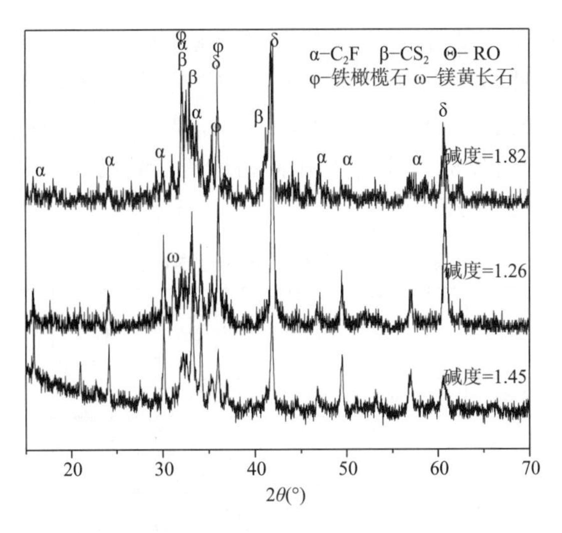

图 2-6 典型电炉钢渣的 XRD 分析图

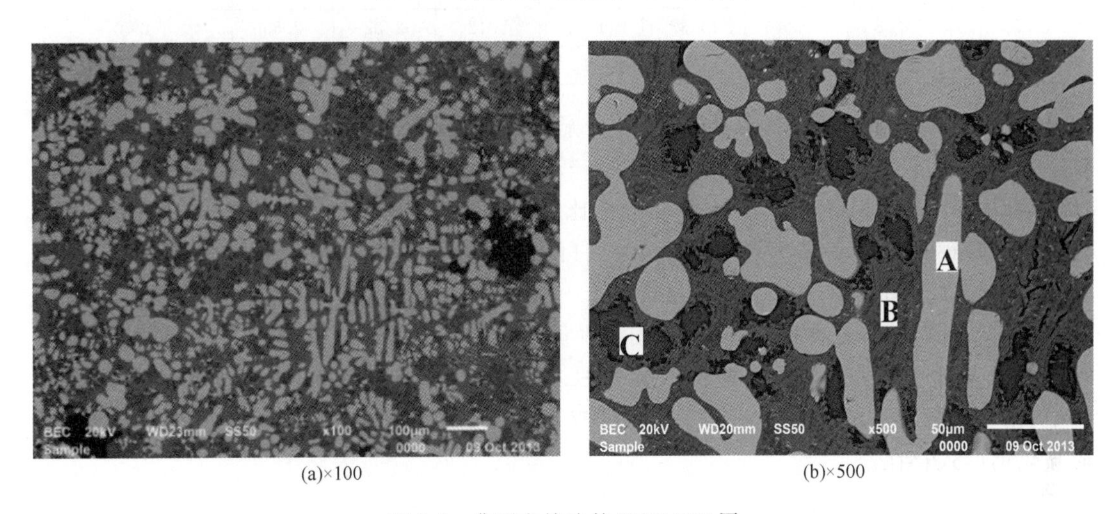

(a)×100 (b)×500

图 2-7 典型电炉渣的 SEM-BEI 图

2.3.2.4 精炼渣的化学成分、显微结构和矿物相分析

由于精炼渣的主要作用有脱氧、脱硫、防止二次氧化、吸附夹杂及保护包衬耐火材料等，因而在渣系选择上必须满足适宜的碱度、低氧化性和高流动性等条件。到目前为止，各国的冶金工作者已研究出了许多精炼渣系，比较常用的是 $CaO\text{-}CaF_2$、$CaO\text{-}Al_2O_3$、$CaO\text{-}Al_2O_3\text{-}CaF_2$ 和 $CaO\text{-}Al_2O_3\text{-}SiO_2$ 为基的精炼渣系。我们将所取精炼渣分为无氟(F)和含氟(F)两类，表 2-6 和图 2-8 所示分别为 34 家钢铁企业几种典型无 F 渣(NF1-3)和含 F 渣(F1-4)的化学成分和 XRD 分析图。由表 2-6 可知，精炼渣中的主要成分为 CaO、Al_2O_3、MgO、SiO_2 和 Fe_2O_3，表 2-6 所示渣样基本覆盖了上述精炼渣系。精炼渣中 Fe_2O_3 含量要明显低于转炉和电炉渣，这与精炼工序的还原气氛有关，SO_3 含量普遍较高，且 $\omega(CaO+MgO)/\omega(SiO_2+Al_2O_3)$ 比值越大，渣中 S 含量越高，一定程度说明精炼渣中的碱度越大，脱硫能力越强。由图 2-8(a)可知，无氟精炼渣中含 Al_2O_3 较高的样品 NF1 和 NF3 主要矿物相是铝酸钙类物质，而 NF2 含 SiO_2 和 MgO 量较大，镁黄长石为主要物相。由图 2-8(b)可知，含氟渣中的 F

主要以氟硅酸钙和 CaF_2 的形式存在，化学成分主要是 CaO、SiO_2 和 SO_3 的样品 F2 主要物相为硫硅钙石，而 SiO_2、Al_2O_3、MgO 含量较高的 F3 主要以镁黄长石和铝黄长石相为主，F4 以硅酸钙、镁铝尖晶石、镁黄长石和铝黄长石相为主，样品 F1 中 SiO_2、CaO 含量较高，因此以硅酸钙相为主。从上面的分析可以看出，不同精炼渣样品成分和物相差别较大，在利用时应根据这种差异探寻不同的利用途径。

表 2-6　典型精炼渣的化学成分　(%)

编号＼成分	SiO_2	CaO	Al_2O_3	MgO	Fe_2O_3	SO_3	F	$\omega(CaO+MgO)/\omega(SiO_2+Al_2O_3)$
NF1	5.71	52.86	23.86	4.88	3.53	2.18	—	1.95
NF2	33.02	35.59	6.91	13.45	1.88	0.42	—	1.23
NF3	12.10	54.62	23.54	4.48	1.74	2.11	—	1.66
F1	27.40	58.04	6.10	5.44	0.49	1.68	4.02	1.90
F2	11.24	61.25	2.35	2.08	8.59	7.27	1.92	4.66
F3	17.58	42.58	14.33	11.79	5.12	2.22	2.55	1.70
F4	20.38	41.43	21.28	7.42	3.57	0.28	0.84	1.17

图 2-9(a)和(b)所示为无氟渣 NF3 和含氟渣 F1 的 SEM-BEI 图。由图 2-9(a)可见，无氟渣 NF3 质地较为致密但多裂纹，物相分布较均匀，结构清晰，图中 A、C 物相为铝酸钙相(固溶少量 S、SiO_2、MgO)，其中 A 物相钙铝比约为 1.78，C 物相则约为 1.05，B 物相应为硫化钙和硫酸钙相的混合体，D 相为 MgO，亮白色 E 相为金属铁，F 相为硅酸钙相(固溶少量 S、SiO_2、MgO)。如图 2-9(b)所示，含氟渣 F1 粉化严重，质地疏松。图中 A 物相氟硅酸钙(固溶少量 S、MgO)，B 物相为硅酸钙(固溶少量 S)。

上述分析表明精炼渣的 S 主要以硫酸钙、硫化钙的形式存在或固溶于硅酸钙和铝酸钙相中，在 S 含量较高的样品中还以硫硅钙石或 $Ca_{12}Al_{14}O_{32}S$ 形式存在；而 F 主要以氟硅酸钙或氟化钙形式存在。

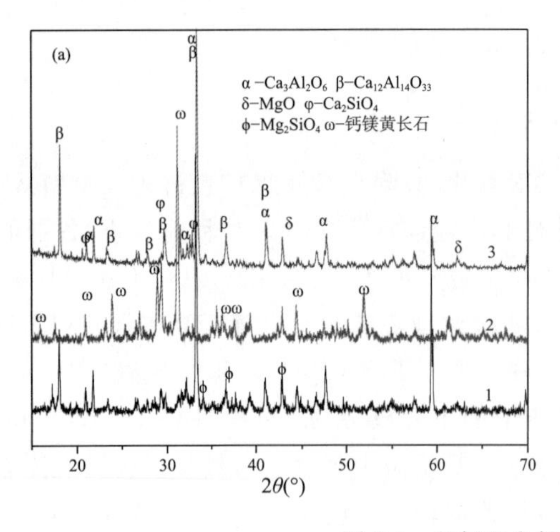

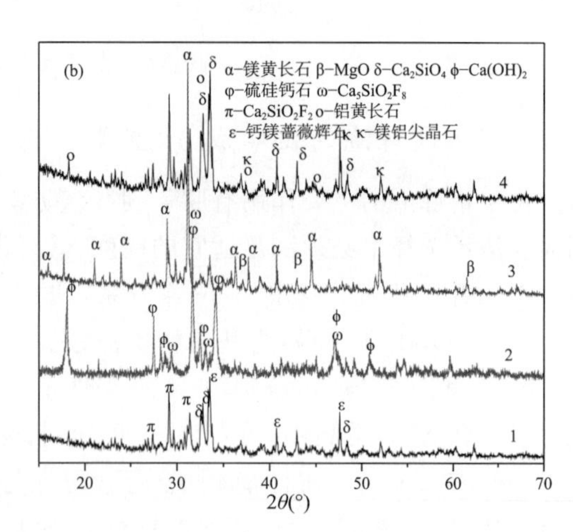

图 2-8　无氟和含氟精炼渣的 XRD 分析图

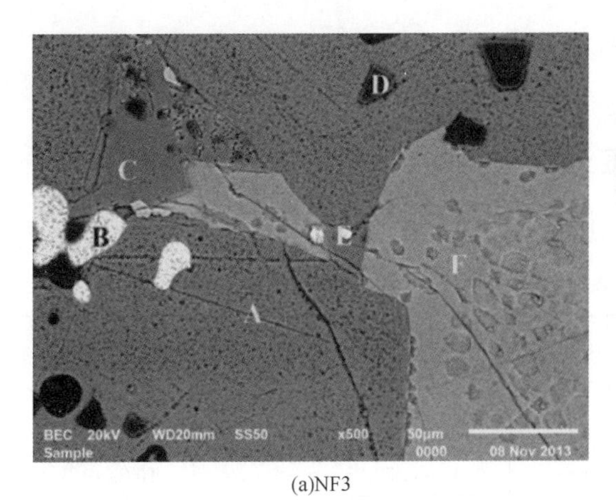

(a)NF3

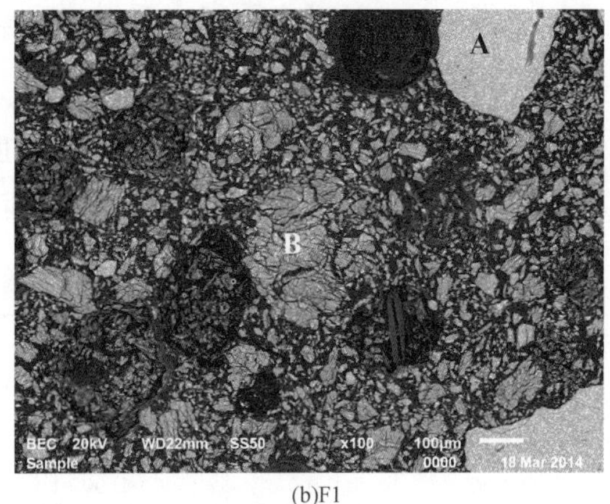

(b)F1

图 2-9 典型精炼渣的 SEM-BEI 图

2.3.2.5 钢渣中重金属元素含量分析

重金属元素对环境及人体健康的危害较大,因此,有必要对钢渣中的重金属元素进行分析。通过对各类钢渣样品的化学成分分析,可知钢渣中存在的对人体有害的重金属元素主要有 Cr、Mn、V 和 Zn,个别样品中含微量 Hg、Cu、W、Ni 和 In。

在普通碳钢钢渣样品中,转炉渣 Cr_2O_3 的含量在 0.5%左右;MnO 的含量变化较大,在 0.01%~6.29%之间,平均值为 2.39%;V_2O_5 的含量在 1%左右;ZnO 的含量变化不大,在 0.03%以下。电炉渣中 Cr_2O_3 的含量在 0.17%~1.95%之间,平均值为 1.1%;MnO 的含量变化较大,在 0.01%~5.36%之间,平均值为 3.12%;V_2O_5 的含量在 0%~0.55%之间,平均值为 0.30%。脱硫渣 Cr_2O_3 含量基本在 0.03%以下;MnO 的含量变化较大,在 0.01%~12.18%之间,平均值为 1.2%;ZnO 的含量变化不大,在 0.1%以下。精炼渣 Cr_2O_3 的含量在 0.2%左右,V_2O_5 含量在 0%~0.71%之间,平均值为 0.12%;MnO 的含量变化较大,在 0.01%~8.52%之间,平均值为 1.51%;ZnO 的含量变化不大,在 0.02%以下。攀钢西昌钢钒由于使用的是钒钛矿资源,转炉渣中 V_2O_5 含量达 6.96%。

不锈钢钢渣样品中的 Cr_2O_3 含量更大,多在 2%以上。

综合含量、毒性大小等因素,钢渣中应重点关注的重金属元素首先应当是 Cr,其次是 Mn、V 和 Zn,有可能出现的 Hg、Cu、W、Ni 和 In 也应当注意。

钢渣中 Cr 和 V 的存在形态和分布在第 5 章有所阐述。

2.3.2.6 小结

(1)脱硫渣的化学成分和矿物相组成与脱硫剂类型密切相关,SO_3 和金属铁含量较高。

(2)转炉渣的化学组成主要是 CaO、SiO_2、MgO 和 Fe_2O_3,矿相组成受到碱度和处理方式的影响,电炉渣与转炉渣的化学组成类似,但碱度小于转炉渣,且 Fe_2O_3 含量更高,硅酸类物质生成量较小。

(3)精炼渣的化学组成主要是 CaO、SiO_2、MgO 和 Al_2O_3,其含量在不同精炼渣样品中变化较大,矿相组成也因此有较大不同。精炼渣的 S 主要以硫酸钙、硫化钙的形式存在或分布于硅酸钙和铝酸钙相中,而 F 主要以 $CaSiF_6$(氟硅酸钙)、CaF_2 形式存在。

(4)钢渣中应重点关注的重金属元素首先应当是 Cr,其次是 Mn、V 和 Zn,有可能出现的 Hg 和 In 也应当注意。

2.3.3 硫容量、磷容量、黏度和熔化温度分析

钢渣样品的硫容量、磷容量、黏度和熔化温度分析结果如表 2-7 所示。

表 2-7 钢渣样品的硫容量、磷容量、黏度和熔化温度分析结果

性质 渣种类	开始熔化温度/℃	完全熔化温度/℃	黏度/Pa·s*	光学碱度	硫容量**	磷容量***
脱硫渣	1000～1200	1400～1650	0.1～0.2	0.7～0.8	—	—
转炉渣	1100	1500～1600	0.030	0.68～0.72	—	10^7～10^8
电炉渣	1000～1100	1400～1600	0.03～0.04	0.65～0.70	—	10^6～10^7
精炼渣	1100	1450～1500	0.06～0.07	0.75 左右	10^{-3}～10^{-2}	—

* 脱硫渣为 1350℃时的黏度值,其他渣为 1600℃时的黏度值;** 精炼渣的硫容量为 1600℃时的硫容量值;*** 转炉渣和电炉渣的磷容量为 1600℃时的磷容量值。

转炉渣的磷容量在 10^7～10^8 之间,在 Fe_2O_3 含量一定的情况下磷容量随碱度的增加而增加。我们所计算的样品中,磷容量大于 1×10^8 的样品的 CaO 含量大于 50%。

精炼渣的硫容量大多在 10^{-3}～10^{-2}之间,我们通过对比精炼渣的成分和硫容量发现硫容量较大的($C_s>0.01$)渣的成分组成为:ω(CaO)为 50%～65%,ω(Al_2O_3)为 10%～25%,ω(SiO_2)为 5%～10%;而硫容量较低的($C_s<0.001$)渣的成分组成为:ω(CaO)为 35%～40%,ω(SiO_2)为 20%～40%,ω(Al_2O_3)为 5%～10%或 ω(CaO)为 35%～45%,ω(Al_2O_3)为 30%～45%,ω(SiO_2)为 5%～10%,即低碱度精炼渣(ω(CaO)/ω(SiO_2)<2)和 CaO 含量偏低,而 Al_2O_3 含量偏大的渣硫容量较低。

2.3.4 典型钢渣的 *f*-CaO 含量和稳定性分析

2.3.4.1 钢渣中 *f*-CaO 含量统计分析

(1)转炉渣样品分析

图 2-10 所示为我们调查的转炉渣样品和国际钢协 2006 年所调查的世界范围内 29 家钢铁企业转炉渣样品的 *f*-CaO 含量分布[2]。由图 2-10 可知,我们调查的转炉渣样品的 *f*-CaO 含量大部分在 5%以下,而国际钢协调查样品的 *f*-CaO 含量大部分在 5%以上。这可能是因为近年来,国内的钢渣热泼工艺逐步被热闷、风淬、水淬、滚筒等新工艺所取代,而这些新工艺对渣中的 *f*-CaO 都有一定消解作用,这也体现了我国在钢渣处理工艺上的进步。

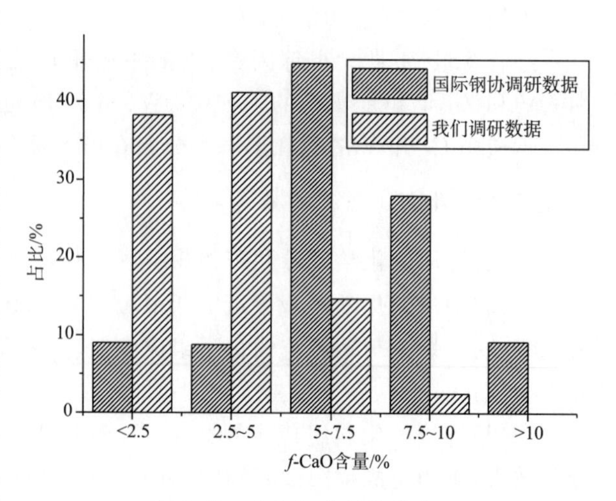

图 2-10 *f*-CaO 含量的分布

钢渣的处理方式对钢渣中 f-CaO 含量有重要影响，在我们所取得的转炉渣样品中，处理方式以热泼和热闷为主，表 2-8 列出了不同碱度范围热泼和热闷转炉渣样品 f-CaO 含量。由表 2-8 可见，总体上，渣的 f-CaO 含量随碱度增加而增加；同一碱度范围热闷渣的 f-CaO 含量明显较热泼渣小。热闷渣的 f-CaO 含量大多在 4%以下，而热泼渣的 f-CaO 含量大多在 4%以上，最大值可接近 10%。样品中还含有 1 种风淬渣（f-CaO 含量 0.7%），2 种滚筒渣（f-CaO 含量分别为 0.92%、3.48%），3 个渣样的 f-CaO 含量也相对较小。德国的应用经验表明，对于低 MgO 含量的钢渣，当 f-CaO 含量小于 7%时，钢渣可以用于道路基层，而 f-CaO 含量小于 4%时，可以用于沥青路面。我国国家标准《用于水泥和混凝土中的钢渣粉》(GB/T 20491—2006)中规定 f-CaO 含量必须小于 3%。由此可知，热泼渣在用于道路工程和钢渣粉前都应注意进行稳定化处理，而钢渣的热闷、风淬或滚筒处理相对热泼工艺而言可以明显降低 f-CaO 含量，从而提高钢渣在道路工程和钢渣粉领域应用的适应性。热闷渣 f-CaO 含量低的原因是热闷工艺能利用热闷池内熔渣的余热产生大量饱和蒸汽，与钢渣中不稳定的游离 f-CaO、f-MgO 等反应生成 $Ca(OH)_2$ 和 $Mg(OH)_2$。而在风淬工艺中，压缩空气氧化渣中的 CaO · FeO 生成稳定的铁酸钙，另外热态渣落入水池中冷却时也促进了 f-CaO 的消化反应，使风淬渣中 f-CaO 含量相对较小。滚筒工艺中渣破碎充分，能与水更加充分接触，有利于 f-CaO 的消化，因而也具有相对较低的 f-CaO 含量。但滚筒工艺和风淬工艺只适用于流动性好的钢渣，而热闷工艺的适应性更强。

表 2-8 热泼和热闷转炉渣样品的 f-CaO 含量 (%)

碱度范围	2.0～2.5		2.5～3.0		3.0～4.0		4.0～5.5	
	热泼渣	热闷渣	热泼渣	热闷渣	热泼渣	热闷渣	热泼渣	热闷渣
平均值	3.40	1.43	6.29	2.67	7.45	3.80	9.32	3.37
最大值	4.76	2.52	9.16	4.22	9.16	4.92	9.32	3.37
最小值	3.33	0.34	4.76	1.30	5.16	2.68	9.32	3.37

(2)电炉渣样品分析

在所取得的电炉渣样品中大多数样品 f-CaO 含量都在 1%以下，国际钢协 2006 年调查的世界范围内 30 家钢铁企业的电炉渣样品的平均 f-CaO 含量也仅为 0.36%。这是因为电炉渣的碱度低，冶炼时间长。

2.3.4.2 转炉渣中 f-CaO 的显微形貌分析

由前面的结论可知，电炉渣中 f-CaO 含量较小，因此，仅对转炉渣中 f-CaO 的显微形貌进行分析。图 2-11 所示为某典型转炉渣的显微结构图，该样品的 f-CaO 含量为 9.08%。图中 A 相为硅酸钙相；B 相为 RO 相（二价金属氧化物固溶体）；C 相为铁酸钙相；D 相为f-CaO（固溶少量 FeO 和 MnO），晶体尺寸为 50 μm 左右，分布在硅酸钙相周围，这类 f-CaO 应当是造渣原料中未反应或未反应完全的石灰，即死烧石灰，由于表面被难溶矿物所包裹，这类 f-CaO 遇水后消化速度缓慢；E 相为另一种形貌的 f-CaO，晶体尺寸为 5 μm 左右，覆盖在硅酸钙相上，这类 f-CaO 应当是在高温冷却过程中由硅酸三钙（C_3S）分解形成，因此，它的形成与钢渣的冷却方式密切相关，一般易出现在冷弃、热闷、热泼等熔融钢渣缓冷体系中。

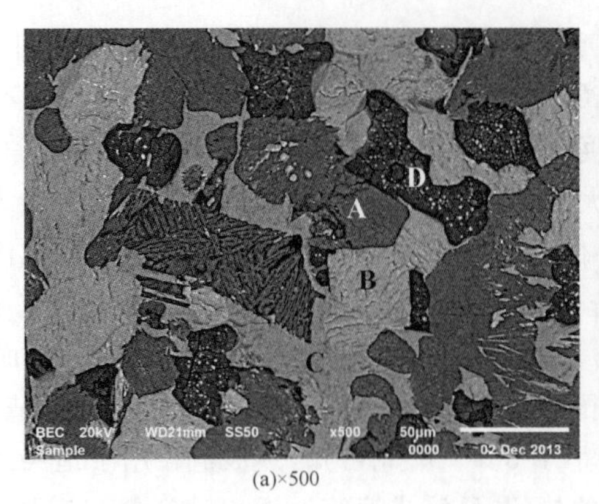

(a)×500

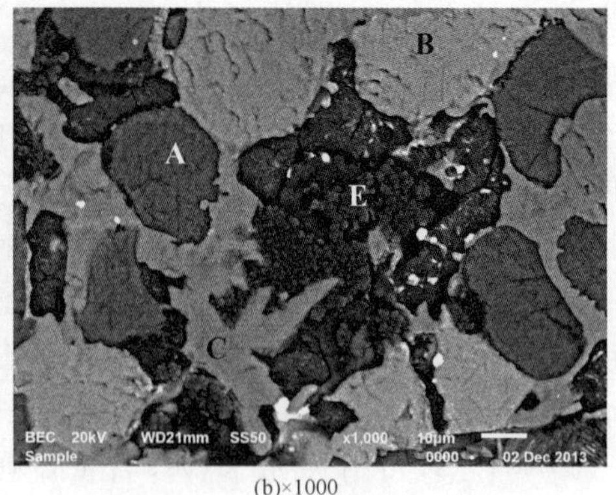

(b)×1000

图 2-11　典型转炉渣 *f*-CaO 的显微结构图

2.3.4.3　钢渣稳定性分析

国家标准《钢渣稳定性试验方法》将钢渣稳定性指标分为浸水膨胀率和压蒸粉化率。浸水膨胀率测定方法适用于道路路基和基层材料用钢渣、沥青路面集料用钢渣、工程回填用钢渣，在我国的相关标准中规定，钢渣用于道路、沥青路面和工程回填时浸水膨胀率必须小于2%。压蒸粉化率方法适用于建筑砂浆、建材制品及混凝土中的钢渣。冶金行业标准《普通预拌砂浆用钢渣砂》（YB/T 4201—2009）和《水泥混凝土路面用钢渣砂应用技术规程》（YB/T 4329—2012）规定，用于普通预拌砂浆和水泥混凝土路面的钢渣砂压蒸粉化率必须小于等于5.9%。图2-12和图2-13所示分别为钢渣样品的 *f*-CaO 含量和浸水膨胀率及压蒸粉化率的关系图。由图2-12可见，样品的浸水膨胀率主要集中在1%～4%之间。将浸水膨胀率和 *f*-CaO 含量作线性回归分析，得到两者相关系数 $r=0.91265$（见图2-12），表明两者之间具有高度的正相关性，这说明钢渣中 *f*-CaO 含量是控制钢渣浸水膨胀率的重要影响因素。由图2-12可知，要将浸水膨胀率控制在2%以下，*f*-CaO 含量应当控制在3%以下。由图2-13可见，压蒸粉化率随 *f*-CaO 含量不同而在1%～16%之间变化。将压蒸粉化率和 *f*-CaO 含量做线性回归分析，得到两者相关系数 $r=0.77788$（见图2-13），表明两者之间具有显著的正相关性，但相关性弱于 *f*-CaO 含量与浸水膨胀率间相关性，这可能是因为压蒸粉化率受到更多因素的影响，包括钢渣的硬度、RO 相含量等。从图2-13可知，要将浸水膨胀率控制在5.9%以下，*f*-CaO 含量应当控制在2%以下为好。

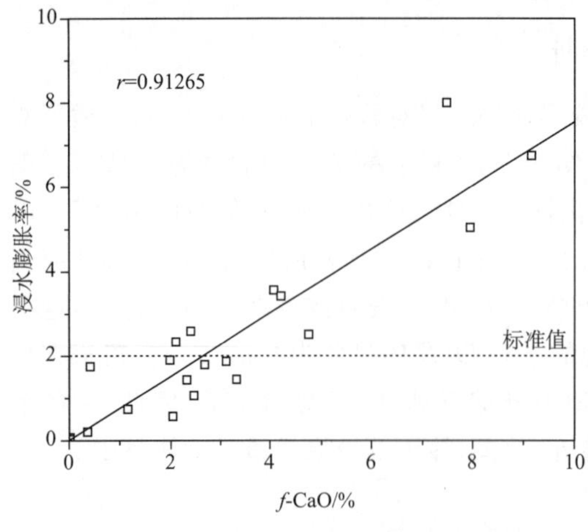

图 2-12　*f*-CaO 含量与浸水膨胀率间关系

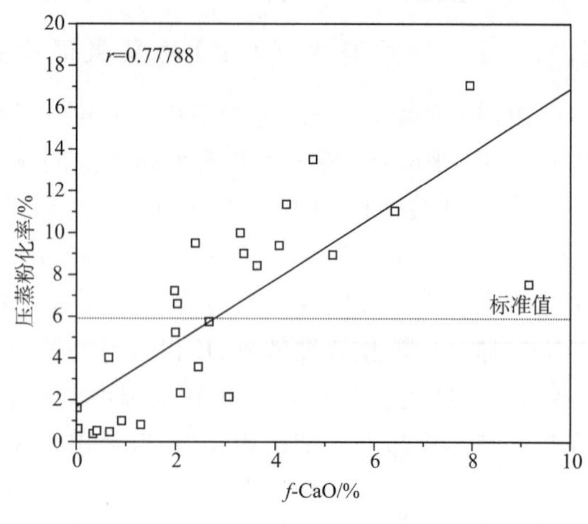

图 2-13　*f*-CaO 含量与压蒸粉化率间关系

2.3.4.4　小结

(1)热泼转炉渣的 f-CaO 含量较大,大多在 4%以上,部分样品甚至接近于 10%,而热闷渣、滚筒渣和风淬渣 f-CaO 含量相对较小;电炉渣样品 f-CaO 含量都在 1%以下。

(2)转炉渣中存在两类 f-CaO,一类为死烧石灰,晶体尺寸为 50 μm 左右,另一类由 C_3S 在高温冷却过程中分解形成,晶体尺寸为 5 μm 左右。

(3)钢渣的 f-CaO 含量和浸水膨胀率存在高度正相关性,与压蒸粉化率存在显著正相关性。

(4)要将浸水膨胀率控制在 2%以下,f-CaO 含量应当控制在 3%以下,而要将压蒸粉化率控制在 5.9%以下,f-CaO 含量应当控制在 2%以下为好。

2.3.5　典型钢渣的易磨性和胶凝活性分析

2.3.5.1　钢渣易磨性分析

(1)总体情况分析

易磨程度用粉磨功指数获得,指数越大表示钢渣越难磨。转炉渣的粉磨功指数在 59.7～125.1 MJ/t 之间,平均值为 97.58 MJ/t,电炉渣的粉磨功指数在 62.2～99.5 MJ/t 之间,平均值为 86.16 MJ/t,转炉渣与电炉渣相比更难磨。矿渣和水泥熟料的粉磨功指数平均值分别为 76.7 MJ/t 和 57.2 MJ/t,钢渣明显要比矿渣和熟料更难磨。

(2)松散堆积密度与钢渣易磨性关系分析

图 2-14 所示为钢渣松散堆积密度与钢渣粉磨功指数间的关系。由图 2-14 可知,钢渣的松散堆积密度在 2.0 kg/dm^3 左右,但粉磨功指数与松散堆积密度之间无明显相关性,即松散堆积密度不决定钢渣粉磨的难易程度。

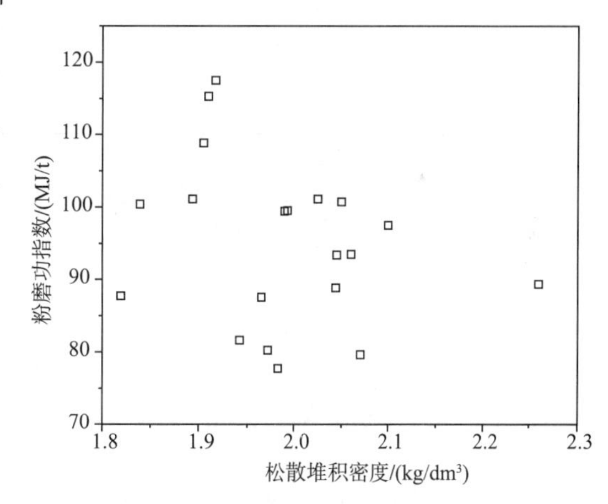

图 2-14　松散堆积密度与钢渣易磨性关系分析

(3)化学成分和物相组成与钢渣易磨性关系分析

一般认为,钢渣中的难磨物相包括金属铁、铁酸钙、铁铝酸钙、氧化亚铁等含铁物相。我们分别对转炉渣和电炉渣样品的粉磨功指数和其 XRD 衍射分析、化学成分进行了比对分析,表 2-9 和表 2-10 所示分别为几种典型热泼转炉渣和电炉渣样品的粉磨功指数和化学成分。由表 2-9 可知,样品 1 的 Fe_2O_3 含量明显小于其他样品,粉磨功指数也明显要小,这说明钢渣中难磨物质确为含铁物相。但其他样品的易磨性与 Fe_2O_3 含量无明显对应关系,这说明不同的含铁物相的易磨程度不同。图 2-15、图 2-16 所示分别为不同粉磨功指数转炉渣和电炉渣样品的 XRD 图。由图 2-15 可知,转炉渣样品 7 的 Fe_2O_3 含量最高(见表 2-9),但易磨性仅次于样品 3,样品 7 的 RO 相要明显高于其他样品,这说明 RO 相比其他含铁物相易磨。转炉渣样品 6 的 RO 相相对较小,铁酸钙相含量相对较高,粉磨功指数最大,因此,铁酸钙类物质应是一类难磨含铁物相。从图 2-16 可知,电炉渣样品 B 和 C 相比,样品 B 的

RO 相含量明显要比样品 C 大,其他含铁物相(主要是铁酸钙相)差别不大,但样品 B 比样品 C 易磨(见表 2-10),这再次说明 RO 相是一种相对易磨的含铁物相,也说明铁酸钙是一种难磨物质。样品 D 的 RO 相含量较低,粉磨功指数最大,这还可能与其有比较高含量的铁橄榄石有关。样品 A 的 RO 相含量较大,与样品 B 相对照出现了明显的铁橄榄石相,粉磨功指数也明显大于样品 B,这也说明铁橄榄石类物质属于难磨物质。

表 2-9　几种典型转炉渣的化学成分和粉磨功指数

样品序号	CaO	Al_2O_3	SiO_2	MgO	Fe_2O_3	粉磨功指数/(MJ/t)
1	28.42	7.07	23.97	8.59	10.01	59.7
2	42.33	2.04	13.97	5.87	29.02	99.4
3	48.95	2.29	15.59	5.77	21.55	87.3
4	47.71	1.56	11.18	4.18	23.88	100.4
5	45.03	1.05	12.45	5.94	28.89	99.7
6	42.08	1.05	14.45	5.13	28.65	115.3
7	43.32	2.47	10.59	6.47	30.42	93.4

表 2-10　几种典型电炉渣的化学成分和粉磨功指数

样品序号	CaO	Al_2O_3	SiO_2	MgO	Fe_2O_3	粉磨功指数/(MJ/t)
A	31.35	4.08	18.98	2.56	32.73	88.8
B	24.71	3.40	17.39	2.11	48.13	79.6
C	34.98	1.80	21.54	2.83	28.83	93.4
D	34.76	1.80	16.68	6.79	23.10	99.5
E	33.60	3.26	16.95	2.67	34.67	93.5

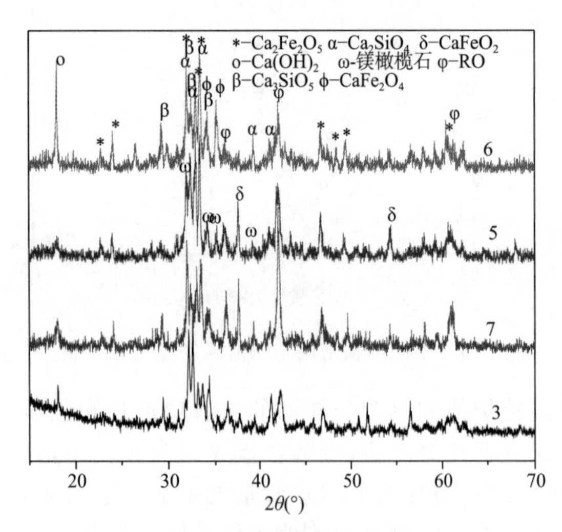

图 2-15　几种典型转炉渣的 XRD 分析图

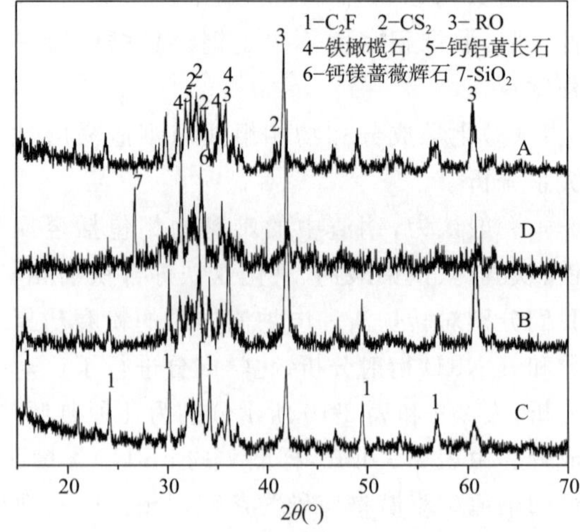

图 2-16　几种典型电炉渣的 XRD 分析图

由以上分析可知,钢渣中的一些含铁物相如铁橄榄石、铁酸钙类物质属于难磨物相,因此,加强钢渣粉磨前或者粗磨后的含铁物相的分选,不仅有利于降低钢渣粉磨的能耗,还能进一步回收含铁物相进行循环利用。

(4)钢渣的处理方式与钢渣易磨性关系分析

鉴于所取的钢渣样品采用的主要钢渣处理方式是热泼和热闷，我们比较了几种化学成分相近的热闷和热泼转炉渣的易磨性，如表 2-11 所示。由表可见，热泼渣的粉磨功指数三个样品都超过了 110 MJ/t，而热闷渣的三个样品都在 90 MJ/t 以下。热闷渣易磨性好的原因可能是热闷渣渣铁分离好，选铁比较充分，另外渣在热闷过程中自身产生了比较强的粉化的作用，因而磨细所需的能量减小。

表 2-11 热泼渣和热闷渣易磨性比较

样品名称	粉磨功指数/(MJ/t)	样品名称	粉磨功指数/(MJ/t)
热泼渣 1	99.4	热闷渣 1	87.5
热泼渣 2	119	热闷渣 2	86.9
热泼渣 3	115.3	热闷渣 3	100.7
热泼渣 4	117.5	热闷渣 4	80.2

2.3.5.2 钢渣的胶凝活性分析

钢渣的主要矿物组成为硅酸二钙、硅酸三钙，与硅酸盐水泥熟料相似，是一种具有潜在活性的胶凝材料。钢渣样品胶凝活性指数的测定结果见表 2-12。

表 2-12 胶凝活性指数测定结果

渣类别	碱度≥1.80				碱度<1.80			
	指数范围		平均值		指数范围		平均值	
转炉渣	7 d	0.58～0.75	7 d	0.67	7 d	0.48～0.50	7 d	0.49
	28 d	0.60～0.85	28 d	0.73	28 d	0.51～0.59	28 d	0.55
电炉渣	7 d	0.61～0.72	7 d	0.66	7 d	0.55～0.58	7 d	0.56
	28 d	0.61～0.76	28 d	0.69	28 d	0.53～0.69	28 d	0.61

测试数据表明，碱度≥1.80 的转炉渣样品 7 d 胶凝活性指数在 0.58～0.75 之间，平均值为 0.67，28 d 胶凝活性指数在 0.60～0.85 之间，平均值为 0.73，按照标准《用于水泥和混凝土中的钢渣粉》规定，这些转炉钢渣样品都符合二级钢渣粉的活性指数要求；而两个碱度<1.80 的样品的 7 d、28 d 胶凝活性指数分别在 0.48～0.50、0.51～0.59 之间，不能满足二级钢渣粉的活性指数要求，这说明低碱度钢渣不适合制备用于水泥和混凝土的钢渣粉。但对于碱度≥1.80 的转炉渣样品，分析其胶凝活性与碱度的关系，并未发现明显规律。这可能是因为钢渣样品的胶凝活性不仅受到碱度的影响，还包括硅酸二钙、硅酸三钙及其他水硬性物质如铝酸钙的含量和活性、粒度分布、密度等多重因素的影响。但是通过对比样品的胶凝活性和其物相组成及显微结构也能发现，胶凝活性较大的样品往往含有较高的硅酸钙含量(特别是硅酸三钙的含量)且硅酸钙晶体发育较好，晶粒尺寸在50 μm 左右。

测试数据显示，同转炉渣，碱度≥1.80 的电炉渣样品的胶凝活性要明显大于碱度<1.80的样品，基本符合二级钢渣粉的活性指数要求，但电炉渣由于整体碱度偏小，因此，胶凝活性不如转炉渣。

2.3.5.3 小结

(1)钢渣相对于矿渣和熟料，是一种难磨物质，其中钢渣中的一些含铁物相如铁橄榄石、铁酸钙类物质属于难磨物相。

(2)总体上,电炉钢渣比转炉钢渣易磨,热闷渣比热泼渣更易磨。

(3)碱度≥1.80的转炉渣的胶凝活性满足国家标准《用于水泥和混凝土中的钢渣粉》规定的活性指数要求,适宜制备用于水泥和混凝土中的钢渣粉,而电炉渣由于整体碱度低,胶凝活性不如转炉渣。

2.3.6 不同处理工艺的钢渣理化性质和应用途径比较分析

2.3.6.1 概述

目前,我国钢渣的处理工艺包括冷弃、热泼、热闷、风淬、滚筒、盘泼工艺等,各种工艺都有不同的技术特点,所形成的钢渣的理化性质呈现不同特征,从而其应用性能和利用途径必然存在差异。我们选择了国内大型联合钢铁企业具有代表性的四种转炉渣,即热泼渣、热闷渣、风淬渣及滚筒渣,比较分析了不同处理工艺的钢渣理化性质和应用途径,从而为其合理利用提供数据和理论支撑。

2.3.6.2 外观形貌和粒度分析

从外观形貌上看,风淬渣为黑色球状,表面光滑,其余三种为深灰色或褐色的块状。

四种渣的粒度如表2-13所示。热泼渣、热闷渣的粒度分布范围宽,2.36 mm以下的颗粒较少;热泼渣的粒度最大,26.5 mm以上的占45.9%。滚筒渣粒度较细,分布也较为均匀,4.75 mm以下的占到一半以上。风淬渣粒度分布较均匀,粒度最细,96%在4.75 mm以下。

表2-13 四种钢渣粒度分布

累计筛余/% \ 尺寸/mm	31.5	26.5	13.2	4.75	2.36	0.3	0.075
热闷渣	3.3	4.7	22.7	74.0	89.4	96.8	98.3
热泼渣	45.8	45.9	61.4	88.8	95.3	99.7	99.9
风淬渣	0	0	0.6	4.0	34.4	87.8	98.8
滚筒渣	3.7	3.7	6.4	42.9	66.0	90.0	95.7

2.3.6.3 化学成分分析

四种钢渣的化学成分见表2-14。由表2-14可知,四种钢渣的化学成分相差不大,碱度在2.7~3.3之间,都属高碱度渣。风淬渣的Fe_2O_3含量最大的原因应当是在风淬过程中,熔融和半熔融钢渣与高速气流相遇,渣中的金属铁更易被氧化,形成磁性较弱的铁氧化物的缘故。四种渣*f*-CaO含量相差较大。热泼渣的*f*-CaO含量最大,滚筒渣次之,热闷渣和风淬渣*f*-CaO含量较小。热闷法能利用热闷池内熔渣的余热产生大量饱和蒸汽,与钢渣中不稳定的游离*f*-CaO、*f*-MgO等反应生成$Ca(OH)_2$和$Mg(OH)_2$,从而*f*-CaO含量小。风淬工艺中,压缩空气氧化渣中的CaO·FeO生成稳定的铁酸钙,另外热态渣落入水池中冷却时也促进了*f*-CaO的消化反应,使风淬渣中*f*-CaO含量相对较小。滚筒渣的碱度最高,但*f*-CaO含量不到热泼渣的一半,这是因为滚筒工艺中渣破碎充分,能与水更加充分接触,有利于*f*-CaO的消化。

表 2-14 四种渣的化学成分 (%)

钢渣种类	SiO_2	CaO	Al_2O_3	MgO	Fe_2O_3	P_2O_5	碱度	f-CaO
热泼渣	14.59	44.84	1.41	4.99	28.25	1.94	2.71	7.95
热闷渣	15.50	45.34	2.50	5.16	23.51	1.26	2.71	1.30
风淬渣	10.93	42.03	1.99	8.64	30.46	2.93	3.03	0.70
滚筒渣	12.50	47.46	1.81	6.40	28.24	2.02	3.27	3.48

2.3.6.4 物相组成和显微结构分析

图 2-17 所示为四种渣的 XRD 分析图。由图 2-17 可知，四种渣的主要物相包括硅酸二钙（C_2S）、硅酸三钙（C_3S）、铁酸二钙（C_2F）、铁酸一钙（CF）及 RO 相（二价金属离子固溶体）等。滚筒渣、热闷渣和热泼渣都有 C_3S 生成，碱度最高的风淬渣却未见 C_3S 的特征峰。从风淬渣的 XRD 衍射图也可以看出，渣中铁酸钙含量较高，而 RO 相相对较小，MgO 含量高，这证实了在风淬过程中 RO 相中的 FeO 易被氧化成 Fe_2O_3，在快速冷却过程中与 CaO 结合形成更加稳定的 $Ca_2Fe_2O_5$，同时 MgO 从 RO 相释出，则与 SiO_2 结合的 CaO 减少，C_3S 不易形成[3]。热闷和热泼渣的 RO 相生成量较大，而 $Ca_2Fe_2O_5$ 生成量较小，这可能与热泼和热闷工艺处理过程中渣与空气接触程度不如风淬和滚筒处理工艺及这两种渣相对较低的碱度有关。同时，热泼、热闷和滚筒渣中出现了较强的 $Ca(OH)_2$ 的峰，这说明在未处理前三种渣中都含有较多的 f-CaO，而热闷工艺和滚筒工艺对 f-CaO 的消解更加充分，使得处理后渣中 f-CaO 含量相对较小，而热泼渣 f-CaO 含量仍然较高（见表 2-14）。

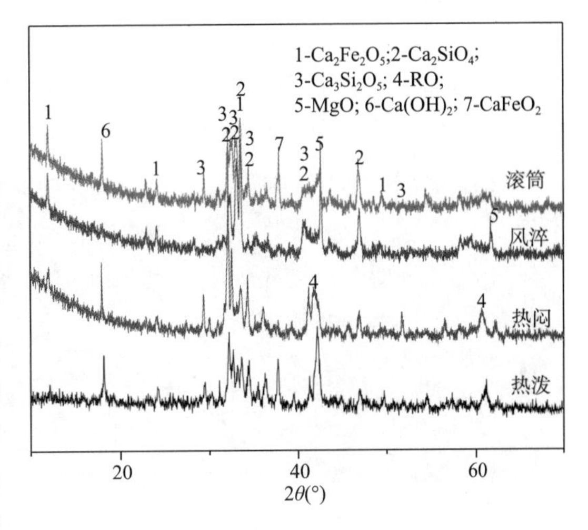

图 2-17 四种渣的 XRD 分析图

图 2-18(a)～(c)所示为热泼渣样品不同显微区域放大 500 倍的显微结构图。由图 2-18 可以看出，热泼渣结构不均匀。深灰色 A 相为硅酸钙相，呈破布状、圆粒状、叶片状、梭状和无规则形状等多种形貌，尺寸在 20～100 μm 之间，这表明热泼渣自熔体析晶时，晶体生长条件差异较大，同时由图 2-18(c)可以看出，各晶相生长具有明显方向性，多呈扁平状，这些都说明热泼钢渣熔体流动状态和热力学状态不均匀，导致钢渣结构的不均匀。灰色无规则 B 相为铁铝酸钙相，浅灰色 C 相为以 FeO 为基体的 RO 相，亮白色 D 相为夹杂的金属铁，黑色 E 相为以 MgO 为基体的 RO 相。硅酸钙相、RO 相和铁铝酸钙相三种矿物为主导相互嵌套分布组成了热泼渣的显微结构。图 2-19 所示为热闷渣的显微结构图，其中图 2-19(a)放大倍数为 100 倍，图 2-19(b)～(c)为不同显微区域放大 500 倍的照片。由图 2-19 可知，热闷渣较热泼渣结构更均匀，图中深灰色 A 相为硅酸钙相，大多数尺寸在 50 μm 左右，但也存在数百微米大小的粗晶粒。熔融钢渣中 C_2S 和 C_3S 的析晶发生在高温冷却段，这说明热闷工艺在高温段属于缓冷体系，因而析晶有充分的时间长大。B 矿物为 RO 相，C 相为铁酸钙相，D 相也为硅酸钙相但包裹着 RO 相。图 2-20(a)～(c)所示分别为风淬渣放大 50 倍、500 倍和

1000倍的显微结构图。由图2-20可以看出，风淬渣形貌呈明显球状，图中深灰色圆形、椭圆形或鬼手状的A相为硅酸钙相，粒径大小比较均匀，尺寸在10～20 μm之间，明显要小于热泼渣和热闷渣中的硅酸盐相，这说明风淬渣在高温段属于急冷体系；B相为铁酸钙相；C相为MgO，含量相对较大，C相周边分布少量以FeO为基体的RO相(D相)，这也印证了上述XRD分析，即在风淬过程中RO相中的FeO易氧化并与CaO生成更加稳定的铁酸钙相，MgO则分离出来成为独立相。图2-21(a)～(c)所示分别为滚筒渣放大200倍、500倍和1000倍的显微结构图。滚筒渣中出现了板状的硅酸三钙相(图2-21(a)中的A相)，这应当与其有最高的碱度有关，硅酸三钙相尺寸在100 μm左右，晶体发育较好；图2-21中的B相为硅酸二钙相，形貌为圆形或椭圆形，尺寸为10～50 μm；C相为MgO；D相为铁酸钙相；E相为游离CaO，应当为C_3S分解所形成。C和D相周边有少量以FeO为基体的RO相(F相)，这与风淬渣类似，与XRD分析结论相符。

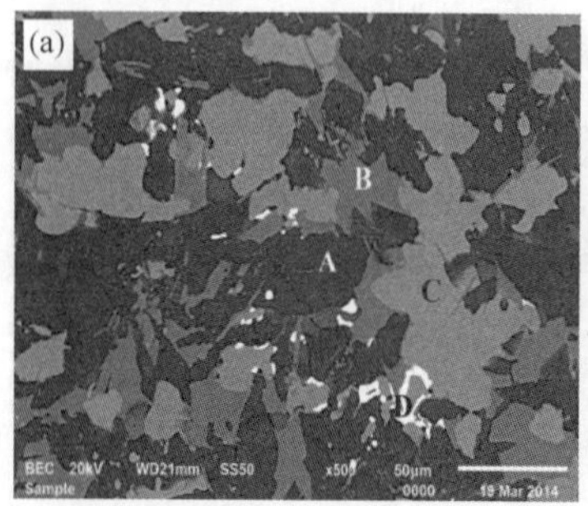

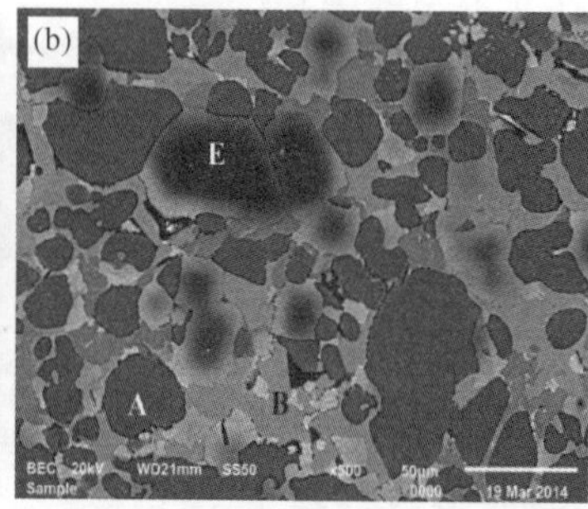

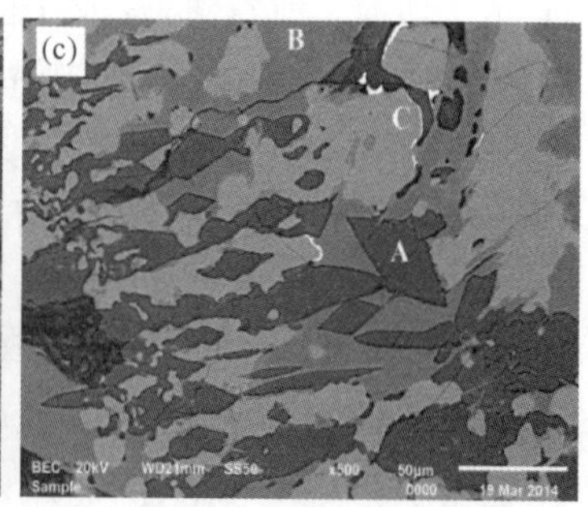

图2-18　热泼渣的显微结构图

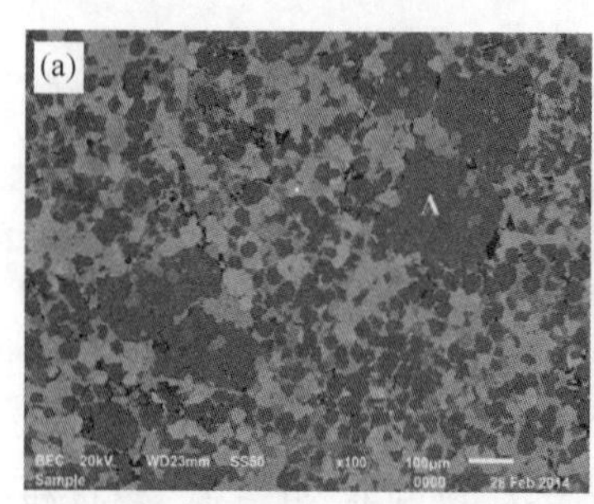

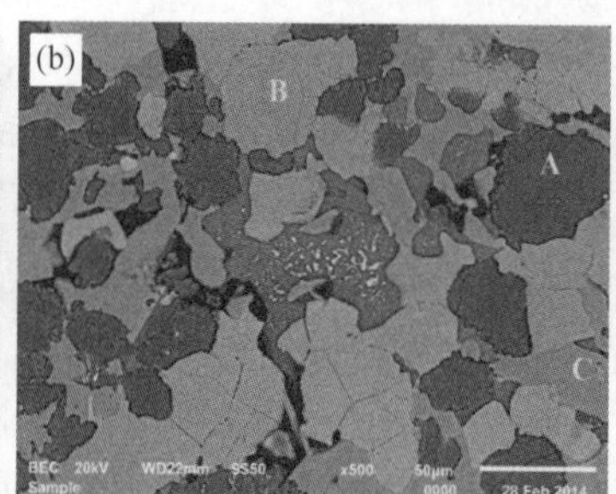

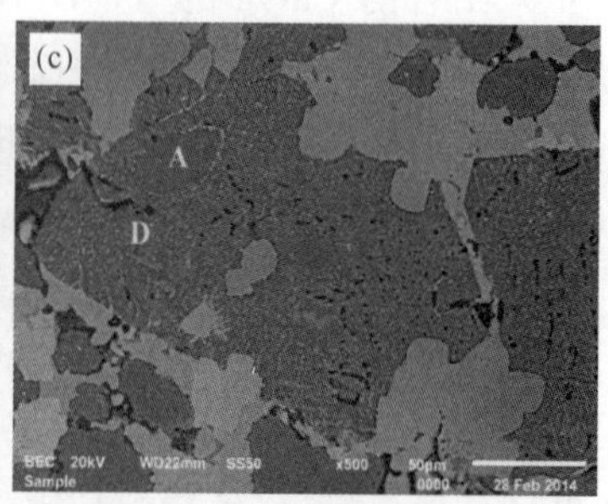

图2-19　热闷渣的显微结构图

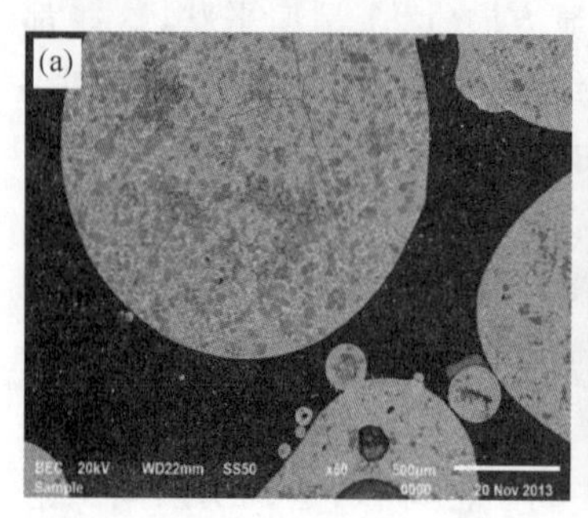

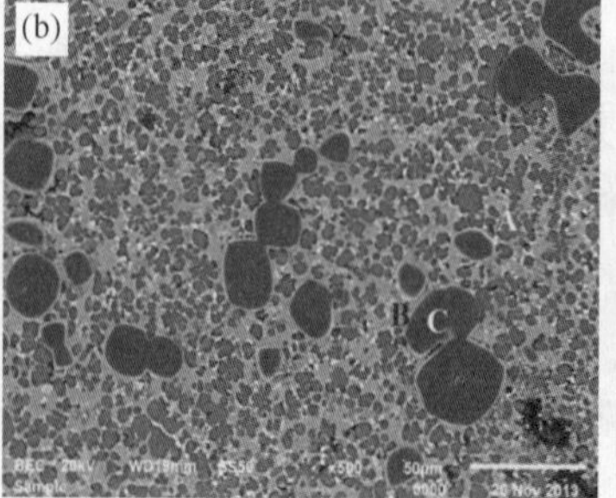

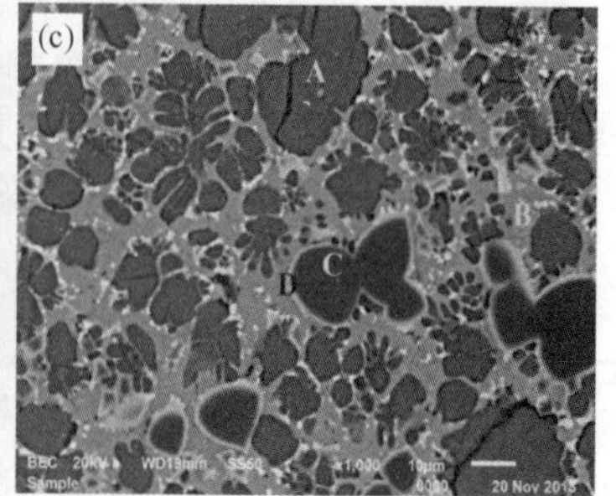

图2-20　风淬渣的显微结构图

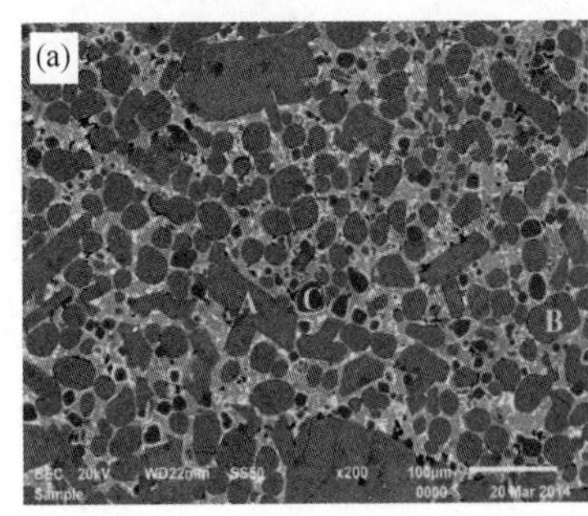

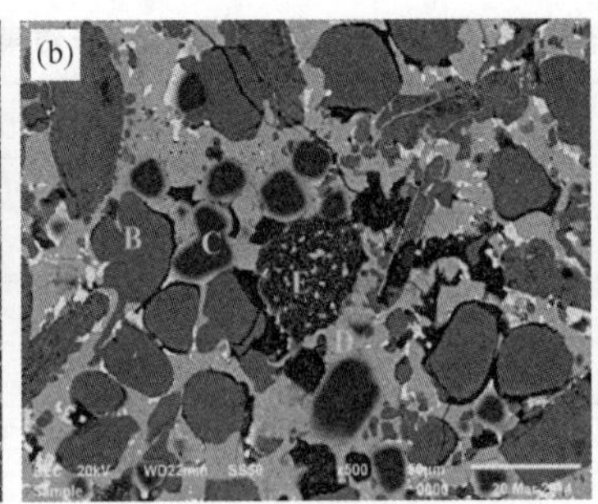

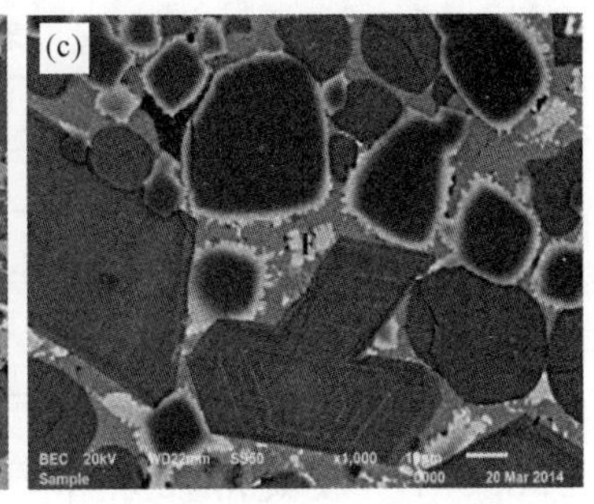

图 2-21 滚筒渣的显微结构图

通过以上分析可知，硅酸盐相、RO 相、铁酸钙相是四种转炉钢渣最为主要的三种物相，但它们的形貌和含量在四种渣之间有较明显的差异，这主要归结于不同处理方式的熔融钢渣的冷却方式和条件有所不同。

2.3.6.5 稳定性分析

表 2-15 所示为四种渣的稳定性测试结果，其中由于风淬渣粒度分布无法满足浸水膨胀率测试要求，仅测试了压蒸粉化率。由表 2-15 可以看出，热泼渣浸水膨胀率远大于 2%，滚筒渣接近 2%，而热闷渣远小于 2%。标准《工程回填用钢渣》(YB/T 801—2008)、《道路用钢渣》(GB/T 25824—2010)中规定的浸水膨胀率要求不大于 2%，这表明热泼渣在用于工程回填和道路工程前需要进行稳定化处理，滚筒渣通过处理工艺调节和优化较易实现浸水膨胀率的合格，而热闷渣可以直接使用。四种渣的压蒸粉化率与浸水膨胀率有较好的对应关系，热闷和风淬渣压蒸粉化率较低，滚筒渣次之，热泼渣粉化严重。标准《普通预拌砂浆用钢渣砂》(YB/T 4201—2009)和《水泥混凝土路面用钢渣砂应用技术规程》(YB/T 4329—2012)对钢渣粉化率的要求是不大于 5.9%，因此，热泼渣在用于预拌砂浆和水泥混凝土路面用钢渣砂前需稳定化处理，滚筒渣通过处理工艺调节和优化较易实现压蒸粉化率的合格，热闷和风淬渣可直接使用。

表 2-15 四种钢渣的稳定性分析结果

钢渣种类	浸水膨胀率/%	压蒸粉化率/%
热泼渣	5.04	17.05
热闷渣	0.35	0.81
风淬渣	—	1.03
滚筒渣	2.21	6.06

2.3.6.6 易磨性分析

表 2-16 所示为四种钢渣的粉磨功指数，粉磨功指数越大，表示钢渣越难磨。由表 2-16 可以看出，热泼渣、风淬渣和滚筒渣的粉磨功指数都在 100 MJ/t 左右，相差不大，而矿渣和水泥熟料的粉磨功指数平均值分别为 76.7 MJ/t 和 57.2 MJ/t，钢渣明显要比矿渣和熟料难磨。热闷渣粉磨功指数比其他渣样明显要小，这可能与其 Fe_2O_3 含量最小有关，另外，渣在热闷过程中自身产生了比较强的粉化作用，因而磨细所需的能量减小。

表 2-16 四种钢渣的易磨性分析结果

钢渣种类	粉磨功指数/($MJ \cdot t^{-1}$)
热泼渣	99.7
热闷渣	82.5
风淬渣	97.5
滚筒渣	102.5

2.3.6.7 胶凝活性分析

表 2-17 所示为四种渣的 7 d 和 28 d 胶凝活性指数。国家标准《用于水泥和混凝土中的钢渣粉》(GB/T 20491—2006)规定一级钢渣粉 7 d 和 28 d 活性指数分别不得小于 0.65 和 0.80,二级钢渣粉 7 d 和 28 d 活性指数分别不得小于 0.55 和 0.65。显然除风淬渣以外,其他三种钢渣的活性指数都能达到二级钢渣粉的标准要求。前人的研究表明,钢渣的水硬性主要取决于所含的 C_3S,其次是 C_2S,而铁酸钙和 RO 相基本无水硬活性。因此,滚筒渣的活性指数最高应当与其碱度最高和发育较好的 C_3S 晶体含量较高有关,而风淬渣胶凝活性差的原因可能是基本无水硬活性的铁酸钙含量大而 C_3S 含量小[4,5]。

表 2-17 四种钢渣的胶凝活性分析结果

钢渣种类	7 d 活性指数	28 d 活性指数
热泼渣	0.62	0.67
热闷渣	0.66	0.69
风淬渣	0.58	0.60
滚筒渣	0.70	0.72

2.3.6.8 各类钢渣的应用途径分析

热泼渣的粒度较大,4.75 mm 以上的质量百分比达 88.8%,31.5 mm 以上的达 45.8%,因而在通过简单的破碎工序后,适合用于工程回填材料、护岸工程材料、道路基层和垫层粗集料、沥青路面粗集料、混凝土粗集料等,也可用于制备钢渣微粉。但是,热泼渣游离 CaO 含量大,稳定性较差,因此,在利用前必须经过陈化处理,使稳定性和游离 CaO 含量满足应用要求。另外,热泼渣显微结构的不均匀也有可能导致钢渣建筑材料产品质量的波动。热泼渣的高游离 CaO 含量有利于它在酸性土壤改良、废水处理、CO_2 吸收等方面的应用。

热闷渣粒度较热泼渣小,4.75 mm 以上的质量百分比达 74.0%,主要集中在 4.75～13.2 mm 之间。从粒级级配来看,比较适合用于道路基层集料,以及经适当破碎作为钢渣砂用于水泥混凝土路面、制预拌砂浆、泡沫混凝土砌块、保温抹面砂浆和粘接砂浆、混凝土多孔砖和路面砖等,也可用来制钢渣微粉。目前,由中冶建筑研究院开发的热闷钢渣和矿渣复合粉已经有了规模化的生产,并作为水泥混合材和混凝土掺合料在实际工程应用中取得了比较好的效果。

风淬渣粒度较细也很均匀,96%都在 4.75 mm 以下,呈球形,因此,适合作为道路基层、面层及建筑材料的细集料等。马钢的王雁[6]等开展了马钢风淬钢渣在混凝土中替代黄砂的研究,结果表明配制同等级混凝土水灰比不变的情况下,风淬粒化钢渣砂混凝土强度高于普通黄砂混凝土强度,风淬渣代替黄砂非常适用于混凝土预制构件及道路工程。实际上,在

1987 年 7 月马钢用 37 t 风淬渣，直接配制 C30 混凝土，配制了一段 50 m 的试验路面，结果表明风淬渣代替天然细骨料做水泥混凝土路面材料，后期强度增进较黄砂高，路面耐磨性、使用寿命相应提高。但风淬渣由于活性较低，不适宜制备钢渣粉和钢渣水泥。

滚筒渣的粒度介于热闷渣和风淬渣之间，4.75 mm 以下的占到 50%以上，13.2 mm 以上的占比不到 10%，因此，从级配来看，滚筒渣适宜经过简单破碎后作为钢渣砂在砂浆、混凝土、砖等建材中使用。同时，滚筒渣的活性较好，可以用于制备钢渣微粉作为水泥混合材和混凝土掺合料。但是滚筒渣的压蒸粉化率和浸水膨胀率稍有偏高，因此，还需一定的陈化处理。目前，宝钢对滚筒渣的利用包括生产绿色混凝土、钢渣微粉、透水砖等高附加值产品。

2.3.6.9　小结

(1)热泼渣粒度较粗，风淬渣粒度细且均匀，热闷和滚筒渣粒度也大多在 13.2 mm 以下。

(2)四种转炉渣的物相主要包括 C_2S、C_3S、RO 相和铁酸钙相，四种渣的物相组成和显微结构的差异主要归因于化学成分和熔渣冷却方式、速度的差异。

(3)四种转炉渣的稳定性与其游离 CaO 含量密切相关，热闷和风淬渣稳定性较好，滚筒渣次之，热泼渣最为不稳定；而对于胶凝活性，滚筒渣最好，热闷和热泼渣次之，风淬渣活性较差。

(4)热泼渣、风淬渣和滚筒渣的易磨性较差，粉磨功指数远大于矿渣和水泥，热闷渣的易磨性相对较好。

(5)针对四种钢渣的理化性质特点，提出了各种渣适合的利用途径，包括用于钢渣砂、道路工程、建筑材料、废水处理等。

第3章 钢渣梯级利用模式

针对目前我国钢渣利用中存在的梯级利用不充分，未能根据钢渣的特性选取合理的资源化途径，管理和利用方式比较粗放等问题，按照梯级利用和分类利用的原则，根据不同种类钢渣的性质特点，借鉴现有钢渣综合利用技术体系，通过系统分析和评价，建立了钢渣的Ⅲ级梯级利用模式。

3.1 钢渣梯级利用的总体思路

钢渣梯级利用的核心是根据分类利用和梯级利用的原则，将炼钢过程中产生的不同类型钢渣，根据其理化性质特点，逐级回收利用，充分挖掘渣中的有效成分，使其能得到最合理和最大化利用。钢渣首先考虑在冶金中的回用，最大限度地减少钢渣的外排量，对于不适合冶金回用的钢渣，提取有价元素后，根据剩余渣成分构成和性质特点，设计钢渣在其他领域合理的应用途径。钢渣梯级利用模式总体构架见图3-1。

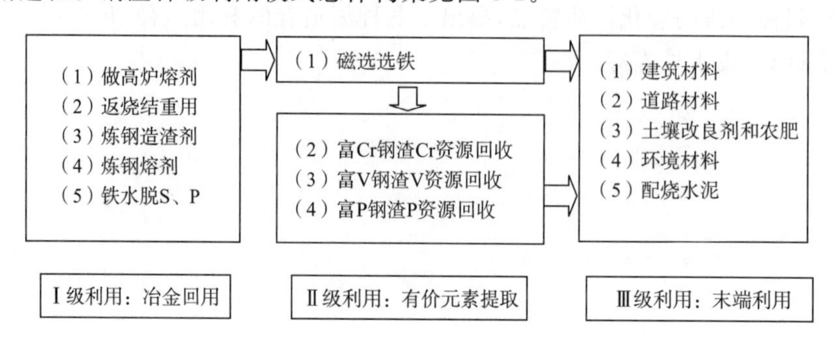

图3-1 钢渣梯级利用模式总体构架

3.2 各类钢渣的梯级利用模式

3.2.1 铁水预处理脱硫渣

铁水预处理脱硫渣占钢渣总量的5%左右。脱硫渣的理化性质总体的特点是金属铁含量大，含S量相对较大，C_3S、C_2S等胶凝活性物质含量小，这一特征限制了其在建材领域的应用。但如果性质符合要求，也可少量掺入作为筑路材料。

由于铁水脱硫渣渣量较少，且黏度较大，流动性较差，造成拔渣过程中大量铁水随着炉渣流失，因而冷态渣中金属铁含量较大。因此，铁水预处理脱硫渣中金属铁的回收应当是脱硫渣在循环利用过程中首先应考虑的环节，然而渣中包裹在其他物相中的细粒金属铁分选较为困难。如果能通过调节渣的成分，改善渣的流动性，从而减少拔渣过程中铁水混入量，就能实现从源头上减少铁的损失，也可以减小后续处理的负担。国内一些钢厂开发出了铁水脱硫聚渣剂，可降低渣的熔点，有效改善渣的流动性，从而使拔渣更容易，带出的铁水减少。聚渣剂的主要成分是SiO_2、CaO、Al_2O_3和CaF_2，实际应用时应根据渣本身的化学成分，通过相图分析，调节聚渣剂的成分，从而实现改善流变特性和聚渣效果。由于脱硫渣磷、硫含量较高，选出的金属铁和其他含铁磁选物料无法返回转炉炼钢重复使用，而电炉炼钢对硫含量要求低，鞍钢将脱硫渣经过转炉钢渣的磁选工艺选出脱硫渣钢和脱硫磁选粉，脱硫磁选粉成球后变成高密度球体和脱硫渣钢直接用于电炉炼钢生产，用以调节冶炼温度，充分利用了脱硫渣中的废钢资源，降低了炼钢成本。

脱硫渣因采用的脱硫剂不同，终渣的成分也有所不同，从而利用途径也会有所差异，特别是以CaC_2为脱硫剂的脱硫渣含大量片状石墨，运输和堆存过程产生大量粉尘而污染大气环境，因此石墨的有效回收利用应是此类脱硫渣应考虑的重要问题。美国内政部的一份研究报告 Recovery of Flake Graphite From Steelmaking Kish(1993)得出结论，美国钢铁渣中的片状石墨量可以满足美国对片状石墨的全部需求。报告通过实验研究提出了回收渣中片状石墨的工艺，即首先通过筛分及风选、浮选、水力分选等分选方法富集渣中的石墨，再通过HCl和HF进一步提纯石墨。提纯后的石墨纯度大于99%，可在多个应用领域代替天然石墨。专利EP0811577 A1也报道了一种利用类似工艺从脱硫渣中回收片状石墨的技术，首先利用浮选富集渣中的石墨，富集后的石墨通过砾磨、湿力筛分后在碾泥机中用稀酸浸泡进一步提纯，碾泥机能发挥剥离石墨片上杂质的作用，最后通过对酸浸泥浆再次浮选获得纯度大于99%的片状石墨。国内的山东煤机装备集团发明了类似技术（专利号：CN103433119A)，即通过磁选、筛分、风选和浮选等工艺从铁水脱硫渣中分选出了纯度为90%～95%的石墨碳，可作为铸造件增碳剂使用，浮选所使用的捕收剂为煤油，起泡剂为杂醇或2#油。

在充分选铁和回收石墨后，应考虑脱硫渣在钢铁企业内部冶金流程中回用，对符合国家标准《烧结熔剂用高钙脱硫渣》(GB/T 24184—2009)要求的脱硫渣作为熔剂回用于烧结过程。钙系、镁系脱硫渣一般CaO和MgO含量较高，因此充分选铁后的尾渣可以用于吸收CO_2。同时，脱硫渣中含有S^{2-}，且其碱性较大，对重金属废水应当有一定的处理效果。

因为成分差异较大，资源化利用途径不同，若同一钢铁企业使用不同的脱硫剂脱硫，建议将不同种类钢渣分开堆放，制定不同的利用规划。对于含片状石墨的渣堆存时应注意打水或直接水浸，避免产生扬尘。

脱硫渣的研究方向应当包括渣中S的分布和形态研究，进而研究S的分选和脱除，从而使脱硫渣中的渣铁更加适合回用于炼铁或炼钢，而尾渣更适合在建材领域应用。

通过以上分析，可知铁水预处理脱硫渣首先应考虑的是有价元素的回收，主要包括金属铁和片状石墨，有价元素回收后的尾渣再根据渣中的成分特点，用于水处理材料、CO_2吸收材料、烧结熔剂等，梯级利用模式如图3-2所示。

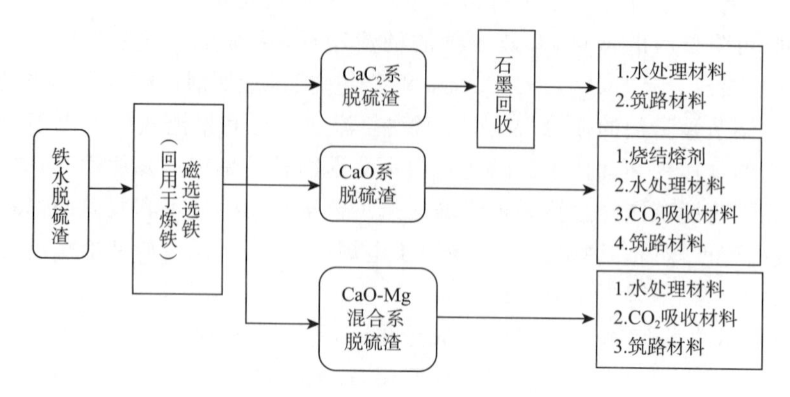

图 3-2 铁水预处理脱硫渣梯级利用模式

3.2.2 转炉渣

转炉渣是我国钢铁企业排放量最大的一种钢渣，占钢渣总量的 60%～70%。转炉渣由于具备高碱度、高氧化性的特点，与石灰系脱磷剂（主要组成为石灰、氧化铁和助熔剂）的主要成分相似，因此，从理论上分析，转炉渣可以替代石灰系脱磷剂中的一部分石灰和氧化剂，回用在铁水脱磷流程中。转炉渣属于预熔料，预熔料化学成分均匀稳定，烧失量低；玻璃体含量高，具有远程结构缺陷，对温度变化不敏感，熔点范围较宽；内能较晶体高，化学反应能力较晶体强，在铁水温度条件下，比晶体较早成为液相，有利于脱磷。随着工业和科学技术的发展，用户对钢中磷含量的要求日益严格，优质矿石资源越来越紧张，实行铁水预处理脱磷对于减轻转炉负担，缩短转炉冶炼周期，放宽高炉原料，提高钢的质量具有重要意义。因此，转炉渣的第Ⅰ级利用，应当考虑热态回用于铁水预脱磷。

不能回用于铁水脱磷的热态渣经过热泼、热闷、水淬、风淬、滚筒等冷却处理工艺称为冷态渣。冷态转炉渣中一般含 10%左右的金属铁和 20%左右的总铁，而金属铁及其氧化物的价值比较大，可回用于作为烧结矿原料、炼铁或炼钢且它们的充分回收有利于后续转炉渣的粉磨，因此，铁的回收是转炉渣利用较为重要的一个环节。回收的渣钢可回转炉炼钢，铁精粉回用于烧结。一些转炉渣样品中还含有一定量的有价元素，具有回收价值，如使用钒钛磁铁矿的转炉渣中钒和钛的含量较大；不锈钢钢渣有较高的铬含量；转炉渣热态回用于铁水脱磷后产生富磷的转炉渣。钢渣中的钒铬等金属资源可以利用湿法浸取以及高温焙烧等方法提取。对高含磷转炉渣（>4%），如简单地将钢渣返回冶炼内部循环利用，则必然会造成磷在铁液中的循环富集，最终限制钢渣的再利用；如直接将钢渣用作钢渣磷肥的原料又嫌磷含量太低。因此，如能将钢渣中的 P_2O_5 富集并分离出来，提取出来含 P_2O_5 相可以作磷肥，而其余成分可冶金回用或进行末端利用。综上所述，转炉渣的Ⅱ级利用应当考虑的是回收渣中的有价元素，充分挖掘这些潜在资源的价值，既能带来一定的经济效益，又能节约宝贵的资源。

回收有价元素后的尾渣的主要化学成分是 CaO、MgO、Fe_2O_3 和 SiO_2，具有硬度大、密度大、坚固耐磨、水硬性等特性。目前，对于转炉渣的末端利用（Ⅲ级利用），国内外的主要利用途径包括用于填海造地、河堤加固等水利工程，作道路工程、砖、砂浆、混凝土的骨料，粉磨后作水泥混合材和混凝土掺合料，用于工程回填和处理软土地基，原位制备微晶玻璃、生产肥料和作土壤改良剂，用于废水处理及 CO_2 和 SO_2 吸收等。表 3-1 所示为转炉渣各种利用途径与其特性间的关联及其他们的适应性。前面的章节中已分析了不同处理工艺钢渣的性质特点以及合适的利用方式，因此，表 3-1 中的"适应性"列出了各种处理工艺钢渣对于各项利用途径的适应性。在表 3-1 所列的利用途径中，国内外最主要的以及利用规模最大的途径应当是道路和水利工程材料、工程回填、钢渣粉及钢渣水泥、建材制品的骨料，其中经济效益较好的包括作为沥青路面的骨料、钢渣微粉及一些钢渣新型建材制品等。

表 3-1 转炉渣的利用途径及与其理化性质的关系

利用途径	关联的性质特点	适应性
道路工程和水利工程	硬度大，密度大，坚固耐磨，有一定胶凝活性	钢渣需陈化处理；风淬渣、水淬渣、粒化轮渣、热闷渣、滚筒渣由于颗粒较细，不能满足用于水利工程的要求，也较难满足用于道路工程粗骨料的要求，特别是风淬渣、粒化轮渣和水淬渣
工程回填和钢渣桩	硬度大，密度大，坚固耐磨，摩擦系数大，有一定胶凝活性	钢渣需陈化处理；风淬渣、水淬渣、粒化轮渣、热闷渣、滚筒渣由于颗粒较细较难满足要求，特别是风淬渣、水淬渣、粒化轮渣
钢渣粉及钢渣水泥	含 C_2S、C_3S 等胶凝活性物质，硬度大，耐磨	钢渣需陈化处理；碱度小于 1.8 的钢渣不适宜制钢渣粉和水泥；风淬渣的胶凝活性小
配烧水泥熟料	富含 CaO、FeO_x、SiO_2	需要较高的 CaO 和总铁含量，MgO 含量不能过大
砖、砂浆、混凝土等建筑材料的骨料	硬度大，密度大，坚固耐磨，有一定胶凝活性	钢渣需陈化处理
微晶玻璃	富含 CaO、Al_2O_3、SiO_2	适合于热态钢渣原位制取，低碱度渣更适宜
酸性土壤改良	CaO 含量高	需要具有较高的碱度，渣中 F 以及重金属含量要满足不污染土壤和地下水
肥料	含 Si、P、Ca、Mg 等植物所需营养元素及其他微量元素	P、Si 含量需大，渣中 F 以及重金属含量要满足不污染土壤和地下水
CO_2 和 SO_2 吸收	CaO 含量高	需要具有较高的碱度
废水处理	CaO 含量高，多孔	渣中 F、S 以及重金属不能造成水体二次污染，增加水体处理负担
除锈磨料	硬度大，密度大，坚固耐磨	适合急冷钢渣

图 3-3 所示是转炉渣的梯级利用框架图。熔融转炉钢渣首先热态回用于脱磷，回用于脱磷后的钢渣 P 不断富集，因此，可考虑其中的 P 在热态条件下通过添加钙质剂（如 SiO_2、Al_2O_3 或 TiO_2）进行熔融改质处理，使富磷相中磷含量充分富集，达到提高钢渣富磷相中磷含量的目的；待渣冷却后对炉渣磁选分离，提取磁性相和非磁性相分别进行利用。非磁性相 $P_2O_5>10\%$，可用作磷肥，磁性物钙铁含量较高，可继续回用于铁水脱磷剂等，也可根据渣的成分和性质进行末端利用，如配烧水泥熟料、作土壤改良剂等。未回用的钢渣经冷却处理后进行Ⅱ级利用，主要是通过多级破碎、筛分和磁选工艺回收其中的金属铁及铁氧化物。对富含 V、Cr 的渣分别提取渣中的 V、Cr 进行循环利用，因 Cr(Ⅵ)的毒性较大，若富含 Cr 的渣不进行回收 Cr 的处理则需进行无害化处理后再进行下一级利用，一些末端利用方式如制备

微晶玻璃，配烧水泥熟料既可以固化Cr(Ⅵ)，实现了无害化处理，又进行了资源化利用。回收有价元素后的尾渣进行末端利用(Ⅲ级利用)。由于Ⅲ级利用的一些利用途径对钢渣的碱度有要求，因此将转炉尾渣分为低碱度渣(碱度＜1.8)和中高碱度渣(碱度≥1.8)，并分别确定它们适合的利用途径。

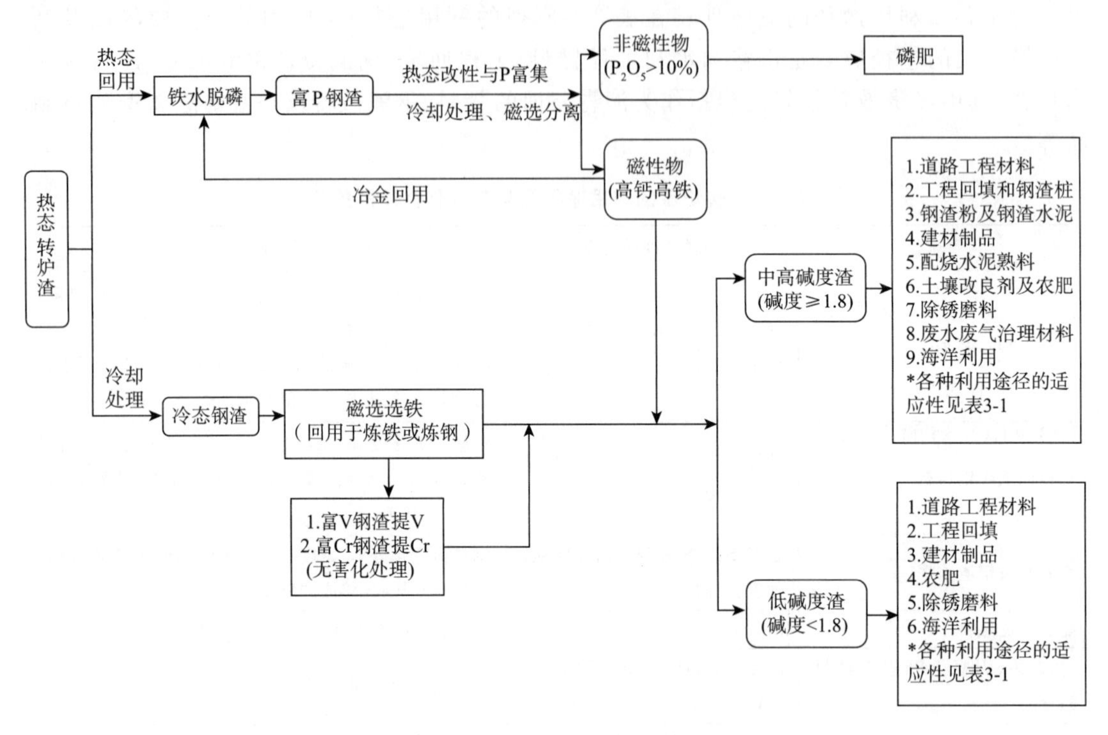

图3-3　转炉渣梯级利用模式

3.2.3　电炉渣

电炉渣产生于短流程炼钢工艺的电炉炼钢过程中。由于短流程炼钢工艺不存在铁水预处理工序，且电炉渣磷容量较低，因此电炉渣不进行热态返回利用。热态电炉渣经冷却处理后，进行Ⅱ级利用，主要是回收渣中的金属铁及铁氧化物返回炼铁或炼钢，和转炉渣一样，富含V的渣提取渣中的V进行循环利用，富含Cr的渣提取渣中的Cr进行循环利用或进行无害化处理。回收有价元素后的电炉尾渣主要成分为CaO、Fe_2O_3和SiO_2，与转炉渣相比，碱度偏小，Fe_2O_3含量更高，游离CaO含量小，稳定性好，根据这些性质特点，电炉尾渣适宜的末端利用(Ⅲ级)途径为道路工程材料、工程回填材料以及作为水泥混凝土及其他建材的骨料。图3-4所示为电炉渣梯级利用框架图，电炉渣在选出金属铁和提取有价元素后，主要用作道路工程材料、工程回填材料、建筑材料的骨料及农肥等。意大利达涅利和ABS电炉钢厂电炉钢渣的利用采取的是类似的方式，主要的工艺是通过破碎、筛分以及多级磁选回收其中的金属料，选出金属料的尾渣主要用作筑路沥青混合料和道路混凝土，作为建筑结构混凝土材料的使用仍在试验当中。

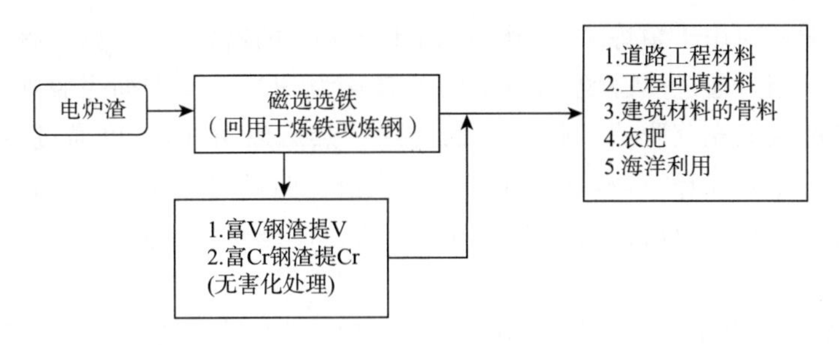

图 3-4 电炉渣梯级利用模式

3.2.4 精炼渣

精炼渣的主要成分包括 CaO、Al_2O_3、SiO_2、F、SO_3 以及由炉衬材料引入的 MgO，但炼制不同的钢种以及来源于不同企业的精炼渣的化学成分差异较大。因此，为了更好地指导钢铁企业分类利用精炼渣，我们按照终渣的成分将精炼渣分为 CaO-SiO_2 系渣和 CaO-Al_2O_3 系渣，其中最为主要的仍然是 CaO-Al_2O_3 系渣。CaO-SiO_2 系渣的主要成分是 CaO 和 SiO_2，CaO-Al_2O_3 渣的主要成分是 CaO 和 Al_2O_3。同时，又将上述 CaO-SiO_2 系渣分为高碱度渣（$CaO/SiO_2 \geqslant 2.0$）和低碱度渣（$CaO/SiO_2 < 2.0$）。

图 3-5 所示为精炼渣的梯级利用框架图。精炼渣首先Ⅰ级利用，即冶金回用，分为热态回用和冷态回用。熔融精炼渣一部分热态回用于精炼环节，不能回用的部分经过冷却处理成冷态渣进行冷态回用。精炼渣仍然具有一定硫容量，热态精炼渣可重新回到精炼炉里继续循环造渣，一般可循环使用 2～3 次。LF 精炼渣回用于 LF 精炼流程，可在热态下进行，工艺简单可行，在精炼车间内即可完成。另外，有的高碱度精炼渣倒入铁水罐，再由鱼雷罐向铁水罐兑铁过程中完成脱硫。但是精炼渣回用于前端工序，需要考虑精炼渣在运输过程中降温的影响，也将要对炼钢周期和工艺作出一定调整，实际操作过程较为复杂。

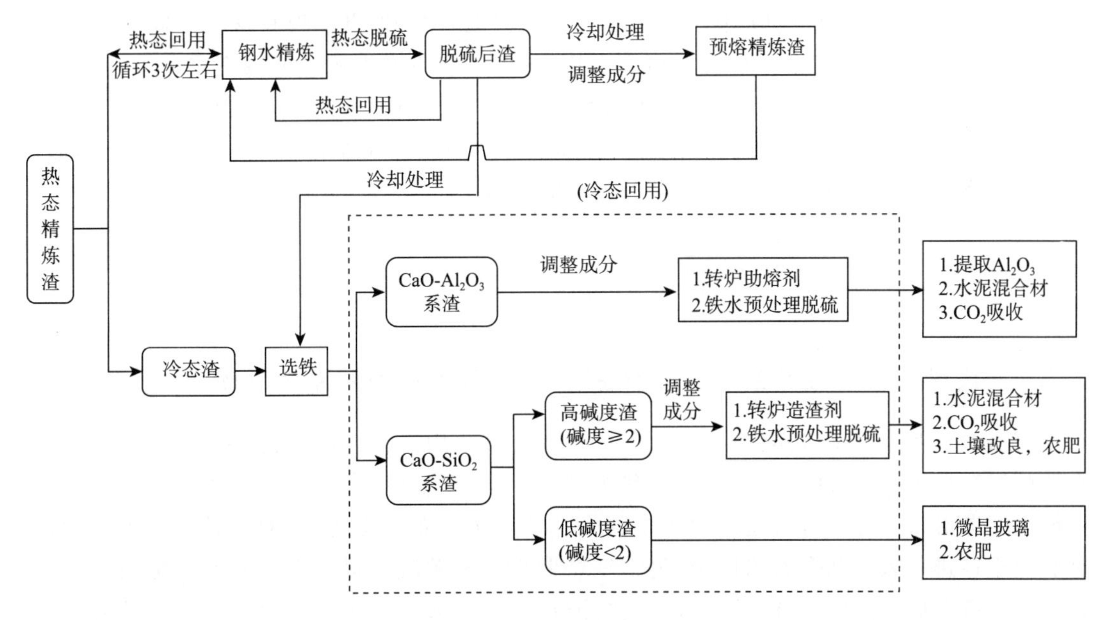

图 3-5 精炼渣梯级利用模式

精炼渣热态循环回用于精炼 2～3 次后，由于 S 元素的富集，为避免回硫，须热态脱 S 后再继续进行热态回用。通过热态脱 S，渣中的 S 转化为 SO_2 从渣中彻底脱除，与在冷态条件下脱硫相比既节能又能充分脱硫。脱 S 后的渣除了热态回用外，也可通过冷却处理制成预熔型精炼渣或回用于其他环节，特别是在回用多次渣量明显增加或 SiO_2 和 Al_2O_3 含量过高后。预熔型精炼渣可在企业内部回用也可对外出售。冷态回用于其他环节主要包括以下几个方面：

(1)作为转炉造渣助熔剂。精炼渣中的 CaF_2、Al_2O_3 在转炉造渣过程中都能起到助熔作用。冷态精炼渣经磁选、粉磨后压成一定强度的块后，投入转炉可替代铁矾土作助熔剂，还可代替部分石灰，但应注意精炼渣 S 含量较高而引起的回硫。

(2)作为炼钢造渣剂。精炼渣中主要组成为 CaO、MgO、SiO_2 和 Al_2O_3，相比于电炉或转炉渣(主要组分为 Fe_2O_3、CaO、SiO_2 和 MgO)，主要的不同点就是渣中 Al_2O_3 的含量较高而 Fe_2O_3 较低，因此精炼渣作为造渣剂还需配入一定的铁矿石、石灰等，同时为了提高精炼渣的回用量，不至于在渣中引入过多的 Al_2O_3，使用高碱度的 CaO-SiO_2 系渣为好。由于精炼渣使用量大，对渣中的 S 含量应该有更高要求。

(3)冷态作为铁水预处理脱硫剂。因为精炼渣的熔化温度要高于铁水温度，因此需加入一定助熔剂调整熔化温度并根据脱硫能力的需要调整成分后使用。由于低碱度的CaO-SiO_2系渣硫容量小，冷态回用价值低。另外，在冷态回用过程中，也可充分利用热态渣的显热，如用作转炉造渣剂时，因还需配入其他原料，可在热态渣中配入从而制成预熔型转炉造渣剂。

不能冶金回用的渣，再进行末端利用(Ⅲ级利用)。CaO-Al_2O_3 系渣中含有丰富的 Al_2O_3，具有一定的经济价值，可考虑化学提取循环利用；铝酸钙也是一类胶凝活性物质，可以和 CO_2 反应生成 $CaCO_3$ 和 $Al(OH)_3$，因此，CaO-Al_2O_3 系渣可以用作水泥混合料，也可以作为 CO_2 吸收材料，吸收 CO_2 的精炼渣可用强碱提取 Al_2O_3。由于铝酸钙水化速度很快，容易板结，因而不宜作土壤改良剂和农肥。高碱度 CaO-SiO_2 系渣中的 C_2S、C_3S 也是水硬性物质，也可以和 CO_2 反应，因此，也可用作水泥混合料和 CO_2 吸收材料。同时高碱度 CaO-SiO_2 系渣具有丰富的 CaO 和 SiO_2，可用作土壤改良剂和农肥。低碱度 CaO-SiO_2 系渣中由于 CaO 含量较低，胶凝活性较小，不宜作为水泥混合材和 CO_2 吸收材料；而这类渣由于 SiO_2 含量丰富，可考虑用作农肥，同时其与 CaO-SiO_2-Al_2O_3 系微晶玻璃的成分十分相似，因而也适宜用作 CaO-SiO_2-Al_2O_3 系微晶玻璃的原料。

3.3 钢铁企业钢渣梯级利用的系统评价和规划

3.3.1 模糊数学法结合层次分析法用于钢渣资源化利用系统评价

钢渣的利用途径是多样化的，选择哪一种或几种利用途径，应当根据钢渣的具体性质、企业的配套设施、周边区域经济社会现状等情况，综合环境经济效益、社会效益和环境效益系统综合考虑来确定。可以通过建立数学模型，利用科学的决策方法，对钢铁企业钢渣的各种利用途径进行系统和全面的评价，为钢铁企业作出相关决策提供理论依据。常用的系统评价方法有关联矩阵法、指标评价法、层次分析法、模糊数学法等。下面介绍运用模糊数学法结合层次分析法对钢渣资源化利用途径进行系统评价的方法，其中模糊数学法用于综合评判，层次分析法用于确定权重。

3.3.1.1 模糊综合评价模型评价等级和评价指标体系的建立

模型所建立的钢渣资源化利用评价等级集为 V={优秀 v_1，良好 v_2，中等 v_3，一般 v_4，较差 v_5}，评价等级及评语见表 3-2。

表 3-2 模糊综合评价模型评价等级及评语

评价等级	评语
优秀	资源化效益很好
良好	资源化效益较好
中等	资源化效益中等
一般	资源化效益一般
较差	资源化效益较差

评价指标的确定应考虑钢渣利用的经济效益、环境效益和技术风险等。因此，建立评价指标集 U={经济效益 U_1，产品规模 U_2，环境效益 U_3，技术适应性 U_4}。其中评价因子 U_1 用预期每吨钢渣产品可实现利润表示。U_2 即钢渣产品的年产量。U_3 下又分三个二级评价指标 u_{31}（节约能耗），u_{32}（节约资源），u_{33}（碳减排），其中节约能耗是指每吨钢渣产品中由于使用废渣所节省的能耗，节约资源是指每吨钢渣产品可减少的自然资源消耗量，即每吨钢渣产品中钢渣的使用量；碳减排是指每吨钢渣产品由于使用废渣所减小的碳排放量。U_4 下又分四个二级评价指标 u_{41}（技术成熟度），u_{42}（技术自适应性），u_{43}（工艺复杂度），u_{44}（理化性质关键指标），其中，技术成熟度是指资源化利用技术的推广应用程度，技术自适应性指的是本企业实施该利用途径的基础条件、配套设施等，工艺复杂度是指资源化利用工艺流程及使用设备的复杂程度，理化性质关键指标是指该利用途径对钢渣理化性质的关键性要求，如生产钢渣微粉的关键指标是钢渣的胶凝活性，做筑路材料的关键指标是 f-CaO 含量，显然，不同的利用途径其指标内容和评价标准不同。模糊综合评价模型评价指标结构见表 3-3。

3.3.1.2 利用层次分析法确定评价指标权重

利用层次分析法确定上述评价指标的权重，计算结果列于表 3-3，分析计算过程不再详述。

表 3-3 模糊综合评价模型评价指标

一级指标	指标权重	二级指标	指标权重
经济效益 U_1	0.3713		
产品规模 U_2	0.1827		
环境效益 U_3	0.1634	节约能耗 u_{31}	0.2500
		节约资源 u_{32}	0.500
		碳减排 u_{33}	0.2500
技术适应性 U_4	0.2825	技术成熟度 u_{41}	0.1627
		技术自适应性 u_{42}	0.0922
		工艺复杂度 u_{43}	0.1627
		理化性质关键指标 u_{44}	0.5823

3.3.1.3 评价标准的设定

根据行业发展水平和发展趋势，制定了各评价指标的评价等级标准，如表 3-4 所示，其中非定量指标 u_{41}、u_{42} 和 u_{43} 的等级标准说明见表 3-5。如前所述，理化性质关键指标 u_{44} 是不固定的，表 3-4 所示的等级标准适用于评价钢渣用于生产钢渣微粉，u_{44} 评价指标定为 28 d 胶凝活性指数。

表 3-4 模糊综合评价模型评价指标的等级标准

等级	u_{31}/(MJ/t)	u_{32}/(kg/t)	u_{33}/(kg/t)	u_{41}	u_{42}	u_{43}	u_{44}	U_1/(元/t)	U_2/(万 t/a)
优秀	≥120	≥1000	≥100	T1	C1	R1	≥0.90	≥100	≥30
良好	60	600	60	T2	C2	R2	0.80	70	20
中等	30	300	20	T3	C3	R3	0.70	40	10
一般	10	100	5	T4	C4	R4	0.65	20	5
较差	≤5	≤50	≤2	T5	C5	R5	≤0.6	≤10	≤1

表 3-5 模糊综合评价模型非定量评价指标的等级标准说明

指标等级		等级描述
技术成熟度	T5	通过现场试验室小试阶段
	T4	通过现场中试阶段
	T3	在实际运行环境中得到试验验证，并有示范生产线
	T2	在实际应用环境中得到应用验证，并实现规模化生产应用
	T1	已实现广泛的规模化应用
技术自适应性	C5	不具备相关配套设施，区域经济社会发展环境一般，地区政策支持力度小
	C4	不具备相关配套设施，区域经济社会发展环境中等，地区有一定的政策支持
	C3	有一定的配套设施，区域经济社会发展环境中等，地区有一定的政策支持
	C2	具有完善的配套设施，区域经济社会发展环境较好，地区有较好的政策支持
	C1	具有完善的配套设施，区域经济社会发展环境好，地区政策支持力度大
工艺复杂度	R5	工艺复杂，设备从国外进口，工艺稳定性差，维护成本高
	R4	工艺、设备较复杂，设备需从国外进口，工艺稳定性一般
	R3	工艺、设备较简单，工艺稳定性一般，维护成本较高
	R2	工艺、设备较简单，工艺稳定性较好，维护成本较低
	R1	工艺、设备简单，工艺稳定性好，维护成本低

3.3.1.4 隶属度函数的确定

U_1 的隶属度函数如下：

“较差”等级的评价的隶属度函数表达式为：

$$r_{15}=\begin{cases}1 & x\leqslant 10\\ \dfrac{20-x}{10} & 10<x<20\\ 0 & x\geqslant 20\end{cases}$$

“一般”等级的评价的隶属度函数表达式为：

$$r_{14}=\begin{cases}\dfrac{x-10}{10} & 10<x\leqslant 20\\ \dfrac{30-x}{10} & 20<x<30\\ 0 & x\geqslant 30, x\leqslant 10\end{cases}$$

"中等"等级的评价的隶属度函数表达式为：

$$r_{13}=\begin{cases}\dfrac{x-20}{10} & 20<x\leqslant 30\\ \dfrac{50-x}{20} & 30<x<50\\ 0 & x\geqslant 50, x\leqslant 20\end{cases}$$

"良好"等级的评价的隶属度函数表达式为：

$$r_{12}=\begin{cases}\dfrac{x-30}{20} & 30<x\leqslant 50\\ \dfrac{70-x}{20} & 50<x<70\\ 0 & x\geqslant 70, x\leqslant 30\end{cases}$$

"优秀"等级的评价的隶属度函数表达式为：

$$r_{11}=\begin{cases}1 & x\geqslant 70\\ \dfrac{x-50}{20} & 50<x<70\\ 0 & x\leqslant 50\end{cases}$$

用同样的方法可求得定量评价指标的隶属度 γ_{ij}，并归一化可获得评价指标的模糊隶属度向量。

非定量指标采取企业自评和专家评价结合的方法获得评价指标的模糊隶属度向量。

3.3.1.5 建立模糊矩阵并进行模糊综合评价

在获得各评价隶属度向量后，形成评价矩阵 $\boldsymbol{R}$。然后，采用加权平均法计算模糊评判向量 $\boldsymbol{B}=\boldsymbol{A}\cdot\boldsymbol{R}$（$\boldsymbol{A}$ 为权重向量），即：$b_j=\min\left\{1,\sum_{i=1}^{p}a_i r_{ij}\right\}, j=1,2,\cdots,m$。最后按最大隶属度原则评判钢渣资源化利用途径的综合效益。

3.3.2 钢渣梯级利用系统规划

通过系统评价的方法确定了钢渣的合适的利用途径后，还应根据分类利用和梯级利用的思路，进行系统规划，以使钢渣梯级利用的综合效益达到最大。钢渣梯级利用的系统规划应当主要包括以下几个方面：

(1)产品组成和规模的规划。钢渣产品应避免单一，而应多样化，从而能更加灵活地应对市场变化。产品的规模应根据市场、区域经济社会环境和本企业已有的基础条件来确定。

(2)在技术上应注意衔接各级利用之间的关系。如钢渣的选铁工艺设计应当考虑选铁尾渣的综合利用方式，若尾渣要用于道路工程，就应使尾渣的粒度满足级配要求，如果是用于钢渣粉，就应将尾渣破碎、研磨到一定细度，并充分选铁，以减轻粉磨过程负担。总之，选铁工艺设计须根据末端产品方案来决定破碎的级数、研磨的细度等，同时注意工艺参数的可调性，以适应各类产品随市场或季节变化的需要。又如钢渣提钒、铬工艺的选取应考虑有价元素提取后的尾渣能被充分利用，尾渣不能被有效利用将产生新的问题。

（3）项目的分步实施。对于成熟的技术，可以先期进行实施，如钢渣磁选选铁、钢渣粉等；对于仍存在一定问题的技术，可以先进行试验工程建设，再逐步推广运行，如钢渣道路材料、土壤改良剂等；而对于还处在实验室研究阶段的技术，则应跟踪研发，适时开展示范工程建设。

3.4 结语

钢渣的综合利用需要遵循梯级利用和分类利用的原则，改变过去粗放管理和利用的方式。对于未来钢渣利用的发展趋势，我们认为钢渣在建材领域中的应用仍然是最主要的方向，虽然，目前钢渣用于生产建材的直接经济效益有限，但从长远来看，随着砂石天然资源的日益减少，供需矛盾开始突出，钢渣作为建材生产原料的经济效益会稳步提高。另外，钢渣在建材领域中的应用，要充分发挥钢渣硬度大、密度大、耐磨性好、透水性好、具有微膨胀性等特性开发和生产钢渣耐磨集料、透水砖、混凝土膨胀剂、钢渣微粉、重混凝土等产品，使钢渣与尾矿、煤矸石等其他工业固废相比更具竞争优势，从而有利于提高钢渣自身的价值。

第4章　钢渣处理技术及应用实例

钢渣处理就是对高温钢渣进行速冷或喷水强制消化，使其物相稳定，最终达到利用目的。钢渣加工处理是钢渣实现资源化的前提，处理工艺的好坏，对钢渣资源化利用关系很大。钢渣处理工艺不断向前发展，各种处理工艺均有各自不同的技术特点。目前，我国钢铁企业应用的钢渣处理工艺包括热泼、热闷、水淬、风淬、滚筒、气淬等。

4.1　热泼法

4.1.1　工艺流程和特点

热泼法是国内外应用比较多的方法（见图4-1）。它的基本原理是：在炉渣温度高于可碎温度时，以有限制的水向炉渣喷洒，使渣产生的温度应力大于渣本身的极限应力，使渣产生裂纹，裂纹相交，渣破裂成块，冷却水继续沿裂纹渗入，使渣进一步破裂，同时也加速了游离态氧化钙的水化，使渣向更小块破裂。反复热泼，积渣到一定厚度，再铲运进一步处理。其优点是：工艺成熟，排渣迅速，操作简单可靠，适合处理所有钢渣，因而成为世界各国通用的处理方法。该工艺有渣线热泼、箱式热泼、炉前热泼三种形式，其中渣线热泼法占地面积最大，炉前热泼法次之，箱式热泼法最小；炉前热泼法操作环境最恶劣，但投资比其他热泼工艺节省40%以上。

图4-1　钢渣热泼法现场

4.1.2　存在的问题

热泼工艺的缺点是：设备占地面积大，耗水量大，处理周期长，大块结渣严重，后续利用时破碎加工量大且粉尘量大，环境污染严重，渣、铁分离不好，处理后钢渣稳定性不好，影响尾渣综合利用。

4.1.3 应用实例

本溪钢铁集团有限责任公司(简称本钢)流动性较差的液态钢渣和固态钢渣采用渣线热泼法处理,将渣罐翻到约 10 m 深的护坡下,达到一定厚度,进行浇水。

宝钢集团有限公司(简称宝钢)三期电炉钢渣采用渣箱热泼法,其主要工艺处理过程是:起重机吊起渣罐向敞开式渣箱泼渣,每泼完一罐渣后,适量均匀喷水冷却,然后同样泼第二罐、第三罐渣,渣箱泼满后,集中再喷大量冷却水,渣箱底部有滤水层,可将未蒸发的残留水排出渣箱。待渣箱内钢渣冷却至 100℃以下,用装载机铲起,将钢渣运走[7]。

江苏沙钢集团润忠钢厂的 90 t 交流电弧炉氧化渣采用炉前热泼的方式,不用渣罐,为避免熔融渣的热辐射,设计了三面挡渣墙,内侧挂铸铁板,地坪上也铺设了铸铁板。在流渣过程中,采用逐层喷水,使炉渣迅速冷却,冶炼一炉后,即用履带式装载机分几次将炉渣装到翻斗汽车上运出。在装载过程中进一步喷水冷却炉渣,使其能安全运行[8]。

4.2 浅盘水淬法

4.2.1 工艺流程

浅盘水淬法(I. S. C 法)由美国 A. F. 公司首创,1974 年以来日本的新日铁的大分厂和八幡厂的 340 t 转炉上采用,效果良好。主要工艺流程:抱罐车将钢渣运入炉渣间,起重机吊起渣罐,将熔渣快速泼于浅平渣盘,泼渣后,喷水冷却。浅渣盘可倾斜,将渣倾倒于排渣车上,排渣车靠近冷却水池,先向排渣车淋水,进行第二次冷却,使渣降温至 200~300℃后自动倒渣于冷却水池,第三次冷却。用抓斗取出水池中渣块,放入皮带机送往粒铁回收场[9]。图 4-2 所示为浅盘水淬法工艺流程图。

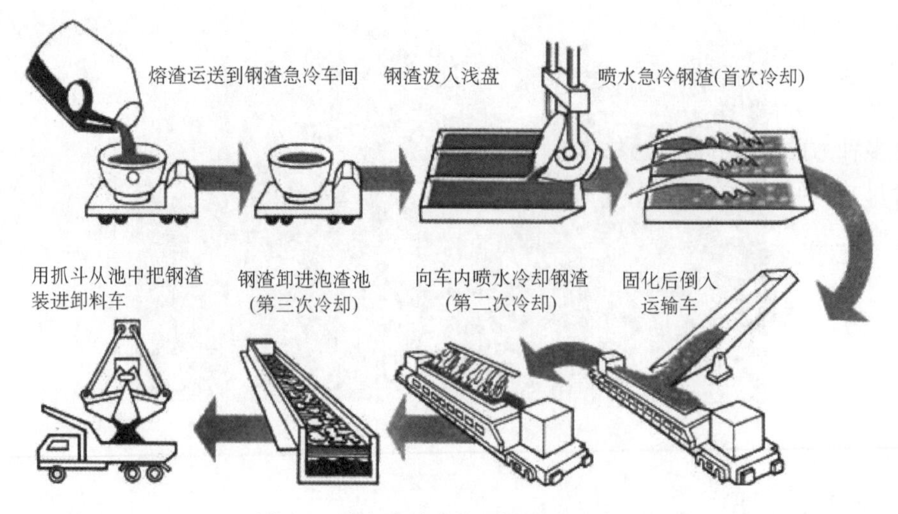

图 4-2 浅盘水淬法处理转炉渣示意图

4.2.2 工艺优缺点

浅盘水淬法处理能力大，快速冷却，与露天渣坑法相比占地面积小，机械化程度高；但多次装卸、冷却钢渣，操作作业量、污水处理量都很大。

4.2.3 应用实例

我国宝钢 I.S.C 浅盘热泼法[10]是宝钢投产初期引进日本大分钢厂的专利技术，该工艺将高温达 1500℃熔渣流动性好的 AB 渣用 120 t 行车倒入高架浅盘上，空冷 3～5 min 后，向渣盘表面喷水冷却，喷水断续进行，喷 3～5 次，共 20 min，使钢渣急速冷却、产生自然龟裂。这次冷却时以喷在渣面上的水全部蒸发汽化为度，每吨渣耗水量约为 0.32 m^3。接着渣块在空气中静置冷却 15 min，表面温度冷却到约 500℃时，再用 120 t 吊车将浅盘上的钢渣翻入排渣台车，二次淋水冷却，此次冷却为沐浴式冷却，喷淋时间为 4～8 min，每吨渣耗水量为 0.08 m^3。当炉渣表面温度降至 200℃左右时，倒入水池第三次冷却，从水池中捞出时渣温在 100℃以下。该水渣池沿长度方向分割成两个区间。第一区间的钢渣由门式抓斗吊车抓起，装入贮料仓。如此两个区间轮流使用。

由于该作业线分三次急速水冷却造成周围温度亦在 100℃上下，所以须配置遥控机械辅助作业，操作者劳动条件好，而且作业安全。除产生大量白色蒸汽外，基本上无尘埃。因此，该工艺机械化、自动化程度高，对环境的污染少、作业安全顺行。

4.3 水淬法

4.3.1 工艺原理

钢渣水淬的原理是高温液态钢渣在流出和下降的过程中被高速水流分割、击碎，当高温钢渣遇水急冷收缩产生应力集中而破碎、粉化，并在此时进行热交换，使钢渣在水幕中被粒化。由于流动着的液态钢渣熔点高、碱度高、过热度小、黏度大、密度大，接近固相线，因此，要把液态钢渣分离出来，既需要水流具有强大的剪力，还需急冷热应力，并补加抛射碰撞力，必须在多种力的综合作用下才能奏效。因此，在钢渣水淬过程中，应以水为主，控制熔渣，强调组合尺寸，确保彻底粒化是该工艺的关键[11]。

4.3.2 工艺流程和设备

水淬工艺流程及主要设备见图 4-3。转炉产生的高温液态钢渣倒入专用的渣罐中，渣罐车将其运至水淬点，渣罐在水淬点由支撑架支撑，用倾动卷扬倾翻，同时开启水泵在水淬喷嘴形成高速喷射的水幕，渣罐以前方支柱为中心倾翻实现水淬；钢渣缓慢流下落在高速喷射的水幕上被击碎粒化后进入水淬池和沉淀池，再由天车抓斗捞起运到水淬渣地坪进行滤水，滤水后的水淬渣由汽车运到用户点使用。水淬后的水进入沉淀池，沉淀后流入热水井，由冷却塔将水冷却后进入冷水池，水淬用水循环使用[12]。

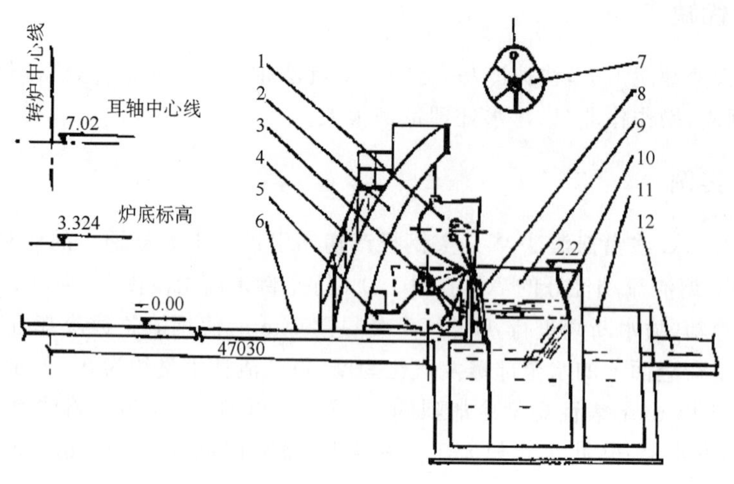

图 4-3 转炉钢渣水淬粒化工艺流程

1. 渣罐；2. 曲臂吊车；3. 粒化器；4. 梯子；5. 渣罐车；6. 铁轨；7. 抓斗吊车；
8. 前支柱；9. 水淬池；10. 二次粒化板；11. 沉淀池；12. 回水槽

水淬工艺的主要设备包括粒化器、倾翻装置、水淬池、供水设备等，其中粒化装置是最核心设备。喷嘴布置要合理，工作时应形成厚度均匀的、一定宽度的水幕，钢渣通过水幕时得到淬化；粒化器用水一般为工业循环水，碱度较高，在设计和使用时应考虑结垢问题；粒化器安装位置应考虑水淬工艺运行的安全要求。图 4-4 所示为济钢发明的水淬粒化器（专利号 CN 94225566.6），它由水力喷射部分和气力喷射部分组成，其水力喷射部分由集水包（3）（8）、水箱（4）、水力喷射嘴（10），其气力喷射部分由进气管（9）、气包（7）、分气管（5）（6）、气力喷射嘴（11）组成。钢渣水淬时，水力喷射部分与气力喷射部分同时工作，可形成一个高速气流与高速水流相间的气、水幕，使冲击、切割、激冷液态钢渣的作用力大大加强，钢渣水淬粒化均匀，使用时安全可靠，不发生爆炸现象。

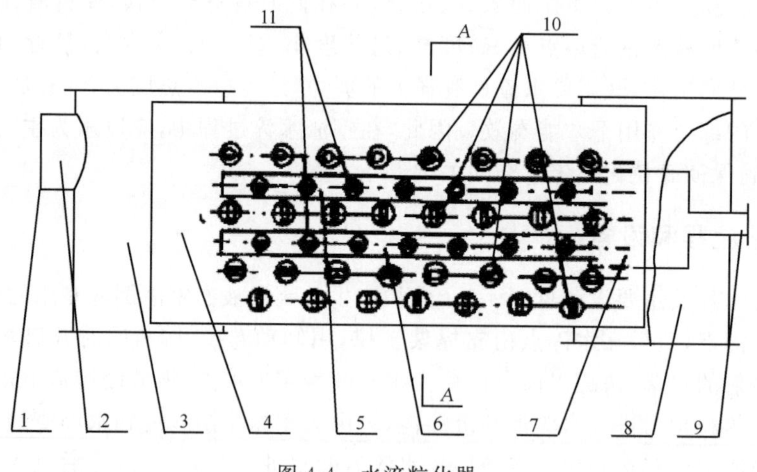

图 4-4 水淬粒化器

4.3.3 工艺特点

钢渣水淬系借多排、多孔、多功能的水喷嘴组成紊流自由喷射,借助水力将高温液体抛流熔渣,在瞬间内击散、粒化、冷凝成小固体颗粒钢渣的过程。其工艺优点是:流程简单,处理周期短,设备占地少,处理后钢渣粒度小且均匀。缺点是:投资高,水淬处理率较低,耗水量大,水处理较复杂,只能处理液态渣,而且操作不当会发生爆炸。

4.3.4 操作安全要求

我国国家标准《钢渣处理工艺技术规范》(GB/T 29514—2013)对水淬工艺规定了以下操作安全要求:

(1)水淬前对渣罐倒出的钢渣流动性进行观测,一般要求在渣罐倾倒钢渣时能成束状流下,未发现凝固态钢渣,粒化器供水水压、水量正常后,方可进行水淬操作。

(2)淬渣结束时,应延时停水。

(3)钢渣中的固体渣块不得掉入水淬池。

(4)水淬时应确保安全用水水量、水压达到设计要求。

(5)风淬水池区域应采取封闭设施。

(6)倒渣时发现钢水,应立即停止倒渣。

4.3.5 应用实例

4.3.5.1 济钢水淬工艺[12]

济钢 1978 年建成"渣罐孔流池内水淬"工艺生产线。经过对原有的水淬工艺进行了多次改进,济钢形成了具有自主知识产权的水淬系统及工艺(专利号:CN201110089733),工艺装置组成见图 4-5。该工艺包括倾翻装置,倾翻装置上安装中间罐;中间罐倾翻装置的前部安装粒化器;粒化器的喷雾方向安装防爆水淬池,防爆水淬池通过冲渣沟与脱水排渣装置,脱水排渣装置的出钢渣装置下方设有传送皮带,传送皮带的一端与料仓连接;脱水排渣装置下方设有排水沟,排水沟与循环水池连接。该水淬工艺,包括如下步骤:①渣罐将钢渣倒入中间罐内;②将中间罐的钢渣倒入防爆水淬池内,粒化器喷射水雾对钢渣进行水淬,粒化后的钢渣落入防爆水淬池内;防爆水淬池内冲水,将其内的钢渣和水冲入冲渣沟内,水淬后的钢渣进入脱水排渣装置内;③脱水排渣装置分离出的水落入排水沟内,并流至循环水池;分离出的钢渣运至料仓储存。该工艺可提高水淬强度,提高钢渣的粒化率,又可防止未被粒化完全的块状钢渣与水淬池内的水接触发生爆炸。

4.3.5.2 韶钢水淬工艺

韶钢三钢厂采用水淬法处理钢渣[13],于 2003 年 4 月 22 日正式投入使用,主要装置包括前方支柱、渣罐、渣罐车、曲臂卷扬机、粒化器、拨钩装置等,渣罐的容量为 11 m^3。工艺主要的用水点是粒化器,其用水量为 1080 m^3/h,由冷水泵站供水,水泵运行采用变频控制方式。水淬后的浊水先流入水淬池,再进入沉淀池沉淀,当水中的悬浮物含量低于 80 mg/L 后流入热水井。由热水泵将热水抽到冷却塔冷却,水冷却后落入冷水井循环利用。

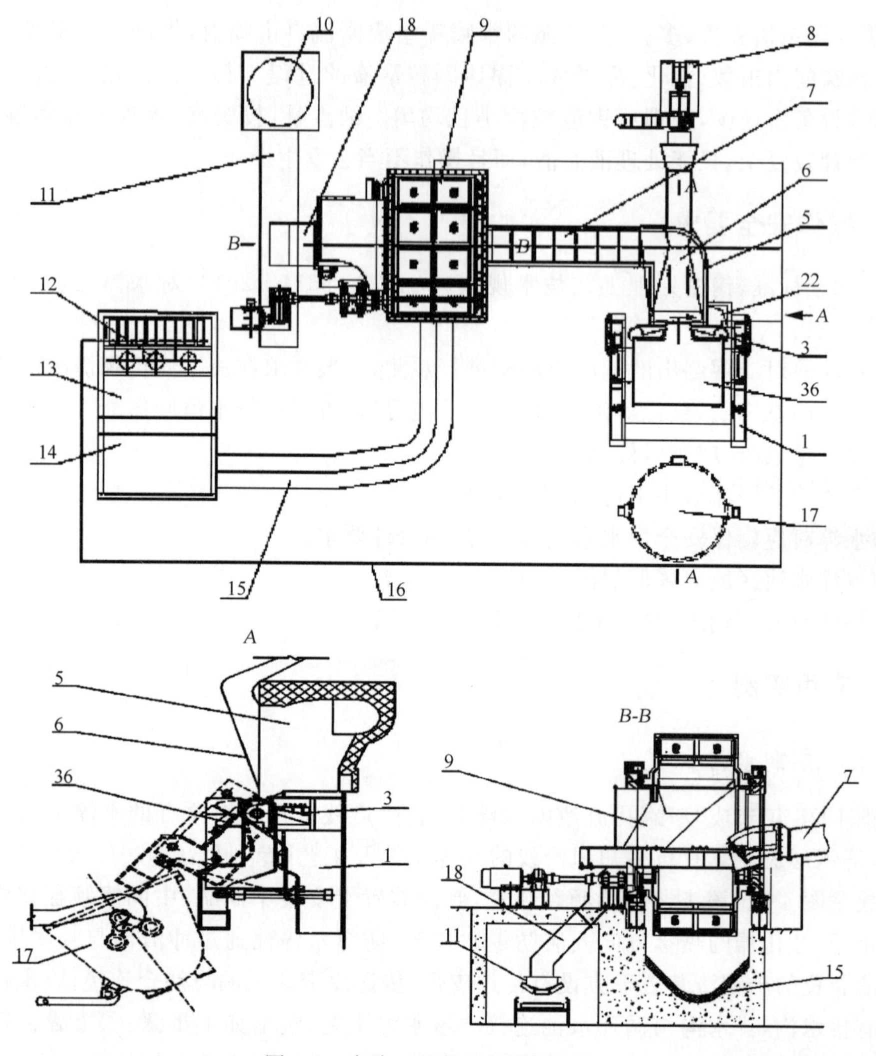

图 4-5　水淬工艺装置(相关部分)

1. 中间罐倾翻装置;3. 粒化器;5. 防爆水淬池;6. 集气罩;7. 冲渣沟;8. 水淬蒸汽回收装置;9. 脱水排渣装置;10. 料仓;11. 传送皮带;12. 水泵;13. 吸水池;14. 循环水池;15. 排水沟;17. 渣罐;18. 溜槽;21. 水淬防爆池主体;22. 渣槽;36. 中间罐

4.4　钢渣余热自解热闷法

热闷工艺同时存在罐式热闷、池式热闷等几种形式。其差异是闷渣用的容器不同,罐式热闷使用的闷渣罐需埋在地下,而池式热闷用的闷渣池可以建在地面上,处理好的钢渣可直接用装载机挖掘外运,因此,池式热闷更加便利。下面仅介绍由中冶建筑研究总院开发的钢渣余热常压自解热闷工艺[14]。

4.4.1 工艺原理

钢渣余热常压自解热闷工艺原理是将液态的钢渣运至余热自解处理生产线，直接倾翻至余热自解装置中，盖上装置盖，自动化控制喷水产生蒸汽对钢渣进行消解处理，喷雾遇热渣产生饱和蒸汽，与钢渣中游离氧化钙 f-CaO、游离氧化镁 f-MgO 发生如下反应：

$$f\text{-CaO}+H_2O \longrightarrow Ca(OH)_2 \quad \text{体积膨胀 } 98\%$$

$$f\text{-MgO}+H_2O \longrightarrow Mg(OH)_2 \quad \text{体积膨胀 } 148\%$$

由于上述反应致使钢渣自解粉化，8～12 h 后装置内温度降至 60℃，打开装置盖，用挖掘机将钢渣铲出放入条筛中粗筛，小于 200 mm 的钢渣输送至筛分磁选提纯加工生产线。

4.4.2 工艺流程

4.4.2.1 工艺流程

钢渣余热常压自解热闷工艺流程见图 4-6。

(1)转炉出钢渣

(2)过跨车运钢渣

(3)吊车吊运渣罐

(4)渣罐与热闷装置对位

(5)倾倒钢渣

(6)盖上热闷装置盖热闷

(7)挖掘机出渣

图 4-6 钢渣余热常压自解热闷工艺流程

4.4.2.2 设备

热闷工艺最主要的设备包括混凝土池和装置盖。在混凝土池内装有内壁，内壁与混凝土池之间经隔热层隔开，内壁由若干个护板组成。内壁和混凝土池上都有排气孔和排水孔。在混凝土池上有水封槽，水封槽上盖有装置盖。

4.4.3 工艺特点

钢渣余热常压自解热闷处理工艺具有以下技术特点：

(1)钢渣粒度小于 20 mm 的量占 10%以上，省去了钢渣热泼工艺的多级破碎设备。

(2)渣钢分离效果好，大粒级的渣钢铁品位高，金属回收率高，尾渣中金属铁含量小于2%，减少金属资源的浪费。

(3)与其他工艺相比，钢渣余热自解处理可使尾渣中游离氧化钙(f-CaO)和游离氧化镁(f-MgO)充分进行消解反应，消除了钢渣不稳定因素，使钢渣用于建材和道路工程安全可靠，尾渣的利用率高。

(4)粉化钢渣中水硬性矿物硅酸二钙(C_2S)、硅酸三钙(C_3S)的活性不降低，保证了钢渣的活性。

(5)钢渣粉化后粒度小，用于建材工业不需破碎，磨细时亦可提高粉磨效率，节省电耗。

4.4.4 应用实例

2008年,新余中冶环保资源开发有限公司在新余钢铁厂建设了一条规模为116万t/a钢渣热闷生产线。在现有工艺中,钢渣热闷处理主要过程为高温熔融热渣由渣罐车运至钢渣热闷处理生产线,用铸造桥式起重机将渣罐中热渣倒入热闷装置后,开始打水冷却直到表面凝固为止,用挖掘机松动钢渣,保证装置内钢渣表面无积水,然后进行第二次倒渣(重复上一次过程),直至热闷池倒满钢渣后,盖上热闷装置盖,由PLC总控制室自动打开喷水系统进行喷雾,喷雾装置设置在装置盖顶部,当装置内温度过高时自动打开排气阀放气。为保证安全,盖上装有安全阀温度传感器设在装置内特殊部位,以防止碰击和热辐射对仪器造成偏差,热闷结束后则自动打开排气阀,卸出装置内余汽,用桥式起重机将装置盖移至装置盖支架后,热闷装置开始出渣。

热闷装置的尺寸为5 m(宽)×7 m(长)×5 m(深),容积175 m^3,按利用系数0.7计算,每个热闷装置共可装钢渣233 t,总共设置14个热闷装置。

钢渣热闷线于2009年2月份投产,自投入运行以来,生产线运转正常,工艺指标达到了设计要求,部分指标优于设计要求,热闷后钢渣中小于10 mm粒级含量达到60%以上;*f*-CaO含量由原来的8%降至3%以下。

4.5 风淬法

风淬钢渣技术[15-17]在国外早有应用,但其目的不仅仅是为了处理、回收、利用钢渣,同时还回收钢渣带走的热能。1977年4月日本钢管公司与三菱重工业公司共同进行了以转炉钢渣热回收、渣的资源化及渣处理工艺的改革为目的的试验研究。同年12月,在日本钢管公司福山制铁所设置试验场。1981年末,在福山制铁所建成了世界上第一套转炉渣风淬装置,现仍在正常地运行。目前,我国有马钢、石钢、成钢等企业使用钢渣风淬工艺。1988年马钢开发、研究并获得了“钢渣风淬技术”中国专利权。1991年成都钢厂对该项专利进行了4次改进,并建成了国内第一条钢渣风淬生产线,使之应用于工业生产中。通过在成钢15 t转炉上的应用,认为该项技术是一项先进技术,值得广泛推广应用。成钢将改进的部分申请了国家专利,与马钢联合,将风淬渣生产技术向重钢、石钢转让。

4.5.1 工艺原理

针对在高温液态下钢渣分子之间引力较小,使用较少能量就能将它们彼此分开的基本原理,设计了用高速空气流对空中连续下落过程中的高温液态钢渣流股进行冲击,使它们分散粒化为细小液滴,并随气流沿水平方向向前飞行,飞行过程中因表面张力作用,液滴收缩为球形并逐渐凝固,但中心仍为液态,飞行一段距离后表面凝固的球形渣粒受重力作用,都全部分散落入设置于飞行下方的冷却水池中,迅速冷却为固态球状渣粒(见图4-7)。钢渣中混入的少量钢水也同样被粒化和冷却为钢珠,通过磁选可以将它们分离和回收。

图 4-7　风淬工艺

4.5.2　工艺特点

风淬工艺的优点是：占地面积小，处理周期短，渣的粒度小，性能稳定，渣钢分离效果好，投资也少，可直接作为路面材料使用。其缺点是：噪声与粉尘量较大，处理率不高，只能处理液态渣，渣中铁酸钙含量较高，其反应胶凝活性不好，影响了渣作为水泥掺合料的使用。

4.5.3　工艺流程及设备

工艺流程如图 4-8 所示。

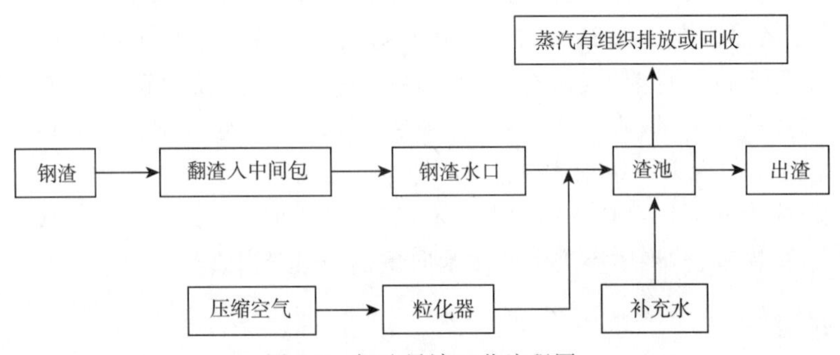

图 4-8　钢渣风淬工艺流程图

液态的转炉钢渣置于为风淬钢渣设计的专用渣盘中，渣盘运到渣跨，由天车吊运到钢渣风淬平台上。钢渣风淬平台由一个渣盘托架和一个液压顶升装置组成。中间包为一个下部有流渣孔的铸钢容器，钢渣从中间包流渣孔流出，形成一个基本稳定的流股。中间包流渣孔下部是粒化器，即风淬钢渣的气体喷嘴箱。利用高速气流将稳定液渣流击碎成小液滴。液滴向前飞行过程中，逐渐凝固，并落入前面的水池中冷却，冷却成 2 mm 左右的球形钢渣，冷却后的钢渣用抓斗从水池中抓出外运即可。

风淬设备主要由中间包、水口、粒化器、水池等组成（见图 4-9）。粒化器为风淬工艺的核心设备。材质一般为普碳钢，也可用不锈钢。

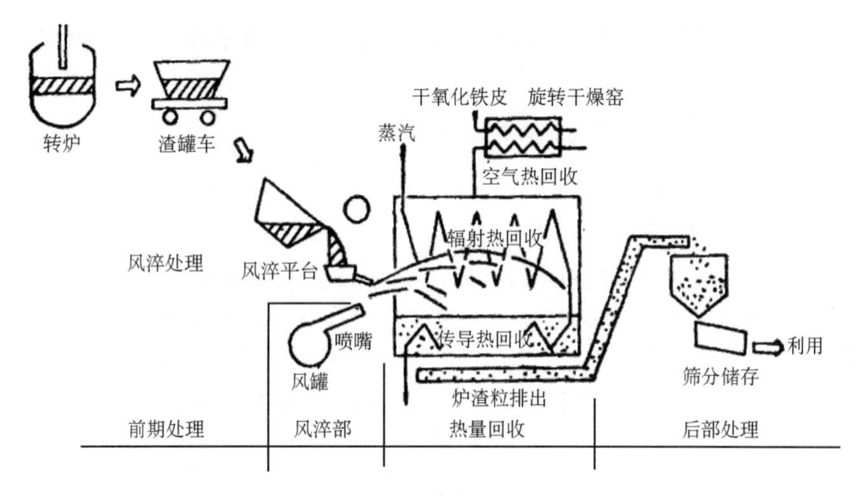

图 4-9 转炉渣风淬系统示意图

4.5.4 操作安全要求

《钢渣处理工艺技术规范》(GB/T 29514—2013)对风淬工艺规定了以下操作安全要求:

(1)在渣处理附近应设置专门的观测点,对渣罐倒出的钢渣流动性进行观测。一般要求在渣罐倾倒钢渣时能成束状流下,未发现凝固态钢渣,可进行风淬处理。

(2)风淬处理速度通过控制渣罐的倾斜角度和中间包内液态渣量实现控制。当观测到渣黏度升高、流动性变差时,中止倒渣作业。

(3)风淬作业中,如发现渣池中粒化器前部区域有积渣时,要及时清渣。

(4)钢渣水口和粒化器出现烧蚀时,应及时更换。

(5)风淬水池区域应采取封闭设施。

(6)倒渣时发现钢水,应立即停止倒渣。

4.5.5 应用实例

4.5.5.1 马钢钢渣风淬粒化生产线

马钢从 20 世纪 70 年代开始,进行钢渣风淬粒化相关技术的研究,1985 年正式列入冶金部重点课题。1987 年通过冶金部技术鉴定,1988 年取得中国专利权,专利名称为《钢渣风淬粒化装置》,专利号为 CN88211276U。从 1991 年开始,马钢许可国内中型钢铁企业实施这项专利技术。1995 年马钢在第三炼钢厂 50 t 转炉炼钢车间建成国内当时最大规模的钢渣风淬粒化生产线。2007 年 6 月马钢又在新区 300 t 转炉炼钢厂同步建设,同步投产了目前国内规模最大的钢渣风淬粒化生产线。该生产线设两个工位,每个工位平均每分钟能处理 4～6 t 渣,最大处理速度一般可达 7～9 t/min,短期最大处理量曾达到 12 t/min,担负在线资源化处理转炉总渣量 40%～70%的生产任务,确保了 2 座 300 t 转炉快速正常生产。此生产线使用的是已获专利授权的改进风淬粒化装置(专利号:CN101259991A)。该装置包括中间包、粒化器和水池,粒化器喷出的高速压缩空气在空中粒化由中间包流出的液态钢渣,粒化的钢渣调入水池中冷却,压缩空气压力控制在 0.59～0.70 MPa,液态钢渣的过热度在 110℃以上。新装置与原有装置的主要改进之处是在粒化器附近设置中间包快速升温装置,在压缩空气管道上连接压缩空气压力自动显示监控装置，钢渣吹成率大幅提高，达95%以上。

4.5.5.2　石钢2×30 t转炉钢渣风淬工程

石钢2×30 t转炉钢渣风淬工程于1994年11月与转炉同步投产，1995年1月转炉试生产结束，1995年2月转炉开始正式生产。1995年2—12月累计产钢271713 t，累计生产风淬渣22131 t，钢渣风淬生产线达到了设计风淬率50%～70%的能力。石钢风淬工艺流程如图4-10所示。钢渣风淬的整个工艺过程分为接渣盘准备、接渣、运送、风淬准备、风淬操作等五个具体环节。风淬系统在实际应用中，风量和风压视渣况不同而不同，风淬是否彻底、完全，由渣的黏稠程度决定。渣越稀，风淬效果就越好，风淬亦就越完全、彻底。石钢具体操作数据见表4-1。

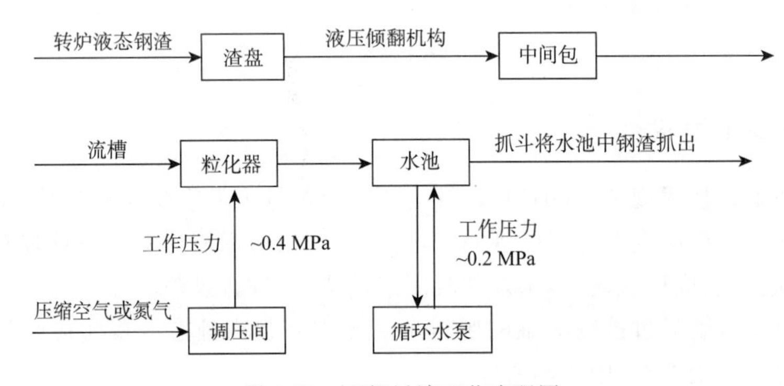

图4-10　石钢风淬工艺流程图

表4-1　风淬渣操作记录

炉号	机座	风压/MPa		风量/(m³/盘)	风淬钢渣重量/t	渣盘粘渣重量/t	风淬时间/min	备注
		总管压	工作压					
2776	1	1.03	0.40	240	0.5	4.5	6	渣稠
2777	1	1.03	0.38	400	4.5	0.5	12	
2778	1	1.03	0.38	240	2.5	2.5	8	后期渣稠

4.6　滚筒工艺

俄罗斯乌拉尔钢铁研究院在实验室规模内研究开发了滚筒法液态钢渣处理技术[18,19]。我国宝钢自1995年购买了该项专利技术后，经过3年多的消化、吸收和创新，于1998年5月在宝钢三期工程的250 t转炉分厂建成了世界上第一台滚筒法处理液态钢渣的工业化装置。多年的生产实践表明，该套滚筒装置具有流程短，投资少，环保好，处理成本低，处理后渣的游离CaO低、粒度小而均匀和渣钢分离良好等优点。宝钢通过多年的探索和实践，从工艺的安全性、运行的稳定性、设备的耐久性、维护的便利性以及处理能力等方面，先后对原先的滚筒渣处理技术进行了12项重点改进30余项局部优化，将滚筒工艺由第一代逐步推向第四代。目前，我国还有酒钢、邯钢、新疆八一钢铁等钢铁企业使用滚筒工艺。

4.6.1 工艺原理

将高温熔态冶金渣放入一个转动的密闭容器中进行处理，在工艺介质和冷却水的共同作用下，高温渣被急速冷却、碎化和固化，使其由高温熔融状态处理成为低温粒化状态，实现破碎和渣钢分离同步完成(见图 4-11)。在这个工艺过程中，由于熔渣与钢水冷却的收缩率不同，所以互不包容，同时熔渣的处理是在滚筒的介质中进行，熔渣无法包裹水形成密闭空间，所以不会发生爆炸，安全性好。在处理过程中，滚筒的工艺介质将熔渣充分颗粒化，同时热渣在热水中的二次浸泡将游离氧化钙消解，因此处理后渣的稳定性比较好。处理过程中的浊水流入沉淀池经处理循环使用，蒸汽集中排放，可有效抑制对环境的污染。

图 4-11 滚筒法钢渣处理

4.6.2 工艺特点

该工艺的优点是：设备占地面积小，排渣快，污染小，钢渣粒度小且均匀，性能稳定，渣钢分离效果好。其缺点是：钢渣处理率较低，只能处理液态钢渣，一次性投资较高，设备故障率及运行费用较高，钢渣黏度大或渣量大时容易将钢球粘住，以致无法卸料。

4.6.3 工艺流程与装置

滚筒法的工艺流程是：冶炼产生的热态钢渣运至渣处理车间，然后用行车吊运并放入渣罐倾动装置，由渣罐倾动装置将渣罐中熔融状态的炉渣均匀倒入滚筒渣处理装置进行处理。如遇渣壳及黏渣，用扒渣机辅助将渣捣碎并扒入滚筒内，在滚筒内通冷却水，水与滚筒内的钢球把渣冷却、挤压破碎，钢渣变成小于 120 mm 的固态渣粒(70%的渣粒≤20 mm)处理后的炉渣，经由滚筒装置的排渣口排出，落到组合式输送机上输送至斗提机，在组合输送机与斗提机之间设置振动筛，将少量的大块渣钢筛选出来，渣经斗提机运至高位进入料仓，最后由卡车运出。

滚筒工艺装置系统主要由以下部分组成：滚筒渣处理机组设备、电气系统、仪表系统、水处理供水系统、排蒸汽及除尘系统、其他辅助系统(如图 4-12 和 4-13 所示)。滚筒渣处理装置主要由进料装置、滚筒本体、止推装置、保护装置、排渣装置、工艺平台和蒸汽排放系统等组成(如图 4-14 所示)。

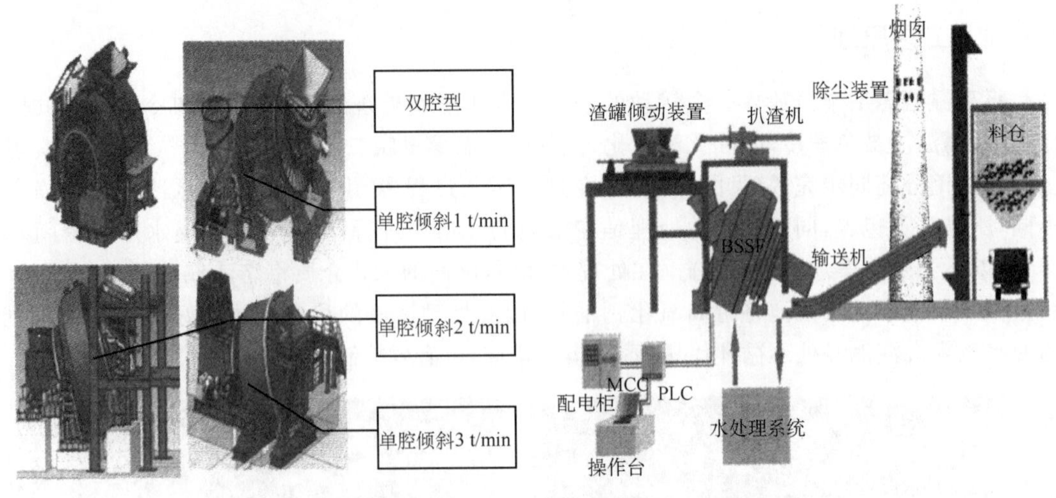

图 4-12　滚筒设备机型系列化图　　　图 4-13　BSSF 滚筒渣处理系统组成

图 4-14　滚筒装置设备组成

4.6.4　操作安全要求

《钢渣处理工艺技术规范》(GB/T 29514—2013)滚筒工艺规定了以下操作安全要求：

(1)钢渣应按设计要求均匀倒出，发现滚筒出红渣或滚筒内有响爆声音时，暂停进渣或减少进渣量并增加水量。

(2)倒渣时发现钢水，应立即停止倒渣。滚筒作业前确保作业区无闲杂人员方可进行滚筒作业，操作人员应在安全作业区内进行操作。

(3)倒渣结束后，滚筒应继续喷水 10～15 min。

(4)当滚筒设备周围积渣时，需及时清理。

(5)当滚筒内钢球量未达到设计要求时，需及时补加钢球。

4.6.5　应用实例

宝钢于 1998 年 5 月在宝钢三期工程的 250 t 转炉分厂建成了世界上第一台滚筒法处理液态钢渣的工业化装置。该生产线的处理系统设备及其主要规格参数如表 4-2 所示。滚筒装置运行的基本工况条件如表 4-3 所示。该滚筒装置处理液态钢渣的速度如表 4-4 所示。该装置所排出的蒸汽中含尘量约为 93.4 mg/m^3。

在此之后，宝钢对原有的滚筒工艺进行了以下几个方面的技术改进：①滚筒装置，在原有单腔立式基础上得到提升，即开发出了双腔型滚筒和各种处理能力的单腔倾斜型滚筒，每分钟可处理钢渣 13 t，能满足各类转炉、电炉的出渣量及排渣周期。不同机型的结构示意如图 4-12 所示。②研制开发了滚筒装置＋渣灌倾动装置＋扒渣机“三位一体核心技术系统”，利用这种技术，滚筒渣处理装置系统能处理转炉高温熔态不同流动性渣，满足目前溅渣护炉工艺后黏稠钢渣处理的要求每罐渣的处理率从 30％提高到 85％。③原有处理完的钢渣是通过输送机直接落入渣场，然后再通过铲车、卡车进行倒运。为减少二次倒运带来的污染，增设斗提机或链斗机和料仓，将处理好的钢渣通过斗提机斗提至料仓储存，卡车在料仓下接料，实现了渣不落地技术。

通过提高滚筒设备稳定性，形成了处理线系统；创造三位一体技术，提高了滚筒渣处理率；提出渣不落地处理理念，在工程项目中的实施极大地改善了对环境的污染。目前，一套 2 t/min 滚筒渣处理系统的年处理能力为 13 万～18 万 t，钢球消耗仅为过去的 1/7，衬板消耗仅为过去的 1/3，运行成本显著降低，可实现基本连续稳定生产。

表 4-2 滚筒法液态钢渣处理系统的设备构成

设备名称		主要规格参数
炉渣运输系统	转炉	2×250 t
	渣罐	33 m^3
	渣罐台车	40 t
	吊车	120 t
滚筒装置	滚筒	2～5 t/min
	除尘风机	740 r/min
冷却水系统	供水泵	功率 22 kW，扬程 30 m，能力 130 m^3/h
	蓄水池	50 m^3

表 4-3 滚筒装置运行的基本工况条件

处理速度	滚筒转速	冷却水流量	排风机转速
2～5 t/min	0～5 r/min	40～80 t/h	740 r/min

表 4-4 滚筒装置处理液态钢渣的速度

序号	倒渣速度/(t/min)	备注
1	2.70	渣子流动性好
2	2.44	渣子流动性好
3	2.20	渣子流动性较好
4	1.80	渣子流动性较差
5	1.10	渣子流动性较差且渣罐口结渣严重

4.7 粒化轮工艺

粒化轮工艺又分嘉恒法和华科法。嘉恒法由我国唐山嘉恒实业有限公司开发，华科法由唐山华科冶金技术开发有限公司开发。

4.7.1 嘉恒法

嘉恒法[20,21]起源于俄罗斯的图拉法，结合炼钢工艺及钢渣的特点研制开发而成。嘉恒法与滚筒法的不同之处在于，前者是通过粒化轮及水淬冷却实现钢渣粒化，而后者是通过装在滚筒内的钢球挤压及水淬冷却实现钢渣粒化（见图 4-15）。首钢、沙钢、邯钢、唐山国丰等钢厂采用了该法。

图 4-15 嘉恒法工艺

4.7.1.1 工艺流程及设备

液态钢渣由转炉倒入渣罐后，由自行渣罐车运至渣跨，再由渣跨行车将渣罐吊放至渣罐倾翻装置上。倾翻机构以一定的速度将渣罐中的液态钢渣倒入粒化器内，被高速旋转的粒化轮机械破碎，同时被粒化器内高压水水淬冷却。渣水混合物进入脱水器中，随着脱水器的旋转实现渣水分离。成品渣被皮带机运至料仓，根据用途进入不同的处理工序。嘉恒法工艺流程见图 4-16。

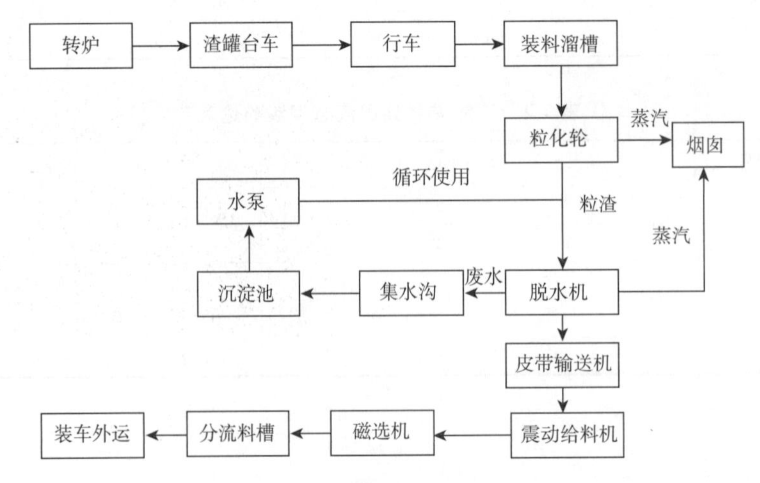

图 4-16 嘉恒法的工艺流程图

嘉恒法的设备系统包括通用渣罐、倾翻机构、受渣槽、粒化系统、脱水系统、成品渣的接收和运输设备、供水设备和蒸汽排放设备，其中粒化系统和脱水系统是核心装置。粒化系统主要设备有沟头、粒化器(包括粒化器壳体和粒化轮)、二次挡渣板、高压喷嘴、水箱等。粒化轮作为破碎的主要部件，采用了可拆卸、中空水冷，中间带折射盘，直齿带散热翅的结构，从而保证了使用寿命。二次挡渣板为水渣二次粒化水淬的场所，采用既能延长使用寿命又能使水淬更加充分的倒锯齿结构；根据熔渣被破碎抛射后的落点，在粒化器内设计了多点喷射水路，分别完成对设备冷却、水淬、熔渣粒化等工序。脱水系统由脱水器壳体、转鼓、大齿圈、齿轮、托辊、挡辊、不锈钢筛斗、水槽及集气装置、横梁装配等部分组成，脱水器筒体采用可调整平衡托轮结构，可防止轴向窜动。独特的梯形几何截面组成的可以拆卸的不锈钢特殊筛网，可以使滤水、滤渣及清理筛网效果达到最佳，而且充分考虑了检修的方便。

4.7.1.2　工艺特点

嘉恒法工艺优点是：环保性能好，粉尘少，蒸汽通过烟囱排放；投资较少，占地少，工艺简单，主体装置仅需要 120 m^2 的厂房；处理后的钢渣粒度小于 10 mm；运行费用低。缺点是对钢渣流动性要求高，固态渣和流动性差的渣不能处理，粒化链轮易损坏。

4.7.1.3　应用实例

首钢迁安 210 t 转炉采用嘉恒法，表 4-5 为其工艺参数。

表 4-5　嘉恒法工艺参数

序号	参数名称	单位	指标	备注
1	单位时间处理量	t/min	3～5	
2	钢渣可处理率	%	25～60	
3	粒化轮直径	m	～0.8	
	脱水机直径	m	～6	
4	粒化轮转速	r/min	330	
	脱水机转速	r/min	1.0	
5	循环水量	m^3/h	600	
6	循环水压	MPa	～0.48	
7	粒化轮电机功率	kW	45	
	脱水机电机功率	kW	55	
	水泵功率	kW	168	二用一备

4.7.2　华科法

华科法(HK 法)[22,23]钢渣粒化系统(专利号：ZUD0205232.6，ZUD0250381.6，ZL00420028575.6，ZL200520023652.0，ZL200520023652.3)是唐山华科冶金技术开发有限公司成功开发的冶金炉渣粒化处理最新工艺技术。该系统在柳钢、本钢投入使用。

4.7.2.1　工艺流程及设备

HK 法钢渣粒化系统工艺流程为：转炉出渣后，渣罐运至渣罐倾翻机，转炉熔渣经渣罐倾翻机倒入熔渣流槽，流入粒化器，被高速旋转的粒化轮机械粉碎成粗颗粒。同时，采用高压水喷射对熔渣进行一次水淬，渣水一同落入二次水淬渣池进行二次水淬。二次水淬渣池位于粒化器下部，液面保持固定。熔渣被机械粉碎后，经两次遇水急冷收缩产生应力集中而碎裂，同时进行热交换，从而转化成 5～10 mm 的粒化渣。二次水淬渣池中的粒化渣经提升脱水器提升并脱水，形成含水率约 8%的成品渣，进入成品渣池外运。粒化工艺流程见图 4-17。

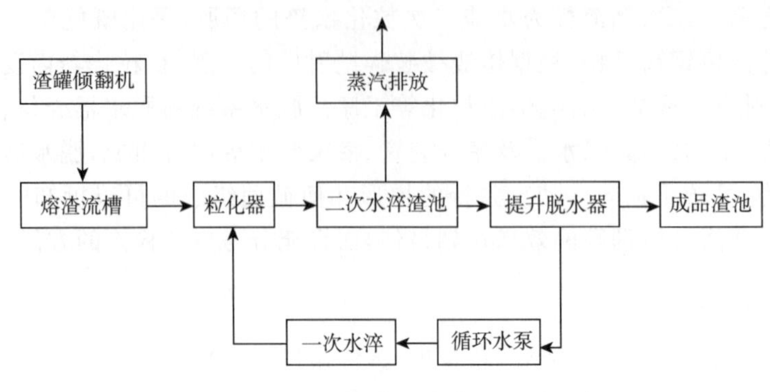

图 4-17　华科法工艺流程图

HK 法钢渣粒化系统由渣罐倾翻、粒化、脱水、供排水等组成，工艺装置及设施包括：渣罐倾翻机、熔渣流槽、粒化器、二次水淬渣池、给料机、提升脱水器、集汽装置、供排水设施、自动化控制等，HK 法钢渣粒化装置见图 4-18。粒化器是对熔渣进行机械粒化、一次水淬的核心装置。熔渣经流渣熔槽流入粒化器，被高速旋转的粒化轮切割，粉碎成粗颗粒，同时由喷嘴喷射的高压水对粉碎的熔渣进行一次水淬。粒化器主要由传动系统、粒化轮、粒化罩、冷却水管路、一次水淬喷嘴等部分组成。提升脱水器是粒化水淬的成品渣进行脱水外运的核心设备。主要由主轴驱动装置、头部组件、封闭壳体、尾部组件、提升脱水斗、斗链组成。

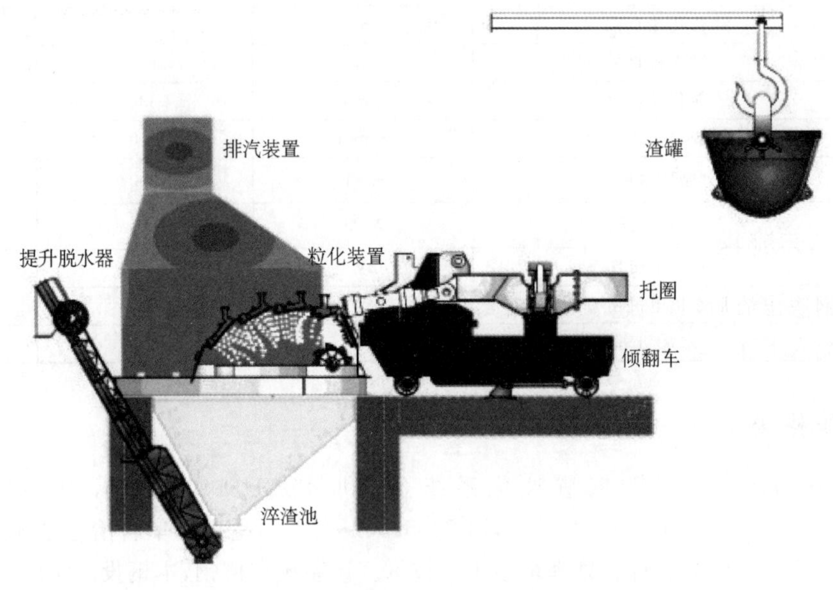

图 4-18　钢渣粒化技术设备组成示意图

4.7.2.2　工艺特点

华科法与嘉恒法都属于粒化轮工艺，具有相同的工艺特点，两种工艺的差别在于粒化渣的提升装置，前者是通过提升脱水器提升脱水，后者是通过旋转的滚筒提升脱水。

4.7.2.3 应用实例

本钢二炼钢新、老厂区 3 座 120 t 转炉，3 座 150 t 转炉都采用华科法钢渣粒化系统。新、老厂区每两套粒化系统投产后满足粒化熔渣量 1600 t/d 的能力。主要工艺装置及设施包括：渣罐倾翻机、熔渣流槽、粒化器、二次水淬渣池、给料机、提升脱水器、集汽装置、供排水设施、自动化控制等。表 4-6 为 HK 法钢渣粒化系统在本钢投产的生产条件和在该条件下的生产指标。

表 4-6 生产条件和生产指标

生产条件				生产指标			
序号	项目	单位	数值	序号	项目	单位	数值
1	熔渣成分			1	成品渣粒度	mm	
	CaO	%	40.59		<1		5
	SiO_2	%	11.10		1～3		41
	Al_2O_3	%	3.01		3～7		36
	FeO	%	20.97		7～12.5		13
	Fe	%	23.57		>12.5		5
	R	%	3.2～3.5				
2	出渣温度	℃	1550～1650	2	粒化率	%	70～80
3	供水流量	t/h	430～480	3	每吨渣耗水量	t	0.657
4	水压	MPa	0.32～0.38	4	每吨渣带走蒸汽量	t	0.557
				5	渣含水量	%	10.0
				6	粒化速度	t/min	1.5～3.0

4.8 气淬工艺

气淬工艺是唐钢与河北理工大学(现为河北联合大学)、中国钢研科技集团公司、北京科技大学等单位合作研究开发的一种新的具有自主知识产权的钢渣处理工艺。

4.8.1 工艺流程

转炉钢渣出渣后，将液态渣倒入风淬用渣罐中，渣罐被固定到倾翻机构上锁紧并倾翻，液态钢渣流入下面的渣槽，通过中间渣槽的溜嘴进入钢渣气淬粒化室形成一定断面的渣流。与此同时，来自高压氮气管道的高压低温氮气从中间渣槽的溜嘴下方的氮气喷嘴喷出，将1400℃液态渣流击碎并冷却到 800～1000℃高温粒化渣，高温粒化渣经过钢渣气淬粒化室内的斜挡墙落入篦冷输送机，篦冷输送机下面分为四个风箱，每个风箱与一台氮气风机相连。钢渣经过氮气吹送到星型卸料阀内，既交换了热量又完成了输送过程。输送氮气在粒化室内被加热到 1000℃左右。淬裂后的钢渣首先被送到中间储仓储存，同时产生的高温烟气经热风管道进入锅炉，经过对流管和三级省煤器，将烟气冷却到 150℃左右，进入除尘器后循环利用。进入流化床锅炉的高温物料在上层床可冷却至 400℃左右，然后溢流到下层床进行流化换热，进一步将物料冷却至 150℃。冷却后的粒化钢渣，经过密封阀门，卸到大倾角皮带机上，经过大倾角皮带机提升到排渣储藏仓内，以便接下来进行洗渣再处理[24]。

粒化风洞的高温废气、流化氮气、粒化钢渣都在流化床锅炉内进行了热交换，产生饱和蒸汽,送入管网用于发电。

4.8.2 工艺设备和装置

钢渣气淬及余热回收利用的设备主要包括风淬渣罐、粒化风洞、篦冷输送机、耐高温斗式提升机、循环流化床余热锅炉、氮气循环管道、外接氮气管道,风淬渣罐的排渣口与粒化风洞的进渣口相连接,粒化风洞与篦冷输送机相连接,篦冷输送机通过管道与耐高温斗式提升机的进料口相连接,耐高温斗式提升机的卸料口与循环流化床余热锅炉的储仓相连接,循环流化床余热锅炉的排渣口通过皮带输送机与尾渣储仓和钢渣储仓相连接,外接氮气管道分别与粒化风洞、篦冷输送机相连接,氮气循环管道分别与耐高温斗式提升机、循环流化床余热锅炉相连接(见图 4-19)。

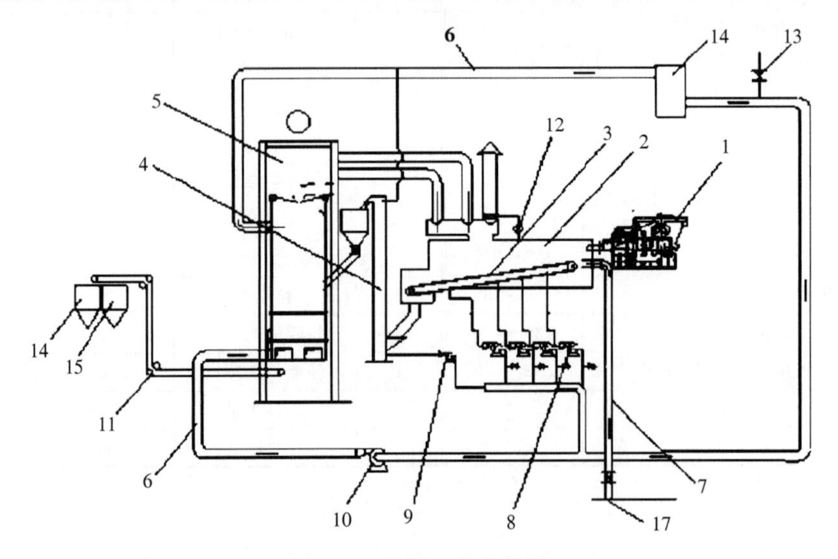

图 4-19 气淬工艺装置图

1. 气淬渣罐;2. 粒化风洞;3. 篦冷输送机;4. 耐高温斗式提升机;5. 循环流化床余热锅炉;6. 氮气循环管道;7. 外接氮气管道;8. 篦冷氮气循环风机;9. 斗式提升机冷却风机;10. 流化床氮气循环风机;11. 皮带运输机;12. 高温烟道蝶阀;13. 电动蝶阀;14. 陶瓷多管除尘器;15. 钢渣储仓;16. 尾渣储仓;17. 外接氮气源

4.8.3 工艺特点

(1)气淬工艺处理周期短,具备 1 t/min 的处理能力。

(2)占地面积小、处理环境好,固态钢渣的所有倒运过程都在密闭系统中完成,不存在扬尘的问题,符合清洁生产的要求。

(3)单质铁回收方便、效率高。钢渣内的大部分铁粒都是在锅炉内循环流化换热过程中通过重力因素自然分选出来的,减少了设备的投入。同时由于整个处理工序都是在氮气环境下进行,不存在高温条件下钢渣内铁元素二次氧化的问题,所以能够最大程度地回收单质铁,单质铁回收比例大。

(4)能耗低。淬裂及流化用氮气在系统管道中循环利用,消耗量很小。

(5)余热利用效率高。

(6)产品质量好。气淬钢渣力度均匀,处理简便,可磨性好。

(7)只能处理流动性好的渣。

4.9 钢渣处理技术性能及经济性比较

各种钢渣处理技术性能及经济性比较见表 4-8，表中的钢渣处理率是指各种工艺对熔融钢渣渣状态的适应性，如热闷法可用于液态、半固态、固态渣，因此，处理率为 100%，而滚筒法只适合于液态渣，因此，处理率为 30%～50%。从表 4-7 可以看出，热闷工艺与其他工艺相比，在技术、经济、环境指标上都具有明显优势。

表 4-7 各种钢渣处理工艺的比较[25]

处理工艺	热泼	盘泼	水淬	风淬	热闷	粒化轮	滚筒
处理周期	长 (>24 h)	较长	短 (～21 min)	短 (～6 t/min)	较长 (8～12 h)	短 (3～5 t/min)	短 (2～5 t/min)
渣粒度/mm	0～500	>50 占 80%	0～5	≤5	<20 占 85%	5～10	<10 占 90%
渣均匀性	差	差	好	好	较差	好	好
渣稳定性	差	差	好	好	好	好	好
渣钢分离	差	差	好	好	好	好	好
金属回收率	低	低	高	>90%	≥95%	高	>90%
可靠性	好	好	差	较好	好	好	故障率高
占地面积	大	较大	较大	小	较大	小	小
环境污染	大	较大	较大	较大	小	小	小
投资	低	高	高	较低	较低	高	高
运行费用	低	高	低	低	低	低	较高
钢渣处理率	100%	100%	≤50%	40%～60%	100%	50%～60%	30%～50%

第5章 钢渣梯级利用技术及应用实例

Ⅰ级利用 钢渣在冶金流程中的梯级回用

钢渣在冶金内循环回用是钢渣最佳利用途径，同时目前炼钢条件及钢渣性能为钢渣在冶金内回用提供了有利条件，具体体现在：①钢渣最高效的利用是实现在炼钢流程的回用；②新流程下“铁水三脱”后，炼钢各工序后的渣中有害元素 S、P 含量已大幅度降低，远未达到脱磷和脱硫的最大限度，可以实现在冶金流程的回用；③钢渣（尤其是精炼渣）经冶炼后已经是完全熟料，有着很好的成渣性能，回用后可以大大缩短精炼过程的成渣时间，且大幅度降低造渣料的加入量，降低成本。

5.1 钢渣在冶金流程中梯级回用的潜能及途径

5.1.1 钢渣在冶金流程中梯级回用的潜能

近代钢铁工业发展至现阶段，基本形成了两类流程：

(1)以铁矿石、煤炭为源头的高炉—转炉—精炼—连铸流程，即长流程，如图5-1-1(a)所示。

(2)以废钢、电力为源头的电炉—精炼—连铸流程，即短流程，如图 5-1-1(b)所示。

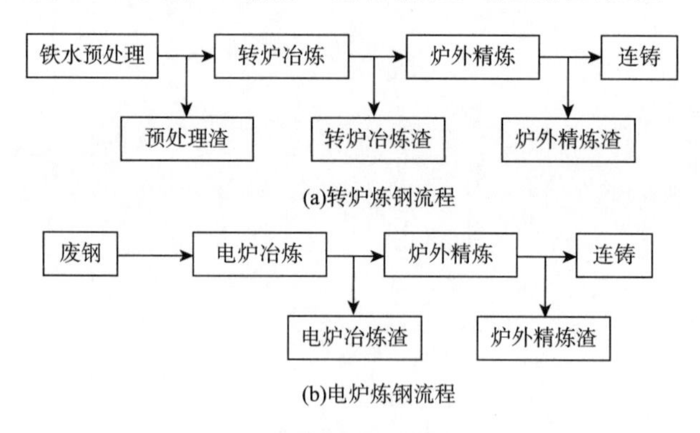

图 5-1-1 现代钢铁冶炼流程示意图

从图 5-1-1 可以看出，每个流程都存在炉渣多级排出的情况。在不同的流程中，各工序对炉渣成分和性质的要求均不相同：铁水预处理要求实现脱硅、脱磷和脱硫，其中脱硅和脱磷要求炉渣具有高碱度、高氧化性，而脱硫要求炉渣具有高碱度和还原性；转炉内主要进行的反应为脱碳和脱磷，因而要求炉渣具有较高的氧化性和碱度；在 LF 精炼炉中主要进行还原脱硫、合金化和夹杂物去除，要求炉渣具有高碱度、低氧化性和良好的夹杂吸附性能；而电渣重熔则侧重于夹杂物的去除。

根据各工序对炉渣不同的要求，可以得出以下几个方面的结论：

(1)根据热力学分析，炼钢各阶段炉渣均未达到脱磷和脱硫的最大限度，仍然具有很大的脱磷和脱硫潜力。越是后步工序的炉渣，其杂质含量(S、P)越低，回用潜力越大。电渣重熔炉渣、LF精炼渣具有比铁水预处理脱硫渣更强的脱硫能力，但其排出硫含量却远低于后者；转炉渣(特别是使用预处理脱磷铁水的转炉渣)脱磷能力高于铁水预处理脱磷渣，但其磷携带量远低于后者。

(2)各炉渣基本组成是一致的，从功能上分析，电渣重熔炉渣可满足高碱度、低氧化性要求，经调和可应用于LF精炼渣；硫含量较低的LF渣经适当调整，可用于铁水预处理脱硫，也可作为转炉和电炉的化渣剂；转炉渣具有高碱度、高氧化性，经调整成分，降低熔化温度后可返回用于铁水预处理脱硅和脱磷。

通过以上的分析和结论可知，在冶金生产的过程中，可将后步流程产生的杂质较低的炉渣，对其成分和性能进行适当调整后逐级返回利用，使炼钢炉渣尽量在炼钢工艺中循环利用，发掘其最大冶金潜能，实现最大限度的回用，提高炼钢造渣材料的利用效率，减少造渣材料消耗，减少炉渣的外排，实现对炼钢炉渣的资源化利用和生态工业的要求，提高企业的经济和社会效益。

5.1.2　钢渣在冶金流程中的梯级回用途径

图5-1-2是钢渣在冶金中可行的梯级回用途径，主要包括：精炼渣在炉外精炼流程内的热态循环回用，精炼渣作为助熔剂和造渣剂在转炉或铁水预处理流程内的回用，以及转炉渣作为助熔剂和造渣剂在转炉或铁水预处理流程内的回用等几个方面。

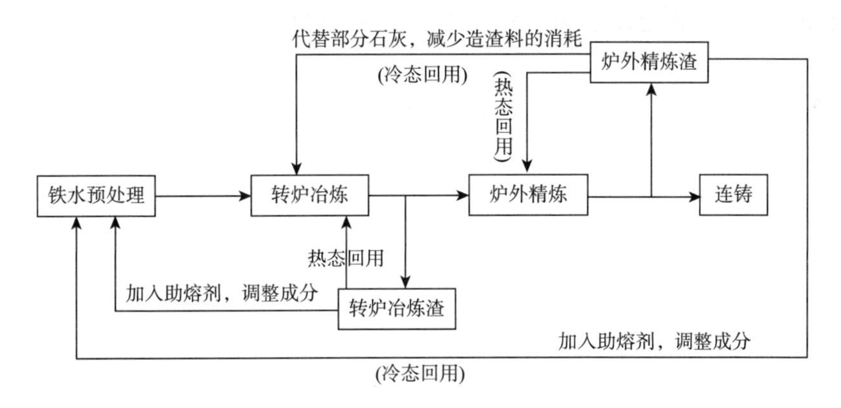

图5-1-2　钢渣在冶金中的梯级回用途径

现阶段常用的钢渣在冶金中的梯级回用途径主要有以下三个方面：①LF精炼渣在LF精炼流程中的回用；②LF精炼渣在转炉流程中的回用；③转炉渣在铁水预处理流程中的回用。

5.2 LF精炼渣在LF精炼流程中的回用

5.2.1 LF精炼渣的要求及特点

在LF精炼炉中主要进行还原脱硫、合金化和夹杂物去除，要求炉渣具有高碱度、低氧化性和良好的夹杂吸附性能。表5-1-1为典型的LF精炼渣成分，由表5-1-1可知，典型LF精炼渣的主要成分为CaO、SiO_2和Al_2O_3，炉渣的碱度较高($R=CaO/SiO_2\approx3.8$)，氧化性物质(Fe_2O_3、MnO)的含量较低，且渣中含有一定量的MgO和S。

表5-1-1 典型LF炉精炼渣的成分 (%)

成分	CaO	SiO_2	Al_2O_3	MgO	TiO_2	MnO	Fe_2O_3	P_2O_5	Cr_2O_3	SO_3	K_2O	Na_2O	ZrO_2	SrO	In_2O_3
含量	56.18	14.79	20.89	4.11	0.68	0.44	1.42	0.04	0.12	0.75	0.03	0.44	0.03	0.06	0.02

根据表5-1-1的化学成分，可以计算得出该LF精炼渣的光学碱度$\Lambda=0.762$，在1600℃时的硫容量$C_S=8\times10^{-3}$。

5.2.2 LF精炼渣热态回用于LF精炼流程的理论分析

在冶金生产及科研中，常使用硫容量和硫分配比这两个概念来表示炉渣脱硫能力的大小。LF精炼后的钢渣仍然具有一定的硫容量，同时具有较高的碱度和还原性，具有在LF精炼过程中循环再利用的价值。LF精炼渣回用于LF精炼流程，可在热态下进行，工艺简单可行，在精炼车间内即可完成。

以表5-1-1所示LF精炼渣为例，现对其进行热态回用于LF精炼流程的理论计算分析。

硫容量又分渣-钢硫容量和渣-气硫容量。渣-钢硫容量和渣-气硫容量存在着下列关系：

$$C_S = \frac{C'_S}{K_{OS}}$$

其中

$$\lg K_{OS} = -\frac{935}{T} + 1.375$$

又因为

$$C'_S = L_S A_O$$

因此，联立以上各式可得：

$$L_S = \frac{C_S}{a_O} \cdot 10^{\left(1.375-\frac{935}{T}\right)} \tag{5-1-1}$$

式中，a_O为钢液中氧的活度，在LF精炼过程中钢液中，a_O取5×10^{-4}，在$T=1600$℃时，表5-1-1对应的LF精炼渣的硫容量$C_S=8\times10^{-3}$，代入上面公式(5-1-1)可求出渣-钢液的硫分配比$L_S=120$。

由于

$$L_s = \frac{(\%S)}{[\%S]} \tag{5-1-2}$$

已知表5-1-1对应的LF精炼渣中(%S)=0.3%，代入公式(5-1-2)可以算出：LF精炼钢液中的[%S]=0.0025%。因此，理论上，该LF精炼渣能用于[%S]>0.0025%的LF精炼钢液，可见，该LF精炼渣具有较强的脱硫能力，可在LF精炼过程中循环回用。

5.2.3 应用实例

首钢采用了LF精炼循环利用热态返回渣工艺，将浇铸后剩余的热态钢渣倒入下一炉钢包中循环利用，循环渣只应用一次。转炉出钢后，将钢包吊至1号吹氩站，由修砌车间人员将铸机上的钢包吊下，将余渣倒入1号吹氩站接渣的钢包中，再将接过渣的钢包吊至LF精炼炉进行精炼处理。在铸机浇完后，在15 min内将残余热态LF精炼渣折入1号吹氩站的钢包中，若钢包在转台下停留时间超过15 min，影响钢水温度，则不再回收利用，直接倒入渣罐中。采用该工艺使精炼脱硫率达到50%以上，LF精炼后钢水氧活度≤10 ppm[25]。

杭州钢铁集团公司转炉炼钢厂也试验了热态LF精炼渣返回LF精炼回用的工艺，循环使用的次数为一次。连铸结束后，将循环渣直接倒入精炼等待位的钢包里；试验转炉出钢时石灰的加入量由原来的200 kg更改为80 kg，取消LF精炼时石灰及萤石的加入，其他炼钢工艺不变。该工艺能够保证精炼钢水的脱硫效果，且精炼钢液中酸溶铝的含量较高，钢水回收量比原工艺多了1.178 t/炉[26]。

5.2.4 经济效益分析

首钢采用LF热态钢渣的循环利用工艺后，减少了LF造渣料，每吨钢降低石灰消耗5 kg，埋弧渣减少2 kg，降低成本7元。

杭钢开展LF热态精炼渣循环使用后，可减少石灰用量420 kg/炉，萤石完全不使用(原平均每炉钢萤石用量为80 kg)，循环渣中的余钢得到回收利用。按照石灰的价格为370元/t，萤石的价格为800元/t，钢水的加工费为500元/t，渣钢的处理回收费为280元/t，则每炉钢降低的成本为：

$$370\times0.42+800\times0.08+(500+280)\times1.178=1138.24\text{ 元}$$

按杭钢转炉容量50 t来计算，每吨钢可降低成本：1138.24÷50=22.76元。

5.3 LF精炼渣在转炉流程中的回用

5.3.1 转炉流程炉渣的要求及特点

转炉内主要进行的反应为脱碳和脱磷，因而要求炉渣具有较高的氧化性和炉渣碱度。一般转炉渣的碱度$R=3\sim4$；渣中Fe_2O_3的含量较高，约为20%；此外，渣中还会含有一定量的MgO。

5.3.2 LF精炼渣冷态回用于转炉流程的理论分析

LF精炼渣中主要组成为CaO、MgO、SiO_2和Al_2O_3，相比于转炉渣(主要组分为Fe_2O_3、CaO、SiO_2和MgO)，主要的不同点就是渣中Al_2O_3的含量较高。研究表明，与萤石(CaF_2)一样，Al_2O_3能够降低炉渣的熔点，提高石灰的溶解速度，进而使炉渣快速熔化，增加钢渣的流动性，可以用 Al_2O_3 代替 CaF_2 来合成转炉造渣剂。因此，精炼渣用作转炉造渣剂具有一定的理论可行性。

以某厂 LF 精炼渣为例，现对其进行冷态回用于转炉流程的理论计算分析。

表 5-1-2 是某厂 LF 精炼渣的成分组成，由表 5-1-2 可知，渣中 Al_2O_3 的含量较高，若将其配入转炉造渣剂，会对转炉渣中 Al_2O_3 的含量产生较大影响。

表 5-1-2　某厂精炼渣各成分含量　（%）

Fe_2O_3	CaO	SiO_2	MgO	TiO_2	MnO	Al_2O_3	P_2O_5	Na_2O	SO_3	BaO	SrO
1.74	54.62	12.1	4.48	0.72	0.15	23.54	0.12	0.11	2.11	0.025	0.035

假设该厂转炉容量为 100 t，则按渣量为钢水量的 10%计算可知，一炉钢需造渣 10 t。首先预设转炉渣中 $\omega(Al_2O_3)=5\%$，且按转炉渣中所有的 Al_2O_3 均来自于 CSP 铝系钢精炼渣。则配制 10 t 的造渣剂需加入 2120 kg 的精炼渣。

按照一般转炉渣的成分要求，预设渣中 $\omega(MgO)=5\%$、$\omega(Fe_2O_3)=20\%$，碱度 $R=3$，通过计算可知，配制 10 t 的造渣剂，除配入 2120 kg 精炼渣，还需配入 1960 kg 的 Fe_2O_3、405 kg 的 MgO、4040 kg 的 CaO、1475 kg 的 SiO_2 来满足转炉渣的成分要求。具体情况如表 5-1-3 所示。

表 5-1-3　某厂精炼渣配入转炉造渣剂的具体过程　（%）

要求＼成分	Fe_2O_3	CaO	SiO_2	MgO	Al_2O_3
10 t 造渣剂成分的含量要求/kg	2000	5250	1750	500	500
配入 2120 kg 精炼渣后各成分的带入量/kg	40	1160	260	95	500
各成分需加入的量/kg	1960	4090	1490	405	0

以上过程是按照纯试剂的量来配转炉造渣剂，在实际生产过程中，不会添加纯试剂，而是通过添加石灰、生白云石、铁矿石等来调整渣中 CaO、Fe_2O_3、MgO 以及 SiO_2 的含量。石灰等各原材料的成分含量如表 5-1-4 所示。

表 5-1-4　某厂造渣原材料的成分　（%）

原材料＼成分	CaO	SiO_2	MgO	Al_2O_3	Fe_2O_3	P_2O_5	S	CO_2	H_2O	TiO_2	MnO
石灰	88.00	2.50	2.60	1.50	0.50	0.10	0.06	4.64	0.10	—	—
生白云石	36.40	0.80	25.60	1.00	—	—	—	36.20	—	—	—
铁矿石	0.06	2.30	0.12	0.57	91.74	0.19	0.03	—	—	0.02	0.14

可以根据 10 t 渣所需添加纯试剂的量来换算成各原材料添加的质量。设 x、y、z 分别为石灰、生白云石、铁矿石的添加量，则有如下关系式：

$$\begin{cases} 0.88x+0.364y+0.0006z=4090 \\ 0.026x+0.256y+0.0012z=405 \\ 0.005x+0.9174z=1960 \end{cases}$$

求解可得 $x\approx4108$，$y\approx1165$，$z\approx2114$，即配制 10 t 的造渣剂，除配入 2120 kg 的精炼渣，还需配入 4108 kg 的石灰、1165 kg 的生白云石、2114 kg 的铁矿石。

根据 x、y、z 值可知，原材料中 SiO_2 的带入量为 $0.025x+0.008y+0.023z\approx161$ kg。铁水中 $\omega(Si)=0.65\%$，已知铁水和废钢中的[Si]在冶炼终点时几乎全部以(SiO_2)的形式进入渣中。该钢厂 100 t 转炉装料时，由铁水和废钢带入的[Si]总量约为 650 kg，则可知最终进入渣中的(SiO_2)的总量为 1393 kg。由此可知：

终渣中 SiO_2 的总量＝按照上述原材料的配入量＋由铁水和废钢中的[Si]形成的 SiO_2 的量＋2120 kg 精炼渣中 SiO_2 的量＝161 kg＋1393 kg＋260 kg＝1814 kg。

按照上述方案配好的转炉造渣剂终渣成分如表 5-1-5 所示：

表 5-1-5　配好的转炉造渣剂的终渣成分　(%)

CaO	SiO_2	MgO	Al_2O_3	Fe_2O_3	P_2O_5	S	TiO_2	MnO	R
49.6	16.5	4.8	5.58	19.1	0.08	0.03	0.02	0.028	3.01

此时，终渣成分与预设值基本吻合，但由于造渣材料中含有少量的 Al_2O_3，使得终渣中 Al_2O_3 的含量稍高于预设值，但仍处于可以接受的范围 4%～6%。

精炼渣回用于转炉冶炼主要产生的效益是节省生石灰的用量。通过上面的计算可知，若不加入精炼渣，按照碱度为 3 计算，需加入的生石灰量为 1554×3 kg＝4662 kg，则每冶炼 100 t 钢，可节省石灰消耗量＝4662－4108＝554 kg。

5.3.3　应用实例

5.3.3.1　实例 1[27]

我国鞍钢将 LF 精炼渣进行筛分、磁选、均化、压块造球后，作为转炉造渣的助熔剂投入到转炉中，可以全部或部分替代铝矾土。从实际应用效果来看，精炼渣代替助熔剂具有化渣速度快、减少“返干”和氧枪粘渣现象，还可节省部分石灰，脱硫、脱磷效果与原掺入助熔剂情况相当。实际应用情况表明，若精炼渣可全部替代铁矾土，则每加入 0.5 t 精炼渣可节省 0.3 t 铁矾土，可节省石灰 0.15 t 左右。

5.3.3.2　实例 2[28]

瑞典 SSAB EMEA 钢厂进行了 LF 精炼渣返回转炉冶炼的工业试验。试验用精炼渣的成分见表 5-1-6。每炉钢水(钢水重 133.5 t)加入精炼渣 1000 kg，并补充石灰和铁矿粉，最终渣总重 9.3 t。与未加精炼渣的参照炉次相比，使用精炼渣造渣对钢水的冶炼过程影响较小，石灰的熔解并未受影响，钢水中 S 和 P 的含量水平无明显变化，渣的最终成分变化不大，由于精炼渣化渣较早，易产生渣的溢出，可以通过调节氧枪位置来解决，渣的最终重量增加 0.6 t，每炉钢水可节省石灰消耗量 260 kg。

表 5-1-6　返回转炉冶炼的精炼渣的化学成分　(%)

	CaO	SiO_2	MnO	Al_2O_3	Fe	P_2O_5	S	TiO_2	V_2O_5
精炼渣 1	39.8	8.9	6.1	24.8	9.5	0.2	0.1	1.2	1.1
精炼渣 2	41.4	7.1	6.3	24.5	9.7	0.2	0.1	1.1	1.6

5.4 LF精炼渣回用于铁水预处理脱硫

5.4.1 LF精炼渣回用于铁水预处理脱硫的可行性分析

LF精炼渣仍然具有一定的硫容量，具有高碱度和还原性特点。钢水浇注完毕后将钢包内的热态精炼渣倒出后的热态渣的温度一般在1350℃左右，与铁水温度相当，因此，热态LF精炼渣回用于铁水预处理脱硫具有可行性。

5.4.2 应用实例

山东钢铁济钢分公司（简称济钢）[29]中厚板厂120 t转炉工序实现了精炼渣倒入铁水罐，在由鱼雷罐向铁水罐兑铁过程中完成脱硫，实现了循环利用。热态精炼渣从钢包倒入提前准备好的铁水包中，进行铁水脱硫时的热态精炼渣的温度与精炼渣的转运效率对钢、铁包的内壁温度影响较大，济钢120 t转炉正常条件下热态精炼渣在进行铁水脱硫时的温度能够保证在1320℃以上，与使用的铁水温度较为接近，保证了脱硫效率，整体脱硫效率保持在50%以上。

5.4.3 经济效益分析

以济钢为例，利用热态精炼渣进行铁水脱硫，其脱硫率保持在50%以上，能够基本满足济钢120 t转炉的正常铁水脱硫需求，可节约KR脱硫剂的消耗。每月精炼渣倒入铁水包实现脱硫炉次在250炉以上；每吨铁可节约正常预处理的脱硫剂消耗成本5.6元，能耗0.6元，搅拌头损耗0.5元。

5.5 转炉渣热态回用于转炉流程脱磷

5.5.1 转炉脱磷流程炉渣的要求及特点

转炉脱磷流程要求钢渣具有较高的碱度和氧化性，脱磷剂主要由氧化剂、造渣剂和助溶剂组成，目前工业上应用的脱磷剂主要有两类：一类为苏打（即碳酸钠）系脱磷剂，另一类为石灰系脱磷剂。相比于苏打系脱磷剂，石灰系脱磷剂来源广泛，价格便宜，对环境的污染小，因而被钢铁企业广泛使用。

石灰系脱磷剂的主要组成为石灰（CaO）、氧化铁（Fe_2O_3）和助熔剂，和转炉渣的主要成分非常相似，因此，转炉渣可以替代石灰系脱磷剂中的一部分石灰和氧化剂，回用在铁水脱磷流程中。

5.5.2 转炉渣回用于转炉流程脱磷的理论分析

在冶金生产及科研中，常使用磷容量和磷分配比这两个概念来表示炉渣脱磷能力的大小。转炉渣由于具备高碱度、高氧化性的特点，一般将其代替部分石灰系脱磷剂中的一部分石灰和氧化剂，返回到铁水预处理过程中脱磷。

以某厂转炉渣为例，现对其进行回用于铁水脱磷流程的理论计算分析。表5-1-7为某厂转炉渣的化学成分。由表 5-1-7 的成分组成可以计算得出该厂转炉渣的光学碱度 $\Lambda=0.692$,在铁水脱磷温度 1350℃时的磷容量。

表 5-1-7　某厂转炉渣的成分　(%)

成分	Fe_2O_3	CaO	SiO_2	MgO	V_2O_5	TiO_2	MnO	Al_2O_3	P_2O_5	Cr_2O_3	SO_3
含量	21.04	42.26	11.39	5.16	0.55	0.79	3.84	1.23	2.88	0.51	0.33

磷容量 $C_{PO_4^{3-}}$ 跟磷分配比 L_P 之间有如下的关系式:

$$L_p = \frac{31}{95} \cdot f_p \cdot a_O^{\frac{5}{2}} \cdot C_{PO_4^{3-}} \tag{5-1-3}$$

式中,a_O 为铁水中氧的活度,在预处理过程中,a_O 来自于渣中的 Fe_2O_3,f_P 的值近似为 4。在 1350℃的时候,转炉渣的磷容量 $C_{PO_4^{3-}}=2.0\times10^7$,假设 1 t 铁水加入 0.1 t 的转炉渣,且由于钢液中的[O]来自于渣中的 Fe_2O_3,则 $a_O=6.2\times10^{-3}$,代入公式(5-1-3)可求出渣-钢液间的磷分配比 $L_p=79$。

由于

$$L_P = \frac{(\%P)}{[\%P]} \tag{5-1-4}$$

该厂转炉渣中的(%P)=1.26%,根据公式(5-1-4)可求出铁水中[%P]=0.016%。由此可知,理论上,某厂转炉渣可回用于[%P]>0.016%的铁水脱磷,可见,该厂转炉渣具有一定的脱磷能力。

5.5.3　应用实例

安钢集团河南凤宝特钢有限公司采用"留渣双渣法",将转炉渣热态回用于铁水预脱磷,取得了较好的试验结果。具体流程如图 5-1-3 所示。

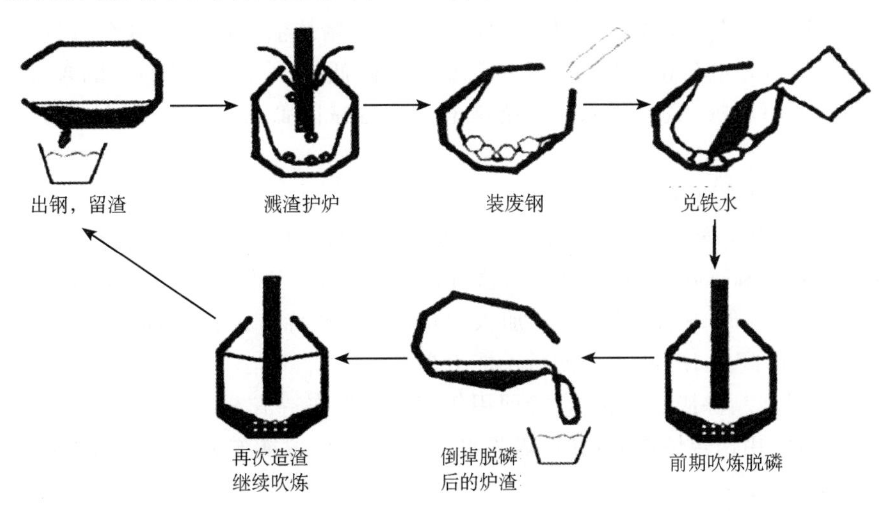

图 5-1-3　转炉渣热态回用脱磷工艺流程图

由图 5-1-3 的工艺流程图可知,凤宝特钢在上一炉钢出完后,将钢渣留在转炉内,之后往转炉内兑入新的铁水和废钢,在前期先对铁水进行预脱磷处理,脱完磷后的炉渣倒掉,然后再次造渣进行转炉脱碳吹炼,吹炼完成后,钢水出钢,此时的钢渣含磷量低,且磷容量较高,可继续留在转炉内，用于下一炉铁水的预脱磷处理。

5.5.4 经济效益分析

采用转炉渣热态回用脱磷工艺后，渣料消耗量明显降低，石灰的消耗量由38.13 kg/t降至27.56 kg/t，减少了10.57 kg/t，降幅约为28%；白云石消耗量由17.94 kg/t降至14.56 kg/t，减少量为3.38 kg/t，降幅约为19%；铁矿石的消耗量由32.31 kg/t降至16.77 kg/t，减少量为15.54 kg/t，降幅约为48%。

按照凤宝特钢每年钢产量100万t来计算，石灰消耗减少10570 t/a，白云石消耗减少3380 t/a，铁矿石消耗减少15540 t/a，渣料量可减少2.95万t/a，转炉渣产量可减少2.38万t/a。

按照石灰的价格约为370元/t，白云石的价格约为300元/t，以及矿石的价格约为400元/t，凤宝特钢每年渣料可节约1114万元左右。

5.6 钢渣在冶金流程中循环回用时存在的问题及解决方案

5.6.1 LF精炼渣

5.6.1.1 LF精炼渣回用时所遇到的问题

LF精炼过程由于具有脱硫的作用，因此，渣中的硫会比较高，这导致LF精炼渣无论是回用作转炉造渣剂，还是高温时直接返回精炼过程再利用，都无法避免废渣中硫对钢液质量的影响，有害元素硫已经成为限制LF精炼渣在冶金回用过程中所面临的最大难题。

(1)热态循环回用于LF精炼流程

随着在LF流程中热态循环回用次数的增加，LF精炼渣中的硫含量会持续增加，导致平衡时钢液中的硫含量升高，LF精炼渣的脱硫作用降低；此外，渣中Al_2O_3的含量也会随着循环次数的增加而增加，这会导致LF精炼渣的硫容量降低，进而降低LF精炼渣的脱硫能力。

(2)回用作转炉造渣剂

LF精炼渣中由于含有较多的Al_2O_3，与转炉吹炼过程中所用造渣剂的主要成分不符，但少量的Al_2O_3有利于降低炉渣的熔点，这就直接限制了LF精炼渣在转炉流程中的用量，此外，LF精炼渣中一般S含量较高，若加入大量的LF精炼渣，会使钢液中的S含量上升，因此转炉造渣剂中配入LF精炼渣的量不能太多。

此外，由于LF精炼渣易粉化，直接回用作转炉流程作造渣剂时会随着炉气喷溅，因此，冷态LF精炼渣回用作转炉造渣剂时，需先将其压块成型，才能作为造渣剂加入转炉内。

5.6.1.2 解决方案

针对上述的精炼渣硫富集问题，国内外的许多学者提出了不同除硫思路。Kobayashi J等将冷却后的精炼废渣粉碎到0.074 mm以下，在1100℃时通入79%Ar+21%O_2的混合气体，进行氧化焙烧脱硫，除硫率在50%左右；Bigeev等将火焰喷枪在尚未出钢的情况下插入精炼渣内，将渣中的硫元素氧化为气态物质脱除[30]；崔玉元等采用两段式焙烧的方法对

LF精炼废渣进行脱硫，除硫率约为71.25%[31]；何环宇等利用亚临界水来对LF精炼渣中的硫进行浸出去除[32]。这些方法均可以在一定程度上把LF精炼渣中的硫除去，但与生产流程结合程度较差，需要配套添加较多的设备和工艺，对现有的生产工艺造成较大的影响。中钢武汉安全环保研究院开发的一种热态脱硫工艺（专利号：CN104046710A），利用热态精炼渣的热能，加入氧化剂使渣中的S在短时间内氧化成SO_2，从而实现S从渣中脱去。该工艺具有节能高效、脱硫彻底（脱硫率在90%以上），不对原有生产流程造成较大影响等特点。

5.6.2 转炉渣

5.6.2.1 转炉渣热态回用脱磷时所遇到的问题

采用留渣工艺可以明显降低渣料消耗，但同时也会给生产带来一定影响：

(1)留渣后在兑入铁水前为避免兑铁水喷溅需要固化炉渣，现有的固化方法是通过延长溅渣时间及加入冷态石灰来达到固化炉渣的目的，同时兑铁水速度一般慢于常规冶炼工艺，相对传统单渣工艺留渣双渣工艺增加了一次倒渣程序。因此，总体而言留渣双渣工艺相对传统单渣工艺其冶炼时间更长，一般单炉冶炼时间延长3～4 min。对于生产节奏紧凑，且转炉产量已达极限的企业，留渣双渣工艺可能对产量造成一定影响。

(2)炉渣固化后，由于此时炉渣黏性极强，且炉渣温度较低，炉渣极易在吹炼前的装料时间内烧结在炉底，导致炉底上涨，炉底上涨累积到一定程度就会影响正常生产，导致喷溅、返干等操作失误增多。

(3)双渣时将前期低温脱磷渣从转炉中倒出，即双渣渣量是评价双渣效果的主要指标之一，双渣渣量受升温速度、碳氧反应速度、炉渣成分等多种因素影响，若不能合理控制这些因素，极易导致双渣时倒不出渣，或双渣渣量过少，这样就失去了双渣的意义，加重了双渣后脱磷负担，极易导致磷高等生产事故。

(4)由于磷、硫等有害元素的富集，转炉渣热态回用次数有限，炉渣回用达到一定次数后，炉渣需排除，需采用其他手段进一步处理以达到炉渣资源化利用的目的。

5.6.2.2 解决方案

(1)对于双渣后延长了单炉冶炼时间，目前国内并无解决方案报道。但由于钢铁行业产能过剩，国内绝大多数钢厂转炉生产未饱和，该影响在国内大多数钢厂可接受范围内。

(2)对于留渣后炉底上涨，主要解决方案是利用转炉冶炼间歇进行洗炉底操作，同时进一步优化转炉洗炉底各项工艺参数。

(3)对于双渣渣量的控制，需加强系统的理论及实验验证来优化工艺参数。

(4)对于有害元素富集后转炉渣，根据梯级利用思路模式，结合炉渣自身特点找到合适的钢渣利用途径。

5.7 钢渣冶金回用性能的评价指标

西安建筑科技大学的赵小燕在前人研究的基础上，通过对精炼渣和转炉渣的理化性质及影响钢渣脱硫、脱磷的因素的分析，总结了评价钢渣回用潜能的指标，如表5-1-8和5-1-9所示[33]。这些指标可使钢铁企业更方便地判断钢渣是否适合冶金回用。

表 5-1-8　转炉渣回用潜能评价指标

序号	名称		回用潜能较高的取值范围	备注
1	熔化温度		≤1170℃	序号按照各指标对渣的回用潜能影响大小排列
2	碱度		2.5～3.0	
3	黏度		0.25～0.45 Pa·s	
4	渣的化学组分	CaO	35%～45%	
5		Fe_2O_3	40%～50%	
6		P	≤0.18%	
7		CaF_2	8%～10%	

表 5-1-9　精炼渣回用潜能评价指标

序号	名称		回用潜能较高的取值范围	备注
1	熔化温度		≤1170℃(返回铁水预脱磷)	序号按照各指标对渣的回用潜能影响大小排列
			≤1360～1380℃(返回转炉)	
2	碱度		2.5～3.5	
3	黏度		0.25～0.45 Pa·s	
4	渣的化学组分	CaO	50%～60%	
5		FeO+MnO	≤1.0%	
6		S	≤0.18%	
7		CaF_2	6%～10%	
8		MgO	4%～10%	
9		Al_2O_3	10%～18%	

Ⅱ级利用　有价元素提取

5.8　钢渣磁选选铁

5.8.1　概述

钢渣中含10%左右的金属铁和20%左右的总铁，将其回收并回用于炼铁或炼钢。国际钢协2006年对世界范围29家钢铁企业转炉渣的统计数据表明，吨渣铁素平均回收量为150 kg。目前，钢渣选铁工艺主要分为湿法和干法两种。

5.8.2　钢渣中的磁性物质

研究表明，在钢渣的矿物相组成中，纯铁相、铁方镁石相磁性较高，而铁酸钙相、方镁石相和硅酸二钙相为弱磁性。钢渣中的大块金属铁易被磁选选出，但外层往往被渣所包裹，因此需要通过研磨来进一步提高渣钢的品位。除了大块金属铁外，渣中铁的嵌布粒度极细，细粒金属铁、RO相、铁氧化物以及硅酸钙相相互包裹，致使分选困难和磁选产品品位不高。因此，为了提高铁的回收率和铁品位，需要对钢渣进行破碎、磨矿处理。

5.8.3 钢渣湿法选铁工艺

5.8.3.1 工艺流程

钢渣的湿选工艺主要包括的流程是破碎—干法磁选—球磨—湿式磁选。破碎的目的是进行粗碎,然后利用磁选设备将渣分为磁性渣和无磁性渣,无磁性渣作为尾渣用于筑路、建材产品的骨料等,磁性渣进入湿式球磨机进一步研磨,使渣铁分离,磨机中带有圆筒筛可以筛分出其中的粒钢,球磨机中的料浆最后通过湿式磁选选出含铁渣粉,选铁后的尾浆脱水后用于制备钢渣微粉等产品。

5.8.3.2 工艺设备

湿法工艺的主要设备包括破碎机、自磨机、湿式球磨机、磁选机、螺旋分级机、料浆浓缩设备等。

(1)破碎机

①颚式破碎机

颚式破碎机一般选用的是带有液压保护的颚式破碎机,可克服传统的颚式破碎机存在的“卡钢”现象和造成破碎机“闷车”。图 5-2-1 所示为液压颚式破碎机结构图。但应当注意的是用于道路沥青面层的碎石不宜采用颚式破碎机加工,因此如果破碎后的钢渣需用于沥青路面,不宜选用颚式破碎机或者只将颚式破碎机作为初破使用。

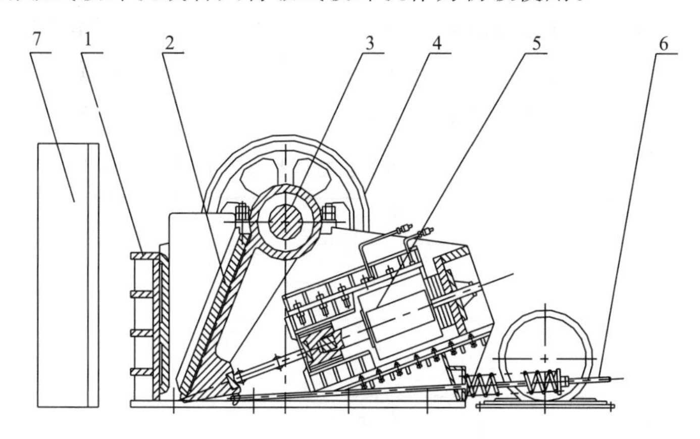

图 5-2-1 液压颚式破碎机

1. 主机机架;2. 破碎部件:包括固定颚板、活动颚板和侧衬板;3. 动颚:包括偏心轴、皮带轮、飞轮、动颚本体;4. 传动机构:包括电动机、皮带轮、三角带;5. 液压系统:包括油缸、液压站;6. 拉紧装置:包括拉杆、弹簧、调节螺母;7. 控制系统:电控柜

②惯性圆锥破碎机

惯性圆锥破碎机的结构如图 5-2-2 所示。

惯性圆锥破碎机机体通过隔振元件坐落在底架上,工作机构由定锥和动锥组成,锥体上均附有耐磨衬板,衬板之间的空间形成破碎腔。动锥轴插入轴套中,电动机的旋转运动通过传动机构传给固定在轴套上的激振器,激振器旋转时产生惯性力,迫使动锥绕球面瓦的球心做旋摆运动。在一个垂直平面内,动锥靠近定锥时,物料受到冲击和挤压被破碎,动锥离开定锥时,破碎产品因自重由排料口排出。动锥与传动机构之间是柔性联结。

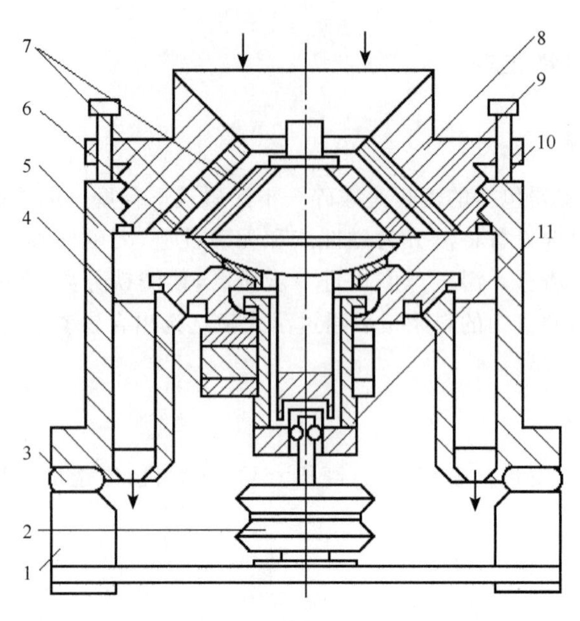

图 5-2-2 惯性圆锥破碎机结构原理图

1. 底架;2. 皮带传动装置;3. 隔振元件;4. 激振器;5. 外壳;6. 球面瓦;
7. 衬板;8. 定锥;9. 动锥;10. 动锥支座;11. 轴套

惯性圆锥破碎机是具有良好过铁性能和选择性破碎性能的节能超细破碎设备,不存在“闷车”问题,破碎比大,可将钢渣破碎至 0～5 mm 占 80%以上,“钢”和“渣”能充分解离。除此之外惯性圆锥破碎机还具有安装方便、维护简单、工作噪声小等优点。

表 5-2-1 所示为惯性圆锥破碎机技术参数。

表 5-2-1 惯性圆锥破碎机技术参数

型号	GYP-600	GYP-900	GYP-1200
产量/($t \cdot h^{-1}$)	15～20	30～40	70～100
给料尺寸/mm	<50	<70	<80
P_{80}产品粒度/mm	<5.0	<10.0	<10.0
装机功率/kW	55	110	185

(2)自磨机

自磨机的主要原理是通过被破碎物自身互相碰撞、磨削而进行破碎,由于废钢和炉渣之间存在硬度差,进入自磨机中的块渣,在自磨机的旋转作用下相互碰撞、磨削而破碎到 60 mm 以下,由自磨机周边排出。不能破碎的金属滞留在自磨机内。自磨机不需逐级破碎,粒径 250 mm 以下渣块(必要时此粒径可以加大)即可进入自磨机破成 0～60 mm 的碎渣块。自磨机的主要作用是废钢的提纯。

图 5-2-3 所示为钢渣自磨机结构组成。电动机经过液力耦合器的皮带轮通过窄 V 带带动减速机工作,减速机与传动轴通过联轴器连接,传动轴两端装有轴承底座,轴承底座固定在底架上。传动轴中间装有多个重载轮胎和配重盘。在底架的另一侧固定有被动轴,被动轴上也装有多个重载轮胎。主、被动轴的轮胎承载着筒体。在筒体的进、出料端分别装有进料装置和出料装置。出料端装有一段圆筒筛。筒体中间有凸起的挡环,挡环的两侧安装有

挡轮，防止筒体轴向运动。以上各部分均安装在底架上，底架与基础固定。

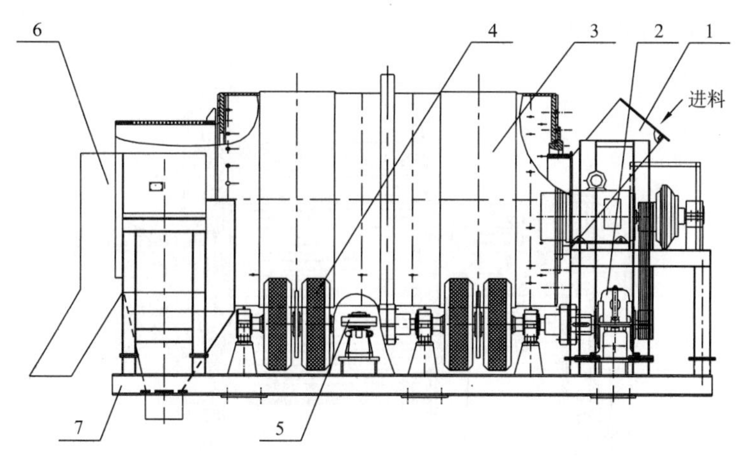

图 5-2-3　自磨机

1. 进料部分；2. 传动部；3. 筒体部；4. 传动支承部；5. 挡轮；6. 出料斗；7. 底架

被清磨的物料经输送装置、进料斗进入筒体内部，电机工作时经液力耦合器、三角带轮、减速机、轮胎、筒体三级减速，带动筒体低速旋转。筒体内四周安装有衬板和压条板，压条板与衬板间隔均布，且高出衬板，在筒体转动时起扬料作用。被清磨的物料在筒体转动下，随筒体上升到瀑落点自由落下，与筒体底部的物料发生撞击、摩擦，物料表面的黏着物就被清磨下来。由于筒体在安装时有 0～1°的倾角，被清磨的物料在筒体转动下，向出料端涌去。出料端固定有圆筒筛，其内径小于筒体内径，圆筒筛随筒体一起转动，物料进入圆筒筛后，就可以进行筛分：大于筛孔的一般为大块成品料，经圆筒筛内部流出。小块渣料和小块成品料经筛下的出料斗收集，经下一步的输送装置送走。

(3)湿式节能球磨机

节能球磨机为卧式筒形旋转装置，外沿齿轮传动，两仓，格子型。物料由进料装置经入料中空轴螺旋均匀地进入磨机第一仓，该仓内有阶梯衬板或波纹衬板，内装不同规格钢球，筒体转动产生离心力将钢球带到一定高度后落下，对物料产生重击和研磨作用。物料在第一仓达到粗磨后，经单层隔仓板进入第二仓，该仓内镶有平衬板，内有钢球，将物料进一步研磨。在磨机的排料口装有圆筒筛使粒钢从渣中分离。

格子球磨机构造如图 5-2-4 所示，在排料端安装有格子板，由若干扇形孔板组成，其上的篦孔宽度为 7～20 mm，渣料通过篦孔进入格子板和端板之间的空间内，然后由举板将物料向上提升，物料沿着举板滑落，再经过锥形块向右至中空轴颈排出机外。

(4)磁选设备

回收废铁的关键设备是磁选设备。磁选设备应根据钢渣的粒度不同、含钢量多少选取。200～250 mm 的钢渣的磁选多用电磁吸盘磁选方式，液压锤击碎；10～200 mm 的钢渣磁选采用特殊的钢渣铠装除铁器，以保护胶带不被钢渣割破，磁路的设计，配套件的选择应满足连续作业的要求。

在料层较厚的输送胶带机上除安装除铁器外，还应配装永磁滚筒，小于 10 mm 的钢渣由于静电作用和表面张力作用，随着粒度的减小，内聚力以 10^4 倍数增大，渣和钢不易分离，因此采用专用的单辊或双辊磁选设备，该设备对磁场强度和磁场梯度要求较高，物料在磁滚筒上经过多次抛落，多次翻动和多次分选，把磁性物料和非磁性物料分别排出，使尾渣中金属 Fe 小于 2%[34]。

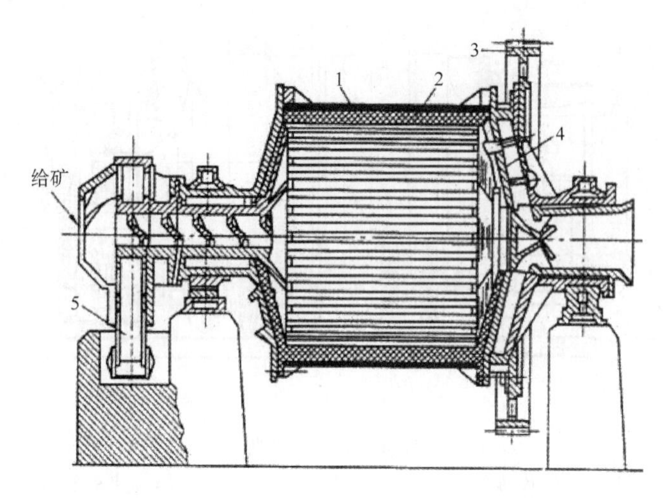

图 5-2-4 格子球磨机

1. 筒体；2. 筒体衬板；3. 大齿环；4. 排矿格子；5. 给矿器

①钢渣铠装除铁器

机械行业标准《钢渣处理用磁力多刮条铠装除铁器》(JB/T 11385—2013)对钢渣处理用磁力多刮条铠装除铁器的产品分类、技术要求、试验方法等进行了规定。钢渣铠装除铁器如图 5-2-5 所示，其具有独特设计的铠装式皮带，能有效防止尖锐铁磁性杂物对皮带的损害，运行经济；独特的磁场设计和结构设计，能有效地减少大铁件对皮带的冲击，延长使用寿命。

图 5-2-5 钢渣铠装除铁器

②永磁滚筒

永磁磁力滚筒是一种滚筒，又称磁滑轮，在选铁工艺系统中非常常见。规格较多，滚筒直径由 ϕ600 到 ϕ1200 mm，相应的带式输送机宽为 650 到 1400 mm，磁场强度在 200～300 mT。磁力滚筒通常作为运输皮带的传动滚筒，当物料在运输带上经过磁力滚筒时，便得到了分选，磁性物料移动到滚筒顶部时即被吸引，转到底部时自动脱落，而非磁性物料沿水平抛物线轨迹直接落下，磁性物料和非磁性物料将分别进入不同的接料斗中。

③单、双辊磁选机

单、双辊磁选机主要用于处理磨机中出来的粉末状钢渣。由于物料能均匀地接触磁辊表面，往往能达到最佳的回收效果。图 5-2-6 所示为单辊磁选机组成。当物料经过给料口均匀通过磁选机磁场区时，其中强磁性物料被吸附在滚筒表面，由于交变磁场的作用使磁团分散，磁性物料在滚筒表面作磁翻滚到无磁区，在离心力和重力综合作用下脱离磁区达到分选磁性物料的目的。

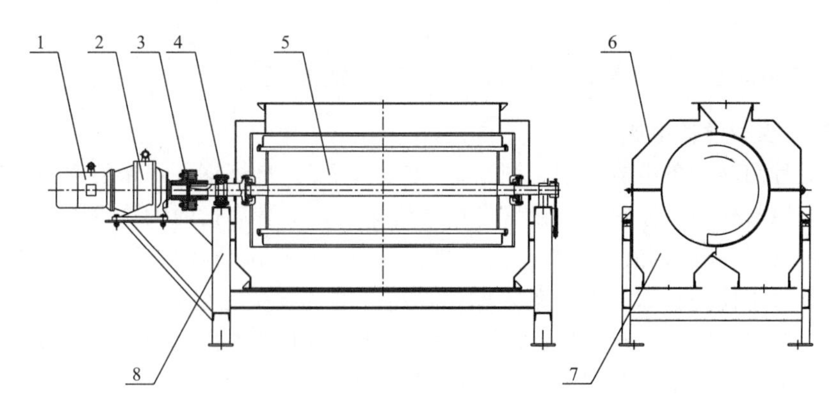

图 5-2-6 单辊磁选机

1. 电动机;2. 减速器;3. 联轴器;4. 轴承座;5. 磁性滚筒;6. 上箱体;7. 分料箱体;8. 机架

④湿式永磁磁选机

湿式磁选机适用于磁选钢渣湿式球磨后的料浆。湿式磁选机筒表平均磁感应强度为100～600 mT,有顺流、半逆流、逆流型等多种不同表强的磁选机。湿式永磁筒式磁选机主要由圆筒、辊筒、刷辊、磁系、槽体、传动六部分组成。圆筒由 2～3 mm 不锈钢板卷焊成筒,端盖为铸铝件或工件,用不锈钢螺钉和筒相连。在武钢、湘钢、杭钢等钢渣生产线上,采用了湿式磁选机。

⑤带磁机

带磁机是 20 世纪 80 年代我国引进德国的磁选设备,应用于鞍钢和首钢。目前带磁机已经完全国产化而且在进口设备的基础上进行了技术改进。目前国产带磁机也在鞍钢取得了良好的使用效果。带磁机的技术特点更符合钢渣磁选生产线的需要。首先带磁机的吊挂方式为悬挂于皮带机头部,且带磁机的皮带转动方向与皮带机一致,钢渣物料是在皮带运行方向上被选出,因而大大提高了磁选的效率;其次,带磁机在磁选块状钢渣时采用双磁极的方式,主磁极和副磁极分别起到提拉和拖拽的作用,避免钢渣被吸起后还未被送至钢渣落料口就提前回落至钢渣的落料口;最后,带磁机磁场强度、带速、悬挂的高度、角度均可方便调整,以适应各种粒径、品位及含水率的情况。

抚顺隆基电磁科技有限公司发明的钢渣废弃物回收用带式磁选机(专利号:CN201855737U)如图 5-2-7 所示,它由支架(3)、电机(2)、主动滚筒(1)、从动滚筒(6)、卸铁皮带(5)及磁系(7)构成,电机(2)驱动主动滚筒(1)、从动滚筒(6)带动卸铁皮带(5)绕磁系(7)运转;卸铁皮带(5)运转时,上、下皮带保持平行,不易出现幅度较大的上下振动,提高了钢渣的回收数量及质量。

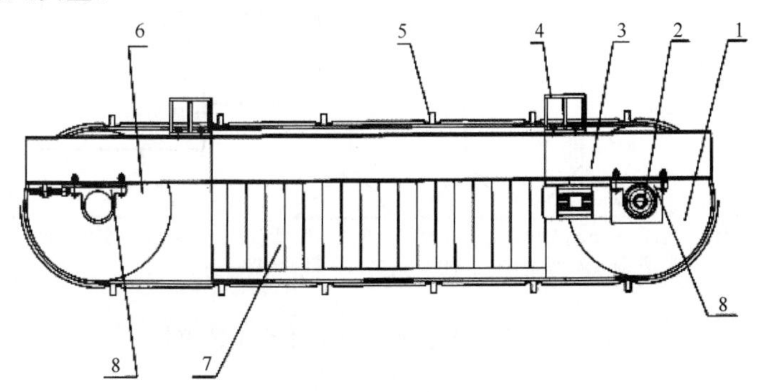

图 5-2-7 钢渣废弃物回收用带式磁选机

5.8.3.3 应用实例——湘钢钢渣湿式球磨选铁工艺[35]

(1)工艺流程和设备组成

该工艺流程图和设备组成分别见图 5-2-8 和表 5-2-2。自炼钢厂出来的钢渣或陈化渣经运输设备送至原料仓内。原料仓上设置有棒条格筛。大于格筛孔的大块钢渣返回落锤或液压锤击碎,小于格筛孔的钢渣进入料仓内。料仓下面安装有振动喂料筛,振动喂料筛上也设置有棒条筛。大于棒条孔隙的钢渣落入输送设备。输送设备上设置有除铁器,可以除去大块钢渣中的渣钢,然后进入液压颚式破碎机进行粗碎;小于棒条孔隙的钢渣与液压颚式破碎机粗碎后的钢渣一起经输送胶带送入预筛分设备进行筛分。在进入预筛分设备前,胶带输送机上设置有除铁器,除去钢渣中的渣钢。大于预筛分筛网尺寸的钢渣进入高能液压圆锥破碎机进行中碎后与小于预筛分尺寸的钢渣一起经胶带输送机送至检查筛。大于检查筛孔尺寸(一般 30 mm)的钢渣,经返回输送带上的除铁器除铁后返回液压圆锥破碎机形成闭路循环。小于检查筛孔尺寸(一般 30 mm)的钢渣经输送胶带头部磁性筒,将钢渣分成有磁性渣和无磁性渣。无磁性渣作建筑骨料或送烧结厂作烧结熔剂或细碎磨矿后作钢渣水泥原料;有磁性渣一般(TFe 含量在 35%左右)占钢渣总量的 25%~30%。加水后进入节能钢渣球磨机进行湿磨。球磨机出料端设有圆筒筛(筛孔一般为 3 mm)。经球磨后钢渣中的废钢表面光洁,一般大于 3 mm。大于圆筒筛筛孔经干燥后成为精磨豆钢(TFe>90%),返回炼钢;钢渣中的渣经球磨后一般小于 3 mm,透过圆筒筛筛孔经两级磁选机磁选后选出含铁渣粉(一般 TFe>64%),加入黏结剂经强力压球机压成球团后返回烧结;磁选后无磁性渣进入

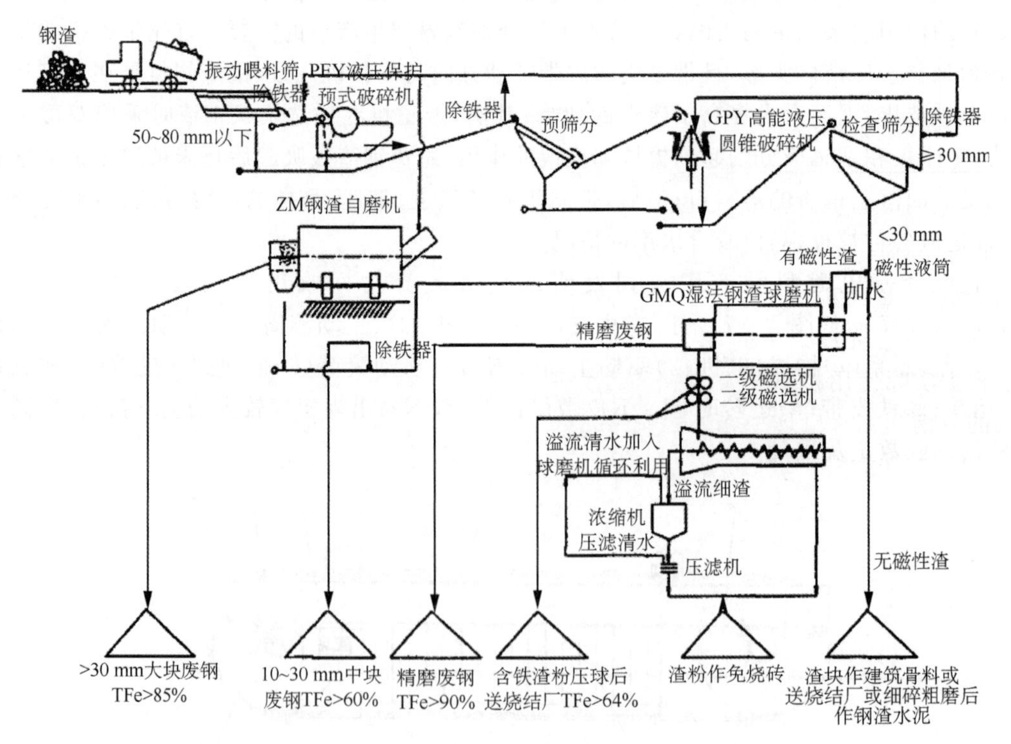

图 5-2-8 湿法钢渣综合回收生产工艺流程

螺旋分级机进行脱水，螺旋分级机返砂一般颗粒大于200目，水分含量30%～55%，渣粉堆放自然脱水后作免烧砖原料；螺旋分级机溢流一般小于200目，水分含量85%～95%，用泵送至浓缩机中进行浓缩，浓缩机溢流清水返回球磨机作为循环水利用，底部沉砂经胶泵送至压滤机进行压滤，压滤后的清水返回球磨机循环利用，滤饼与螺旋分级机返砂一起混合作免烧砖原料。

表5-2-2　湿法钢渣综合回收生产工艺主要设备

生产能力/($t\cdot a^{-1}$)	最大进料/mm	给料设备	粗碎设备	中碎设备	筛分设备	湿磨设备	分级设备	渣钢精磨设备	主机总装机功率/kW
5～10	300	GZD 300×95	PEY 400×600	GPY800圆锥或PSE250×1000颚破	2YA1536振动筛	GQM1535球磨机（2台）	XL-762（2台）	ZM2540渣钢自磨机	350～400
15～20	400	ZSW 380×95	PEY 500×750	GPY800圆锥或PSE250×1200颚破（2台）	2YK1545振动筛	GQM1835球磨机（2台）	XL-914（2台）	ZM2540渣钢自磨机	550～600
25～30	480	ZSW 380×95	PEY 600×900	GPY1100圆锥或PSE300×1300颚破	2YK1854振动筛	GQM2136球磨机（2台）	XL-914（2台）	ZM3040渣钢自磨机	950～1050
45～50	630	ZSW 490×110	PEY 750×1060	DH45圆锥	2YK2160振动筛	GQM2436球磨机（2台）	XL-1118（2台）	ZM3040渣钢自磨机	1100～1200

(2)经济效益分析

以年产钢400万t，处理25万t TFe为35%、粒度≤30 mm的磁性渣，双线对称布置的湿法为例，占地面积约6000 m^2，建筑、设备及安装费、供电、供排水等总投资约980万元。年总成本4515万元/a。

根据实际使用检测，1 t含铁35%左右的磁性钢渣经水洗球磨工艺，可以产出TFe>90%的豆钢0.13 t、TFe>64%的铁渣粉0.18 t。按钢铁厂内部收购价，豆钢价1200元/t，品位64%的铁渣粉单价600元/t计算(尾渣泥制砖收益不计)。

年总收入=年豆钢收入+年铁渣粉收入=6600万元

年总纯效益=年总收入-年总成本=2085万元

5.8.4　钢渣干法磁选选铁工艺

5.8.4.1　工艺流程

较为简单的钢渣干法磁选选铁工艺就是通过多级破碎、筛分和磁选逐级选出废钢和铁精粉。随着钢渣处理装备水平的提高，自磨机和棒磨机的使用可更有效地使渣铁分离，提高选出的废钢和铁精粉的品位。由于各钢铁企业钢渣的性质、含铁量及选铁要求不同，各企业的钢渣干法选铁工艺有一定的差别。

5.8.4.2 工艺设备

钢渣干法选铁工艺的设备包括破碎机、筛分设备、磁选设备、自磨机和棒磨机等。破碎机、筛分设备、磁选设备、自磨机在湿法工艺中已介绍，下面主要介绍棒磨机。

(1)棒磨机的工作原理

磨机在低速运转时，全部介质顺筒体旋转方向转移一定角度，自然形成的各层介质基本按同心圆分布，并沿同心圆的轨迹升高，当介质超过自然休止角后，则像雪崩式地泻落下来，这样不断地反复循环。在泻落式工作状态下，物料主要因破碎介质相互产生滑动时产生研磨作用而粉碎。

(2)棒磨机的特点

棒磨机中的填充介质是钢棒，在研磨过程中用棒的全长压碎钢渣，与物料呈线性接触。在大块钢渣没有完全破碎前，小粒度钢渣很少受到棒的冲压，因此，产品粒度比较均匀，过粉碎矿粒少，产量高，能耗低。

棒磨机适合物料含水率在12%以下的物料破碎研磨。

(3)棒磨机的构造

棒磨机由给料部、出料部、回转部、传动部(减速机、小传动齿轮、电机、电控)等主要部分组成，如图5-2-9所示。

5.8.4.3 应用实例

(1)鞍钢鲅鱼圈钢渣磁选生产线[36]

鞍钢鲅鱼圈钢渣磁选生产线主要采用宽带高效新型带磁技术和棒磨技术相结合的方法，以热闷钢渣为原料，经破碎、筛分、磁选、棒磨后，得到产品渣钢、精选粒钢、磁选粉和转炉尾渣粉。鲅鱼圈100万t磁生产线的工艺是在传统的钢渣磁选工艺基础上进行的优化，并结合鞍钢矿渣开发公司独创的粒铁深加工工艺的技术特点，实现钢渣短流程精加工的工艺流程(见图5-2-10)。鲅鱼圈钢渣磁选加工线以棒磨机代替传统的二级破碎设备，直接对一级破碎产物进行精加工，在生产出磁选粉的同时直接产生了可供炼钢生产使用的含铁品位90%的精选粒铁。在实现钢渣中金属铁资源高附加值回收的同时，大大缩短了金属铁回收的流程。

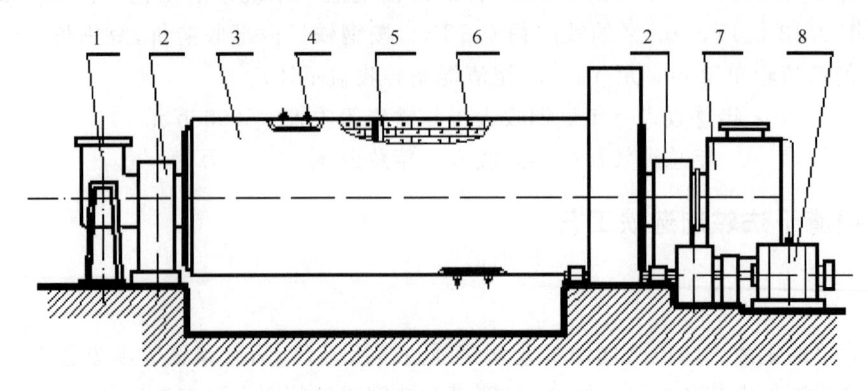

图5-2-9 棒磨机

1.进料装置;2.主轴承;3.筒体;4.磨门;5.隔仓板;6.衬板;7.卸料装置;8.传动装置

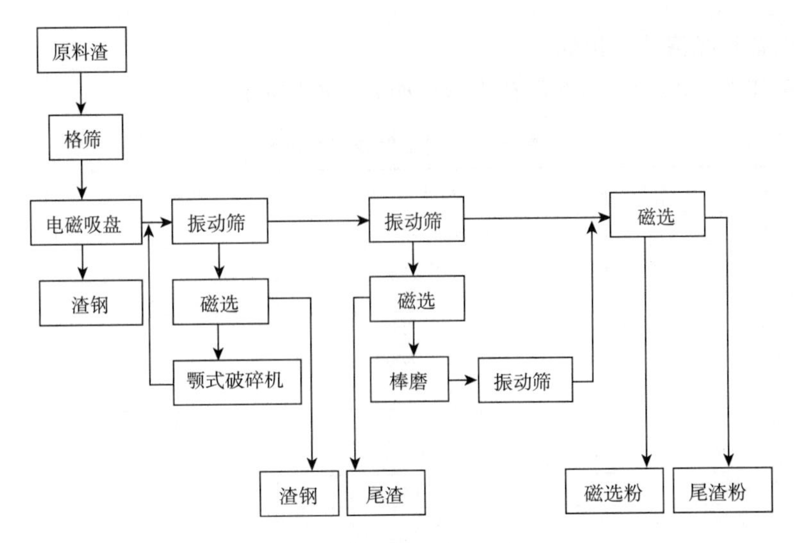

图 5-2-10 鲅鱼圈磁选生产线工艺

首先将热闷钢渣或脱硫钢渣在料口处用电磁吸盘进行磁选选出大块渣钢，小块渣钢通过格筛进入生产线，经过颚式破碎机破碎后的钢渣进行磁选后，粒铁进入棒磨机进行研磨，研磨后再次经过磁选，粒铁品位大幅提高，达 90%，可以直接代替部分废钢作为炼钢冷料进行炼钢生产。

(2)唐钢钢渣磁选生产线

①工艺流程

唐钢钢渣磁选生产线[37]工艺流程如图 5-2-11 所示。钢渣经棒条筛筛分，粒径＞300 mm 的渣坨经落锤破碎、磁盘除铁后送陈化场堆放。粒度＜300 mm 的钢渣经给料机、皮带秤，送入主选磁鼓。物料经磁鼓分选后分别进入规格渣生产系统和废钢回收系统。在规格渣系统中，磁鼓漏选的大块废钢由悬挂电磁除铁器选出，送至废钢回收系统。粒铁由 2# 磁选皮带机选出。钢渣由双层筛生产 0～10 mm 规格渣，粒度＞100 mm 的块渣经破碎机破碎后与 10～100 mm 钢渣再经双层筛生产出 10～40 mm 和 40～100 mm 两种规格渣。在废钢回收系统中，首先用筛分机将 0～10 mm 渣钢选出(这部分渣钢纯度较低，生产中将其与 0～10 mm规格渣一并处理)，其余经自磨机提纯后，粒度＞60 mm 的优质渣钢由磨机出口排出，粒度＜60 mm 的渣钢经皮带磁选机和筛分机分为 0～10 mm、10～60 mm 的废钢以及 0～60 mm 钢渣。

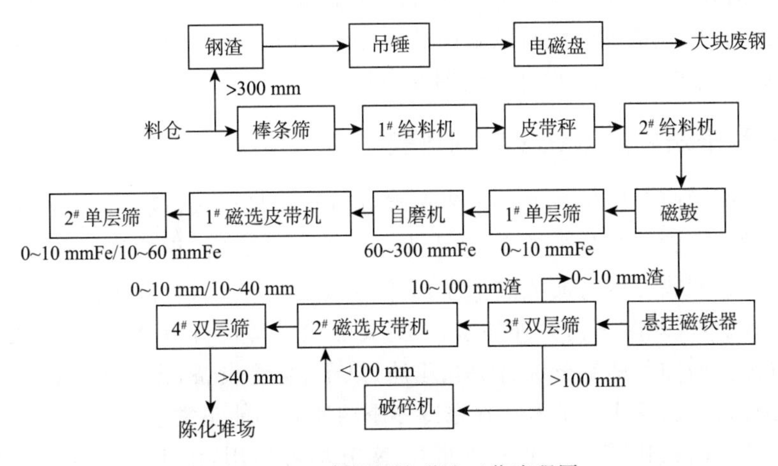

图 5-2-11 唐钢钢渣磁选工艺流程图

②主要设备和经济技术指标

主要设备如表5-2-3所示，经济技术指标如表5-2-4所示。

表5-2-3 钢渣处理主要设备

项目	规格	功率/kW	数量
棒条筛	1800×6000	37	1
1#给料机	GZG120-150	6.4	1
电子皮带秤	BMP-12	—	1
2#给料机	GZG150-260	6.4	1
主选磁鼓	φ1700×1800	13	1
1#、2#单层筛	ZD1235	11	2
自磨机	φ3500×6000	160	1
1#磁选皮带机	$B=0.8$ m，$L=9$ m	5.5	1
电磁除铁器	RCDD-12	4	1
3#、4#双层筛	2ZD2056	37	2
2#磁选皮带机	$B=1$ m，$L=64$ m	30	1
颚式破碎机	PEY600×900	60	1

表5-2-4 主要技术经济指标

项目	指标	项目	指标
设计处理能力/(万 t·a^{-1})	150	耗电量(全程)/(kWh·t^{-1})	5.1
基建投资/万元	530	渣钢耗电量/(kWh·t^{-1})	11.2
设备总动力/kW	442	占地面积/m^2	2400
渣耗水量/(m^3·t^{-1})	0.3	成本/(元·t^{-1})	104

③主要产品

各产品的资源化利用情况为：0～10 mm的渣钢作烧结精矿粉用，10～60 mm的作为高炉原料用。60 mm以上的块钢作为转炉原料或冷却剂用。10 mm以下的钢渣回烧结是最有价值的利用途径。生产实践表明，每利用1 t钢渣，相当于节约75 kg石灰石，代替含铁40.5%的铁矿600 kg。同时，在烧结时，由于节省了石灰石的分解热等，使烧结矿节省燃料12 kg/t。另外，使用钢渣后，烧结产量提高20%，烧结矿转鼓强度提高3%～5%。高炉使用配10～40 mm钢渣的烧结矿，冶炼顺利，有利于提高炉龄(为防止铁磷富集问题，钢渣作周期循环使用)。利用1 t渣的总经济效益高达80元。粒度>60 mm的钢渣运至堆放厂陈化堆存，以使 *f*-CaO等尽快消解，设计陈化期8个月。

5.8.5 湿法和干法磁选选铁工艺的比较

湿法钢渣综合回收利用生产工艺主要在南方雨水充足地区，或一些水资源相对丰富的地区。由于经常下雨钢渣水分含量高，加入大量水湿法球磨时，钢渣流动性好，有利于磨机排矿，生产能力大，回收豆钢表面清洁干净，TFe含量高。一、二级湿法磁选机价格低，含铁渣粉回收相对容易，成球时不需另外加水，不需要除尘设备，生产环境清洁无灰尘。缺点是浪费大量水资源。增加了螺旋分级、浓缩、压滤、烘干、泵等设备，投资大。需要设置很大的循环水池，占地面积大，操作人员多。在寒冷冬季结冰后不能正常生产[35]。

干法钢渣综合回收利用生产工艺在北方、南方均可使用，由于球磨或半自磨不需加入水，钢渣流动性差，生产能力相对较小。因此，磨机规格要相对选大一些。球磨机排料端需密封设除尘设备，该工艺流程简单，设备投资少，占地面积小，所需操作人员也较少，不受季节限制，全年均可生产。缺点是干法回收的豆钢品位比湿法低5%左右，生产场地有一定的灰尘污染，含铁渣粉回收所需筒式磁选机规格大、造价较高，回收率相对湿法稍低一些。

在同等规模的钢渣综合处理厂，干法生产投资比湿法少10%～25%，占地面积少30%左右，生产成本少20%～30%。因此在同等情况下，应优先考虑干法钢渣综合回收工艺。

5.8.6　对钢铁企业钢渣管理和利用的建议

(1)在磁选选铁工艺设计时，应根据钢渣中各种磁性物料的磁性大小和粒度分布选择合适的破碎、磨矿和磁选设备并确定合适的设备运行参数，充分逐级回收渣中的金属铁和氧化铁。

(2)钢渣的选铁工艺设计应当考虑选铁尾渣的综合利用规划，比如尾渣要用于道路工程，就应考虑到尾渣需要粗细各种粒级以满足级配要求，如果是用于钢渣粉，就要考虑将尾渣破碎(研磨)到一定细度，并充分选铁，以减轻粉磨过程负担，因此，选铁工艺需要根据产品方案决定破碎的级数、研磨的细度等，同时注意工艺参数的可调性，以适应各类产品随市场或季节变化的需要。

5.9　钢渣中磷(P)元素的提取

随着钢铁工业的飞速发展，高品位矿逐渐减少，高磷矿将逐渐开发并在钢铁工业中使用，铁水中的磷含量势必增加，同时转炉双联工艺流程是未来的发展方向，采用转炉双联工艺冶炼高磷铁水(P>0.3%)可以获得高磷渣(P_2O_5>10%)，进一步处理富集磷元素可以获得高品质钢渣磷肥。然而目前转炉炼钢铁水磷含量一般低于0.15%，对于单渣法冶炼，转炉渣中P_2O_5含量一般为1%～3%；而双联法冶炼，由于脱磷炉具有良好的脱磷条件及渣量小的特点，脱磷炉转炉渣中的P_2O_5含量一般为4%～7%，如简单地将钢渣进行冶炼内部循环利用，则必然会造成磷在铁液中的循环富集，最终限制钢渣的再利用；如直接将钢渣用作钢渣磷肥的原料又嫌磷含量太低。因此，如能将钢渣中的P_2O_5富集并分离出来，提取出来富磷相可以作磷肥，而其余成分皆可返回冶炼内部循环使用，如烧结、铁水脱硅、铁水脱磷过程，实现钢渣的循环利用。

研究表明[38,39]，通过对熔融钢渣进行SiO_2、Al_2O_3或TiO_2改质，可使钢渣的磷在$nC_2S\text{-}C_3P$固溶体中高浓度富集，改性后的钢渣再通过磁选分选出磁性物和非磁性物，非磁性物中磷回收率可达80%以上，P_2O_5含量为13%以上，可用于磷肥工业，而磁性物中TFe和CaO较高，可以返回冶炼过程循环利用，如烧结、铁水脱硅、铁水脱磷等过程。以表5-2-5所示渣样为例，原渣中碱度$R=4$，在1500℃条件下经加入SiO_2调质后，碱度变为2，然后以3℃/min的速度使温度降到1350℃并保温1 h，以充分促进$3CaO \cdot P_2O_5$的析出，再以3℃/min的速度降温至1150℃后，然后关闭炉子，试样随炉冷却。原渣中富磷相中P_2O_5含量为19%～25%，基体相中也有4%～5%的P_2O_5含量，渣中富磷相分布较分散且粒径小，一般为10～30 μm。经调质后的钢渣富磷相P_2O_5含量为31%～32%，呈棒状，粒径明显增大，一般为20～50 μm，少数为50～100 μm，改性后渣中富磷相P_2O_5含量在31%以上。改性后渣继续通过磁选进行分离，磁性物中磷回收率分别为84.57%，P_2O_5 含量为13.90%，满足磷肥工业中 P_2O_5 含量的要求。

表 5-2-5 SiO_2 改质钢渣化学成分 （%）

渣样	CaO	SiO_2	Fe_2O_3	P_2O_5	Al_2O_3	MgO	TiO_2	CaF_2	MnO	R
原渣	46.72	11.68	19.47	10	1.07	5.46	0.97	0.37	4.26	4.0
改质渣	41.35	20.68	17.23	10	0.95	4.83	0.86	0.33	3.77	2.0

5.10 钢渣中钒(V)的提取

我国钒钛磁铁矿资源丰富，分布广泛，储量位于南非和俄罗斯之后，居世界第三位，储量和开采量居全国铁矿的第三位，主要分布在四川攀枝花地区和河北承德等地。钒是一种重要的金属元素，其用途广泛，钢铁工业是钒的最大应用领域，有85%～90%的钒应用于钢铁生产中。通过添加钒，能够细化晶粒，提高钢的硬度和耐性，使钢具有特殊的属性。由于钒钢具有强度大，韧性、耐磨性及耐蚀性好的特点，因而在输油(气)管道、建筑、桥梁、钢轨、压力容器和车厢架等生产建设中得到了普遍应用，而且各种含钒钢的应用范围也越来越广。随着含钒磁铁矿在炼钢过程中的大量使用，导致每年会产生一定量的含钒钢渣。若将含钒钢渣与普通钢渣一样处理，用于水泥、建材等领域，那么将会对渣中的钒造成巨大的资源浪费，因此，对钢渣中的钒进行再提取利用，对于提高含钒钢渣的利用价值，避免资源浪费，提高企业的经济效益，有着非常重要的作用。

5.10.1 含钒钢渣的性质及钢渣提钒概述

5.10.1.1 含钒钢渣的性质

表5-2-6列出了我国含钒钢渣的主要化学成分。由表5-2-6可以看出，含钒钢渣主要是由CaO、FeO_n、SiO_2、MgO、V_2O_5 等成分组成。渣中 V_2O_5 的含量一般为1%～5%，较传统的提钒原料钒渣的品位要低一些，但比石煤中钒含量高很多，具有很高的工业价值，碱度较高。此外，含钒钢渣中的钒大部分以+4、+5价的酸溶钒形式存在，可不经高温焙烧处理而直接酸浸溶出提钒。

表 5-2-6 含钒钢渣的主要化学成分 （%）

成分	CaO	TFe	SiO_2	MgO	MnO	V_2O_5
含量	40～60	11～22	7～12	2～11	1～4	1～5

从物相上来看，虽然作为酸性氧化物的 V_2O_5 会不可避免地与钢渣中碱性的CaO结合生成稳定的矿物相，但由于钢渣中的钒含量低，氧化物活度和化学势相对较小，很难形成稳定而独立的 $Ca_3(VO_4)_2$ 矿物相，而是以固溶物形式存在于硅酸三钙、钙钛氧化物等矿物中[40]。大部分钒均弥散分布于多种矿物相中，并且主要含钒矿物相的晶粒细小，平均在10 μm左右，难以直接选冶分离。如图5-2-12所示为一含钒钢渣样品的EDS能谱分析面扫描图，可知钒主要存在于硅酸盐相和RO相的交界处，且为细小独立分散的相。

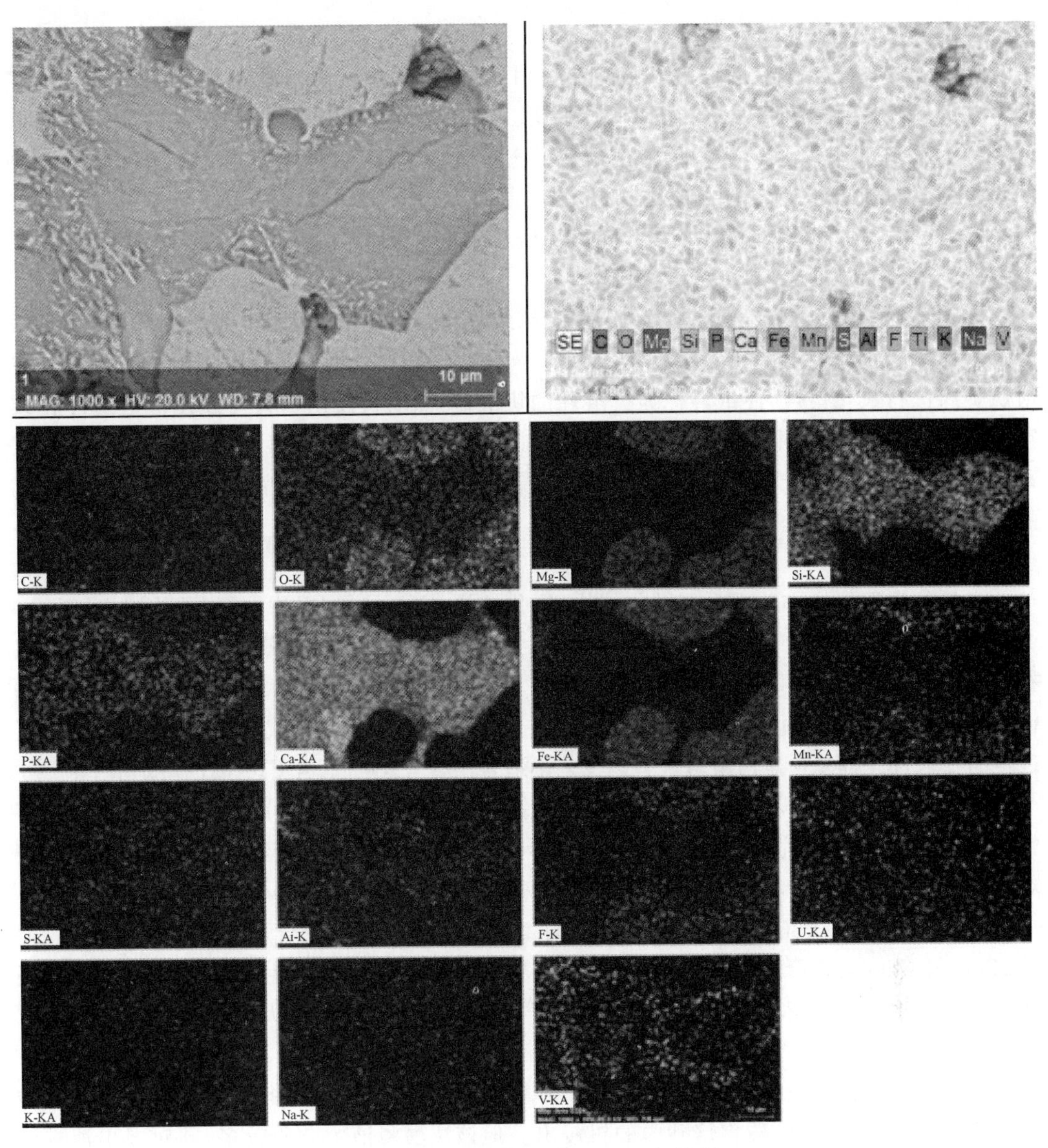

图 5-2-12 含钒钢渣的 EDS 面扫描图

5.10.1.2 钢渣提钒的研究概述[40,41]

(1)火法冶炼

火法冶炼主要有两种方式:一种是钢渣返回烧结,另一种是对钢渣进行矿热炉还原冶炼。

钢渣返回法是将含钒钢渣添加在烧结矿中作为熔剂进入高炉冶炼,钒在铁水中富集,使铁水含钒 2%~3%,再吹炼得到高品位(V_2O_5 30%~40%)的钒渣,以此制取 V_2O_5 或钒铁合金。该法曾在我国攀钢和马钢生产中应用。德国也曾将含钒 1.5%的转炉钢渣返回与原矿再次炼铁,可得到品位 10%的钒渣,再用化学法提钒。钢渣返回法能利用现有设备回收钒,同时也能回收铁、锰等,降低铁钢比和能耗。但该法易产生磷在铁水中的循环富集,加重炼钢脱磷任务,此外,钢渣杂质多,有效氧化钙含量相对较低,会降低烧结矿品位,增加炼铁过程能耗，所以不宜大量配入。

含钒钢渣的矿热炉冶炼是指采用矿热炉对钢渣进行锻烧，通过控制炉内的还原气氛将钢渣中的钒还原富集到铁水中，得到高钒生铁。接着在感应炉内，通过控制炉内的氧化气氛将高钒生铁中的钒氧化入渣，便可得到高钒渣。但采用矿热炉冶炼含钒钢渣，在钢渣中 V_2O_5 被还原的同时，钢渣中的 P_2O_5 也要被还原而进入生铁中，从而造成生铁中的 P 含量较高，采用此高磷含量的含钒生铁进行提钒，钒渣和半钢中的 P 含量也较高。

(2)湿法提钒

湿法提钒的工艺较多，但基本上都是由传统提钒工艺移植过来的，生产过程基本相似，即首先使钒从钢渣中溶解转入溶液(为了提高浸出率，往往先将钢渣粉碎，同添加剂混合，在焙烧炉内进行氧化焙烧，使钒转化为可溶性的钒酸盐，然后再浸出)，再对浸出液进行净化或富集，最后再从钒溶液中沉淀析出钒，并进一步锻烧。主要的单元操作为焙烧、浸出、净化-富集、沉钒-锻烧等，其技术的关键在于焙烧、浸出、净化与回收等工序，因此，钢渣湿法提钒的研究也多集中在这几个方面。

①焙烧

常见的高温焙烧方法主要有钠化焙烧、钙化焙烧、空白焙烧(无添加剂/无盐焙烧)等。

钠化焙烧工艺对设备要求不高，技术简单，投资不大，现已比较成熟，但该工艺焙烧会使钒有不同程度的损失，同时 V_2O_5 的转浸率和回收率较低，资源浪费严重，该法从水浸液到取得精钒工艺流程较长，生产过程复杂，机械化程度差，且消耗材料多，生产成本高，在焙烧过程中所产生的 Cl_2、HCl、SO_2 严重污染空气。该工艺不适合于含 V_2O_5 低、含 CaO 高的转炉渣。

钙化焙烧是指将石灰等作熔剂添加到含钒钢渣中焙烧。此法废气中不含 HCl、Cl_2 等有害气体，并解决了 CaO 的危害，焙烧后的浸出渣不含钠盐，富含钙，有利于综合利用。但钙化焙烧对物料有一定的选择性，对一般钢渣存在转化率偏低、成本偏高等问题，不适于大量生产。

降钙钠化焙烧法是将钢渣与一定量的 Na_3PO_4、Na_2CO_3 混合，焙烧一定时间后，使 Na_3PO_4 与 CaO 结合形成 $Ca_3(PO_4)_2$，钒与 Na_2CO_3 反应生成水溶性的 Na_3VO_4，然后水浸即可。但该法只是停留在实验室研究阶段，而且该法磷酸盐的配比大，成本高，目前还没有工业化上的推广。

空白焙烧是指焙烧时不加任何添加剂，靠空气中的氧在高温下将低价钒直接转化为酸可溶的 V_2O_5。然后用硫酸将焙砂中的钒浸出。但该法酸浸液中杂质较多，须对浸出液进行净化处理，除去 Fe 等杂质，然后再用水解沉淀法或铵盐沉淀法沉淀红钒。该法的优点是环境污染小，不添加任何添加剂，成本相对低，但该法焙烧转化率、热利用效率低，同时，空白焙烧后采用酸浸，酸耗较高，对生产成本影响最大，浸出液中杂质较多，沉钒时铵盐消耗也较高，因而生产规模小。

②浸出

在浸出体系方面，包括水浸、酸浸、碱浸等。水浸的浸出率较低，降低了钒的回收率，用酸浸代替水浸，可提高浸出指标。

a. 直接酸浸

直接酸浸是指取消焙烧这一工序，完全用湿法提钒。一般用于氧化剂(如氯酸钠或二氧化锰等)存在下，直接从含钒钢渣中浸出钒，再进一步提取。由于钢渣中 CaO 含量高，直接酸浸酸耗较大，成本较高。同时，为提高浸出率，酸浸过程需在强酸溶液中进行，此时，钢渣中的许多组分也被溶解，所以得到的浸出液杂质较多。再加上未经焙烧氧化，酸浸液中钒以三价形态存在，为了满足工艺要求，酸浸液中三价钒还必须氧化成五价钒。

b. 酸浸—碱溶法

先用硫酸使含钒钢渣中的钒以 VO_2^+、VO^{2+} 的形态浸出，即当浸出液的 pH 值小于 1 时，不溶性的钒酸盐如 $Fe(VO_3)_2$、$Ca(VO_3)_2$ 等很容易溶解，生成稳定的 $(VO_2)_2SO_4$ 和 $VOSO_4$，再加碱中和，在弱碱性条件下将钒氧化成高价离子（如 VO_3^-、$[H_2VO_4]^-$），并使钒与铁的水合氧化物等共同沉淀，再用碱浸制得粗钒。粗钒经碱溶生成五价钒的钠盐，除去杂质硅，然后铵盐沉钒制得偏钒酸铵，经锻烧得高纯 V_2O_5。此方法已应用于含钒钢渣提钒，其优点是钒浸出率高，能耗相对低，投资少；缺点是钒、铁、钙分离较困难，流程长，总回收率不高。

③净化回收

从浸出液中净化回收钒，以前常采用二次沉淀法，即先采用水解法沉淀粗钒，粗钒经碱溶除杂后再用铵盐沉淀法生成偏钒酸铵。但该法对浸出液的要求较高，且流程长、试剂消耗量大、钒损失大、操作复杂、所得产品纯度低。针对含钒钢渣浸出液杂质多、钒浓度低的特点，国内外进行了大量研究，并取得相关成果，包括溶剂萃取法提钒、离子交换法提钒、酸浸液净化—酸性铵盐沉钒等，这些新工艺可省去了沉粗钒工序，直接从含钒稀溶液获得富钒溶液或多聚钒酸铵，既缩短了工艺流程，降低了能耗，又减少了含钒废水对环境的污染。

从成分复杂的含钒浸出液（主要是酸浸液）中净化回收钒，研究最多的是萃取法和离子交换法。

a. 萃取法

钒的萃取剂很多，但能在工业上应用的多限于碱性萃取剂中的伯、仲、叔胺和季胺，中性磷酸中的磷酸三丁酯和含磷酸萃取剂二-(2-乙基己基)磷酸等。由于浸出液中钒离子形态、萃取剂及反萃剂的不同，所以相应的提钒工艺也不尽相同，但工艺路线大体相近，一般为：浸出—萃取—反萃—沉钒。首先酸浸将含钒钢渣中的钒转变为酸溶性的含钒离子团，再用萃取剂萃取，发生离子交换；由于其他金属离子大都不能进入有机相中，从而可实现钒与杂质离子的分离。

经萃取的有机相，再用反萃剂反萃，使钒从有机相转入水相；然后调整 pH 值，使钒以多钒酸铵形态沉淀，再锻烧沉淀物即得高纯 V_2O_5。

溶剂萃取法的优点在于钒的回收率高、萃取剂可再生、生产成本低、产品纯度高；缺点是工艺路线、萃取条件苛刻和操作不稳定。目前萃取法在我国钢渣提钒中，技术还不完全成熟。

b. 离子交换法

首先采用焙烧、酸浸、碱浸等工艺，将含钒钢渣中的钒转化成水溶性含钒离子；再根据物料的不同，采用不同的离子交换剂，并调整溶液 pH 值，在离子交换柱上发生吸附反应，经吸附，钒被固定于离子交换柱上，并实现了与杂质的分离。再经脱附，钒转入洗脱液中，后再用铵盐沉淀法沉钒、制偏钒酸铵，再锻烧得 V_2O_5。该法优点是流程短、原材料消耗少、环境污染小、沉钒母液可循环利用、作业回收率可高达 98%、产品的纯度高；缺点是离子交换树脂操作条件苛刻。

5.10.2 含钒钢渣提钒实例分析

对于某厂含钒转炉钢渣，采用湿法提钒的方法，将渣中的钒富集提出。

提钒所需的试剂主要有浓盐酸、浓硫酸、过氧化氢、钒标准溶液、正辛醇、磷酸三丁酯和丙三醇等。整个钢渣提钒的流程如图 5-2-13 所示。

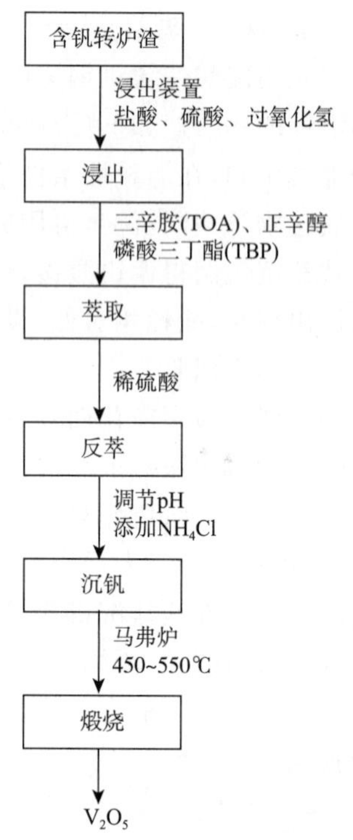

图 5-2-13 含钒钢渣提钒流程

具体的提钒工艺为：取含钒转炉钢渣于浸出装置中（浸出装置为集热式恒温加热磁力搅拌器），加入一定量过氧化氢及盐酸，利用钒酸钙、钒酸镁等钒酸盐不溶水但溶于稀酸的特点浸出钒。酸浸过程中，Ca^{2+}、Mg^{2+}、Fe^{3+} 等离子也同时进入酸浸溶液中，通过净化处理，以三辛胺萃取富集浸出液中的钒，再用酸反萃取，用氯化铵沉钒，干燥灼烧后制备钒产品。

该钢渣提钒实例的实验室工艺条件为：浸取酸中盐酸为 4.0 mol/L、硫酸为 1.0 mol/L、过氧化氢 10 mL，浸出温度 90℃，浸取时间 90 min，液固比为 10∶1，搅拌速度 300 r/min，浸取率可达 98%。以 TOA＋TBP＋正辛醇（体积比为 20∶10∶70）为萃取体系，在 pH＝2.13 的条件下对钒进行萃取，然后以1.5 mol/L 稀硫酸为反萃液，相比 O/A 为 10 条件下进行反萃。沉淀时，将含钒反萃溶液的 pH 值调为 10，加入适量的 NH_4Cl 在室温下进行沉钒；沉钒后，将钒送入马弗炉中煅烧，煅烧温度为 450～550℃，煅烧时间为 2 h。

通过上述方法提取转炉钢渣中的钒，浸取率可达 98%，萃取率可达 87%以上，反萃率可达 96%以上，沉钒率达 94%以上，V_2O_5 的总回收率大于 80%。比传统的提钒工艺效率提高了 10%以上。

5.11 钢渣中铬的提取

5.11.1 含铬钢渣的性质及钢渣提铬概述

5.11.1.1 含铬钢渣的性质

铬（Cr）或铬铁添加到钢铁或合金中，可以提高材料的韧性、耐磨性、抗腐蚀性。铬用作钢铁添加剂可以生产不锈钢、工具钢、滚珠钢等，如含 Cr 12%～18%的钢为不锈钢。由于不锈钢冶炼的过程中需添加较多的铬，因此，不锈钢钢渣为现阶段最主要的含铬钢渣。此外，我国攀枝花—西昌地区的钒钛磁铁矿也伴生有一定量的金属元素铬，在使用该种铁矿石进行转炉冶炼时，钢渣中也会含有一定量的铬。

典型含铬不锈钢钢渣的化学成分组成如表 5-2-7 所示。由表 5-2-7 可知，不锈钢钢渣的化学成分与普通转炉钢渣和电炉渣相比铁含量较小，而铬含量较高。不锈钢钢渣主要由硅酸二钙、镁硅钙石、钙铝黄长石及含铬矿物组成。不锈钢钢渣中的 Cr 主要以三价铬形式存在，主要包括 $MgO \cdot Cr_2O_3$、$CaCr_2O_4$ 及含铬合金颗粒等。不锈钢钢渣在堆存的过程中，部分三价铬可能氧化成六价铬，因而会对周围环境产生很大的危害。

表 5-2-7 含铬钢渣的主要化学成分 (%)

成分	CaO	Fe	SiO_2	MgO	Al_2O_3	Cr	Ti	MnO
含量范围	45.5～47.6	1.75～2.40	26.3～31.2	3.65～7.30	1.65～9.69	2.48～4.28	0.13～0.68	1.4～2.1

5.11.1.2 钢渣提铬的研究概述

铬和钒在元素周期表中相邻，化学性质非常相似，可根据钢渣提钒的方法和工艺，将钢渣中的铬提取出来。

一般采用钠化焙烧水浸工艺或活化焙烧酸浸工艺，将渣中的Cr(Ⅵ)浸取到水相中，之后采用化学还原沉淀法、萃取法、吸附法等方法，将溶液中的铬提取出来。

(1)化学沉淀法

该方法是通过加入化学沉淀剂将浸出液中的铬沉淀出来。基本步骤是先用硫酸调节溶液pH为2～3，加入还原剂亚硫酸铵，使六价铬还原成三价铬，最后加入NaOH生成$Cr(OH)_3$沉淀。化学沉淀技术一般用在废水处理领域，该法得到的含铬污泥不易回收利用，且工厂需要的占地面积大，处理成本也颇高。

(2)萃取法

在美国国家环保局的一份研究报告中，介绍了采用Alamine336、AiabethteAI萃取剂的溶剂萃取法处理六价铬废水。国内的一些研究表明，三正辛胺-三氯甲烷体系、伯胺N1923萃取剂、三正辛胺-苯体系对六价铬有较好的萃取效果。萃取法分离溶液中钒、铬，工艺流程比较简单，可以制得纯度较高的钒和铬的产品，缺点是萃取剂的容量低，效率低，成本高，且萃取过程对溶液中杂质以及外部环境的控制要求严格，容易产生乳化现象。

(3)吸附法

研究表明活性炭、磺化褐煤、改性后膨润土等吸附剂对六价铬具有较好的吸附效果。相对于其他方法，吸附法具有高效、简便和选择性好等特点。

5.11.2 含铬钢渣提铬实例分析

对于含Cr较高的不锈钢钢渣，采取焙烧—水浸—沉淀的方式将渣中的铬提取出来。具体提铬工艺流程如图5-2-14所示[42]。

具体的提铬工艺流程为：在不锈钢中配入适量的NaOH和$NaNO_3$(氧化剂)，NaOH的加入量为渣的67%，$NaNO_3$的加入量为渣的6.7%，在400℃焙烧2 h，待焙烧反应完成后，在50～60℃条件水浸1 h，然后，过滤，得到含铬滤液和废渣。滤液通过沉淀法回收Cr，然后通过蒸发获得NaOH和$NaNO_3$结晶，进行重复使用。固相的主要成分是钙、镁、硅的氧化物，并且Cr浸出量已达到作为建筑材料的要求。

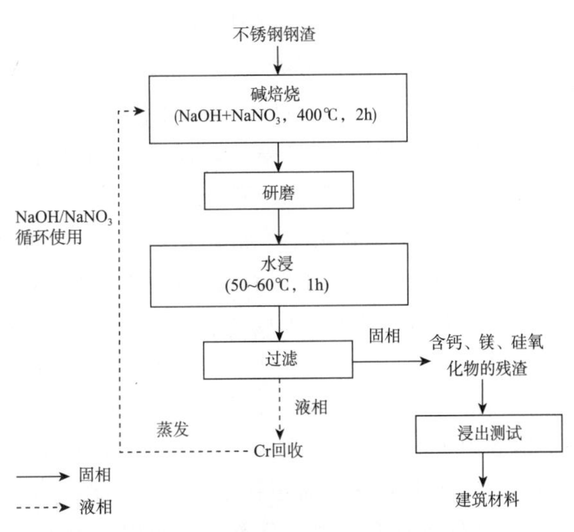

图 5-2-14 钢渣提铬工艺流程

5.11.3 钢渣提钒、提铬存在的问题

我国现有的提钒研究主要集中在钒渣、石煤提钒方面，对钢渣提钒的研究较少，主要是因为含钒钢渣中钙、铁含量高，钒含量低，赋存形态复杂，回收利用难度很大；而对于含铬钢渣提铬的研究则更少，重视程度不高。此外，钢渣提钒、提铬还存在一些其他方面的问题。

（1）国内目前普遍应用的传统钢渣提钒工艺，提钒过程中会产生 Cl_2、HCl、SO_2 等气体，不仅会腐蚀冶炼设备，而且还会严重污染空气、难于处理。

（2）国内大多数钢厂在对钢渣处理时，通常将不同种类的钢渣混合堆放，这对含钒钢渣和含铬钢渣的成分影响很大。由于其他钢渣的混合，会进一步降低钢渣中钒、铬的品位，并提升渣中杂质和 CaO 的含量，提一步增大提钒的难度和成本。

（3）现阶段的钢渣提钒、提铬工艺大多较为复杂，与现有的钢渣处理工艺结合程度较低，在工业应用时需另建厂房和增加较多的设备和工艺，钢渣提钒成本较高。

Ⅲ级利用　钢渣的末端利用

5.12 钢渣在道路工程中的应用

钢渣具有容量大、呈块状、表面粗糙、稳定性好、不滑移、强度高、耐磨、耐蚀、耐久性好、与沥青有良好的黏附性等特点，被广泛用于各种道路工程材料。钢渣做筑路材料，既适用于基层，又适用于面层。用钢渣做路基时，道路渗水、排水性能好，而且用量大，对于保证道路质量和消耗钢渣都有重要意义。由于钢渣具有一定的胶凝活性，能板结成大块，因而强度高。钢渣与沥青结合牢固，又有较好的耐磨耐压防滑性能，可掺合用于沥青混凝土路面的铺设。钢渣用做沥青混凝土路面骨料时，既耐磨，又防滑，是公路建筑中有价值的材料。钢渣沥青混凝土适宜潮湿地区的路面，钢渣有空隙、易透水而仍有高硬度，特别适合透水性沥青混凝土。透水性沥青混凝土是目前国外应用较多的路用沥青混凝土，要求的集料吸水性低、水硬性好、多棱角、大粒度。钢渣疏水性好，是电的不良导体而不会干扰铁路系统电讯工作，所筑路床不生杂草，干净整洁，不易被雨水冲刷而产生滑移，是铁路道渣的理想材料。

在欧美发达国家，在道路工程上的应用是钢渣最主要的利用途径，如 2010 年，整个欧洲国家，用于道路工程的钢渣占比在 48%以上，而在美国，2009 年钢渣的 68%左右用于道路工程。我国也较早开展了钢渣用于道路工程的工作。1990 年建设部颁布了《钢渣石灰类道路基层施工及验收规范》(CJJ 35—1990)，1991 年冶金工业部颁布了《钢渣混合料路面基层施工技术规范》(YBJ 230—1991)，1993 年冶金工业部颁布了标准《道路用钢渣》(YB/T 803—1993)，后两个标准后来分别被新标准 YB/T 4184—2009 和 GB/T 25824—2010 所代替。对于钢渣用于沥青路面，到 2009 年分别颁布了标准《耐磨沥青路面用钢渣》(GB/T 24765—2009)和《透水沥青路面用钢渣》(GB/T 24766—2009)。虽然标准已经颁布，但实际应用比例仍然较低，且多局限在公路垫层使用。由于我国仍然处于经济加速期，基础设施建设特别是中西部地区的基础设施建设投入在继续增长，对道路工程材料的需求量仍然很大，钢渣在道路工程中的应用具有很好的前景，且能消耗大量钢渣，从而节约堆存土地。

5.12.1 钢渣作为道路工程材料的性能

钢渣的耐磨性能、强度、抗冻融能力等各项指标相当于或优于普通的花岗岩、玄武岩或石灰岩碎石，技术性能指标完全满足工程集料的规范要求，钢渣集料与天然碎石集料性能对比如表5-3-1所示。同时钢渣具有潜在的活性，对路基料产生板结作用，加大路基的强度等级，提高道路的质量。

表5-3-1 钢渣集料与天然碎石集料性能对比

性能	集料类型			
	转炉钢渣	电炉钢渣	玄武岩	花岗岩
密度/(g·cm³)	3.1～3.7	3.2～3.8	2.8～3.1	2.6～2.8
吸水率/%	0.2～1.0	0.2～1.0	<0.5	0.3～1.2
压碎值/%	10～26	10～26	9～20	12～27
冻融系数	<1.0	<1.0	<1.0	0.8～2.0
磨耗率(洛杉矶法)/%	9～18	8～15	—	15～20
磨光值(PSV)	54～57	58～63	45～55	45～55
抗压强度/(N·mm²)	>100	>100	>250	>120

5.12.2 钢渣桩处理公路软土地基

钢渣桩是由日本的烟博昭等人率先开发研制的一种以钢渣为桩体主要材料的柔性材料桩，是一种较为经济、安全的软基处理方法。用钢渣加固软土地基，我国20世纪70年代在东北已经开展，较早使用钢渣桩是1982年12月至1983年2月上海市南汇县咸塘港桥桥台地基加固项目。但是到目前为止，在工程界这种桩型还没有统一的规范可供设计计算参考[43]。钢渣桩处理公路软土地基，不仅可以解决地基土强度和变形问题，而且能充分利用工业废渣。解决了钢渣环境污染问题和土地占用问题，社会和经济效益显著。

5.12.2.1 钢渣桩的加固机理[44]

钢渣桩加固公路软土地基是利用制桩过程中对桩周土的振密、挤压和桩体材料的吸水、膨胀以及与桩周土的离子交换、硬凝反应等作用，改善桩周土的物理力学性质，并与桩周土一起共同构成复合地基。钢渣桩加固软土的机理综合起来有以下几个方面：①成孔挤密作用，②钢渣材料的水化反应，③离子交换和硬凝反应，④膨胀挤密作用，⑤碳化作用，⑥桩体作用，⑦排水效应，⑧置换作用，⑨加筋作用。

5.12.2.2 适用的土质条件[44]

实践经验表明，钢渣桩适用于淤泥、淤泥质土、素填土、杂填土、饱和及非饱和的黏性土、粉土等。

由于钢渣桩的成桩方式主要是振动沉管成桩，在选用钢渣桩加固软基时应进行地基土的灵敏度试验。对于灵敏度较高的饱和软黏土，成桩过程可能会破坏土的结构，致使土的强度大幅度降低，应慎用。

5.12.2.3 对钢渣材料的要求[44]

根据成桩直径的大小，一般要求粉碎后的钢渣最大粒径不超过7～8 cm，平均粒径为4～6 cm的无定形块状物。为了保证钢渣成桩后的均匀和强度，钢渣本身需要一定的级配。同时，由于钢渣的水化速度及水化能力较低，尤其是早期强度低。为了改善钢渣桩的性能，在成桩时，可掺加5%～10%的水泥，可大幅度地提高钢渣桩各龄期的强度。

5.12.2.4 成桩工艺[45]

一般采用振动打桩机，将直径275～325 mm的桩管打入地基中，形成深达6～10 cm的桩孔，然后把经过破碎的钢渣块逐次投入桩孔中。每次投料数量按一次成桩高度为0.5～1.0 m控制，并采用桩管振动法将每次投料振实，振实的钢渣吸水结硬即形成完整的桩体。因钢渣在振实及吸水膨胀的过程中，会挤密桩间土，并使地基土的含水量减少。

5.12.2.5 钢渣桩的布置形式[44]

对于公路软基，一般都是采用满堂加固，布置成正三角形或正方形。针对具体情况，为了减少软土在路堤荷载的作用下产生的侧向变形，可在路堤底外缘增设2～3排保护桩。

5.12.2.6 应用实例[45]

沪宁高速公路上海段地基，有10～25 m厚的软弱土层，该路软土加固路段，大部分采用了水泥粉喷桩；部分软土地基采用钢渣桩加固。加固效果测试与分析表明：钢渣桩加固高路堤下的软土地基能迅速提高地基承载力和稳定性，能适应快速填筑高路堤的要求。同时可减少地基的总沉降量20%左右，对降低工后沉降也有好处。

5.12.3 钢渣在道路底基层和基层中的应用

钢渣在道路底基层和基层中的应用既适合用于柔性基层也适合用于半刚性基层，主要是作为二灰类和水稳类（水泥稳定类）半刚性基层的骨料使用，在低等级公路、高等级公路以及高速公路建设中都已得到了应用。二灰类半刚性基层材料早期强度低，水稳定性差，冻融后强度不足，容易造成二灰类基层沥青路面在使用期内出现开裂、冻融破坏等早期病害。掺入钢渣能有效提高其早期强度，缩短工期、降低成本。水稳类半刚性基层材料在实际应用中容易产生温干缩裂缝，使得沥青面层容易产生反射裂缝，这一缺点一直不能得到有效的缓解。钢渣的遇水膨胀性能有效地改善半刚性基层材料的干缩性，有效地缓解反射裂缝的产生。钢渣也适应用于沥青稳定碎石柔性基层中，在抗永久变形性能和抗疲劳性能两个方面，钢渣沥青混合料比石灰岩沥青混合料强，但钢渣的吸油量较大，因此，如考虑到油石比的问题，可以使用吸油量相对较小的钢渣粗集料[46]。

对于钢渣在道路底基层和基层中的应用，我国已颁布了相关国家或地方规范和标准，钢铁企业可参照标准对本企业钢渣用于道路基层和底基层的可行性进行评估，并对钢渣进行合理的处理、处置。下面简单介绍这些标准和规范的内容和相关案例。

5.12.3.1 相关规范和标准

（1）《道路用钢渣》（GB/T 25824—2010）

国家标准《道路用钢渣》对用于道路工程的钢渣的规格和技术要求作了统一规定。

①规格

a. 沥青混合料用钢渣粗集料的规格名称应符合 JTG F40 的规定，粒度要求应符合表 5-3-2 的规定。

表 5-3-2 沥青混合料用钢渣粗集料粒度要求

规格名称	公称粒径/mm	通过方孔筛(mm)的质量分数/%								
		37.5	31.5	26.5	19.0	13.2	9.5	4.75	2.36	0.6
S6	15～30	100	90～100	—	—	0～15	—	0～5		
S7	10～30	100	90～100	—	—	—	0～15	0～5		
S8	10～25		100	90～100	—	—	0～15	0～5		
S9	10～20			100	90～100	—	0～15	0～5		
S10	10～15				100	90～100	0～15	0～5		
S11	5～15				100	90～100	40～70	0～15	0～5	
S12	5～10					100	90～100	0～15	0～5	
S13	3～10					100	90～100	40～70	0～20	0～5
S14	3～5						100	90～100	0～15	0～3

b. 道路基层用钢渣集料规格

对于高等级道路，基层用钢渣的最大粒径应不大于 31.5 mm，底基层用钢渣的最大粒径应不大于 37.5 mm；对于其他等级道路，基层用钢渣的最大粒径应不大于 37.5 mm，底基层用钢渣的最大粒径应不大于 53 mm。

水泥稳定钢渣混合料和水泥粉煤灰稳定钢渣混合料集料级配应符合表 5-3-3 的规定，石灰粉煤灰稳定钢渣混合料集料级配应符合表 5-3-4 的规定。

表 5-3-3 水泥稳定钢渣混合料和水泥粉煤灰稳定钢渣混合料集料级配

层位	混合材料类型	通过方孔筛(mm)的质量分数/%							
		37.5	31.5	19.0	9.5	4.75	2.36	0.6	0.075
基层	悬浮密实型		100	90～100	60～80	29～49	15～32	6～20	0～5
	骨架密实型		100	68～86	38～58	22～32	16～28	8～15	0～3
底基层	悬浮密实型	100	93～100	75～90	50～70	29～50	15～35	6～20	0～5

表 5-3-4 石灰粉煤灰稳定钢渣混合料集料级配

层位	混合材料类型	通过方孔筛(mm)的质量分数/%									
		37.5	31.5	26.5	19.0	9.5	4.75	2.36	1.18	0.6	0.075
基层	悬浮密实型		100		88～98	55～75	30～50	16～36	10～25	4～18	0～5
	骨架密实型		100	95～100	48～68	24～34	11～21	6～16	2～12	0～6	0～3
底基层	悬浮密实型	100	93～100		79～92	51～72	30～50	16～36	10～25	4～18	0～5

②技术要求

a. 沥青混合料用钢渣粗集料技术要求

沥青混合料用钢渣粗集料技术应符合表 5-3-5 的要求。

b. 道路基层用钢渣集料技术要求

道路基层用钢渣集料技术应符合表 5-3-6 的规定。

表 5-3-5　沥青混合料用钢渣粗集料技术要求

指标		高等级道路		其他等级道路
		表面层	其他层次	
压碎值/%	≤	26	28	30
洛杉矶磨耗损失/%	≤	26	28	30
表观相对密度/%	≥	2.90	2.90	2.90
吸水率/%	≤	3.0	3.0	3.0
坚固性/%	≤	12	12	—
针片状颗粒含量(混合料)/%	≤	12	12	—
其中粒径大于 9.5 mm/%	≤	12	12	—
其中粒径小于 9.5 mm/%	≤	12	12	—
软弱颗粒含量/%	≤	3	5	5
磨光值(PSV)	≥	42	42	42
与沥青的黏附性/级	≥	4	4	4
浸水膨胀率/%	≤	2.0	2.0	2.0

表 5-3-6　道路基层用钢渣集料技术要求

指标		基层		底基层	
		高等级道路	其他等级道路	高等级道路	其他等级道路
压碎值/%	≤	30	35	30	40
浸水膨胀率/%	≤	2.0	2.0	2.0	2.0

(2)《道路用钢渣砂》(YB/T 4187—2009)

本标准规定了道路面层(水泥混凝土面层和沥青混凝土面层)和基层(包括底基层)混合料用砂的技术要求。

①颗粒级配

a. 除特细砂外,钢渣砂的颗粒级配应符合表 5-3-7 的规定。

表 5-3-7　颗粒级配

筛孔尺寸	通过各筛孔的质量百分率/%		
	粗砂	中砂	细砂
9.50 mm	100	100	100
4.75 mm	90～100	90～100	90～100
2.36 mm	65～95	75～100	85～100
1.18 mm	35～65	50～90	75～100
0.6 mm	15～29	30～59	60～84
0.3 mm	5～20	8～30	15～45
0.15 mm	0～10	0～10	0～10

b. 钢渣砂的实际颗粒级配与表 5-3-7 中的通过质量百分率相比,除 4.75 mm 和0.6 mm 的通过质量百分率外,可以略有超出,但超出总量应小于 5%。

c. 当钢渣砂的实际颗粒级配不符合要求时,宜采取相应的技术措施,并经试验能确保工程质量后，方允许使用。

②技术指标

钢渣砂的技术指标应符合表5-3-8的规定。

表 5-3-8　钢渣砂技术指标

项目		指标
压碎值/%	≤	30
表观密度/(kg/m^3)	≥	2900
松散堆积密度/(kg/m^3)	≥	1600
空隙率/%	≤	47
坚固性(>300 μm的含量)/%	≤	8
金属铁含量/%	≤	2.0
浸水膨胀率/%	≤	2.0

(3)其他规范和标准

2015年发布的《公路路面基层施工技术细则》(JTG/T F20—2015)对工业废渣(包括钢渣)稳定材料的技术要求、配合比设计、施工技术等进行了规定。《钢渣混合料路面基层施工技术规程》(YB/T 4184—2009)、《钢渣石灰类道路基层施工及验收规范》(CJJ 35—90)、河北省地方标准《二灰钢渣混合料公路基层应用技术指南》(DB13/T 1383—2011)也对钢渣在路面基层中的应用技术、施工和验收规范作了规定和指导。

5.12.3.2　应用实例

(1)实例1——水泥稳定钢渣在凌源市道路建设中的应用[47]

水泥稳定钢渣做黑色路面基层在凌源市公路建设上已修建了近百公里，均取得了令人满意的效果。2004年在国道101线凌源穿城路和老宽线凌源南出口路的路面改建工程中，均采用了水泥稳定钢渣做路面基层。101线凌源穿城路段黑色路面改建工程全长13.1 km，设计标准为二级路，路面宽22 m，两侧镶砌路缘石。面层为沥青混凝土，厚度为7 cm，采用双层摊铺，上面层为3 cm，下面层为4 cm。路面设计容许弯沉值为0.86 mm。基层为水泥稳定钢渣，压实厚度为20 cm。该工程于2004年4月29日开工，于9月15日竣工。路面质量的跟踪检测表明，水泥稳定钢渣做路面基层，具有强度高、成型快、施工方便等优点。

(2)实例2——水泥稳定钢渣在娄涟二级公路中的应用[48]

①工程概述

娄(底)—涟(源)二级汽车专用公路是国道主干线京珠高速公路湘潭至耒阳的子项目，是湖南省湘中地区的重要干线公路。本项目第一合同K12+756～K21+60，采用水稳钢渣基层，其中K15+700～K15+900为试验路段。

②混合料的配合比设计

a. 水泥剂量的确定

综合考虑水稳钢渣的温缩性、干缩性以及经济性，最后，选定水泥剂量为5.0%。

b. 混合料配比确定

混合料的配合比设计采用水泥：钢渣=5.0：100。钢渣的最佳含水量为10.6%，混合料的最佳含水量为9.5%。混合料的最大干密度为$\rho_d=2.345\ g/cm^3$，其矿料的级配见表

5-3-9。基层拟采用20 cm厚水稳钢渣，集中拌合，摊铺厚度26 cm(初拟松铺系数为1.3)。

表5-3-9 钢渣级配表

项目	通过方孔筛(mm)的质量分数/%								
	37.5	31.5	19.0	9.5	4.75	2.36	1.18	0.6	0.075
实际使用	99.76	94.5	71.72	55.08	39.24	30.42	20.18	14.58	1.84
规范要求		100	83～98	55～75	39～59	29～49	20～40	12～32	0～15

③性能检测

试验路性能检测结果表明：水稳钢渣的7 d无侧限抗压强度高，可达到3.0 MPa；水稳钢渣基层的整体回弹模量均大于200 MPa；水稳钢渣施工中易于碾压，在相同的压实机械和压实遍数下，其压实度几乎都接近100%。

(3)实例3——二灰钢渣在河北平涉公路涉县段大修工程中的应用[49]

河北平(山)涉(县)公路涉县段大修工程中，路面结构的设计为15 cm石灰土+16 cm二灰碎石+22 cm水泥混凝土。E标段(井店—涉县第二中学)基层用的是16cm二灰钢渣。通过几年的运营，效果良好。施工工艺介绍如下。

①配比

二灰钢渣的组成为石灰：粉煤灰：钢渣=6：12：82。采用场拌法施工。

②铺筑

试铺。首先，铺筑了200 m二灰钢渣基层的试验段，确定了二灰钢渣的虚铺系数，确定了压路机的碾压遍数，振动压路机先碾压3～4遍，光轮压路机再静碾2～3遍。

摊铺及整平。在摊铺二灰钢渣时，每10 m于路中和两边分别用钢钎设标点，挂线控制摊铺厚度。为保证路边缘的压实效果，两边均要比设计宽度多摊出30～40 cm，且外侧用土打成20～30 cm宽，高度和二灰钢渣虚铺厚度一样高的土埂，以保证在碾压过程中，二灰钢渣不发生外移。为了便于控制路拱和平整度，采用半幅半幅地摊铺。摊铺和整平采用了推土机和平地机联合作业，如果能采用摊铺机摊铺，路面较宽的高等级路，采用两台摊铺机联合摊铺，效果会更好。需要注意的是：①左右半幅的摊铺时间间隔不要过长，否则，容易在路中留有施工缝，破坏基层的整体性；②二灰钢渣在路中容易出现粗料集中的离析现象；③最好用水准仪跟踪检查，便于控制标高及平整度。

碾压。碾压二灰钢渣和碾压其他基层一样，按常规方法进行碾压。需要指出的是，如另半幅二灰料没有及时摊铺到路上时，切不可碾压到路中线处，要留有一定宽度的二灰钢渣暂不碾压，等另半幅摊铺整好后，方可碾压，确保基层的整体性。实践证明，含水量略高于最佳含水量的2%～3%时，进行碾压，效果较好。这就要求在二灰钢渣拌合时，要掌握合适的含水量。终碾压宜用重型胶轮压路机快速碾压，以消除钢渣中颗粒形成的蜂窝。

养生。养生对路面基层的质量是至关重要的。二灰钢渣基层碾压好后，要切实做好养生，确保在养生期内，表面湿润。

(4)实例4——水泥粉煤灰稳定钢渣碎石在武汉市关葛一级公路中的应用[50]

①工程概述

武汉关葛一级公路起于武汉市关山(雄楚大街延长线与南环铁路立交桥西侧)，止于鄂州市葛店镇大湾村，与葛庙二级公路(规划拟改建为城市主干道)相接，全长23.2 km，双向四车道，轴载采用BZZ-100重型标准。在关葛一级公路第十三标段K22＋750～K23＋050右幅进行水泥粉煤灰稳定钢渣碎石底基层试验路段的施工。

②配合比设计

a. 钢渣碎石复合集料配合比设计

由于施工当地天然石屑供应量不足且石屑的质量不够稳定，因此考虑将钢渣取代天然石屑，与碎石组成复合集料使用。试验路所用碎石分为1#、2#两种不同级配，根据《公路沥青路面施工技术规范》(JTG F40—2004)中对于基层集料级配的相关要求，选取复合集料掺配比例为：1#碎石∶2#碎石∶钢渣＝35∶30∶35。

b. 水泥粉煤灰稳定钢渣碎石施工配合比设计

选取水泥粉煤灰稳定钢渣碎石底基层试验段施工配合比为：水泥∶粉煤灰∶钢渣碎石复合集料＝4∶10∶90，其中最佳含水量为8.0%，最大干密度为2.20 g/cm^3。

③施工工艺

水泥粉煤灰稳定钢渣碎石底基层试验段采用与水泥稳定粒料施工相同的拌合、摊铺、碾压全套设备。

a. 水泥粉煤灰稳定钢渣碎石的拌合工艺

水泥粉煤灰稳定钢渣碎石相比普通水泥稳定碎石拌合工艺，由于湿排粉煤灰的掺入，在拌合中应特别注意以下几个问题：

(a)由于采用的粉煤灰为湿排灰，故含水量过大。在配料前应堆放一段时间，充分滤出水分，再进行配料，以免粉煤灰堵塞下料口。

(b)在下料时对于粒径过大的粉煤灰结团，应派专人拣出或敲碎，以免碾压成型后，由于结团的粉煤灰不能充分与水泥反应，而导致基层整体性的破坏。

b. 水泥粉煤灰稳定钢渣碎石的摊铺工艺

水泥粉煤灰稳定钢渣碎石混合料运到工地后，用专用基层摊铺机进行摊铺。首先需要确定松铺系数，松铺系数一般在1.20到1.26之间，根据松铺系数与压实度对基层摊铺机相关工作参数进行调整。

c. 水泥粉煤灰稳定钢渣碎石的碾压工艺

水泥粉煤灰稳定钢渣碎石基层的压实度、平整度及强度与碾压有直接关系。碾压工艺应遵循先轻后重，由低位到高位、由边到中的原则，水泥粉煤灰稳定钢渣碎石基层的碾压分初压、复压和终压。

d. 水泥粉煤灰稳定钢渣碎石的养生工艺

碾压成型后的水泥粉煤灰稳定钢渣碎石基层，应及时封闭交通，以防止因车辆通行而破坏基层的整体结构，且要及时用洒水车洒水养生，保持湿度，宜采取薄膜覆盖洒水养生的方式，在碾压完成并压实度检查合格后立即开始，时间应不少于7 d，养生期间应派专人巡视，薄膜破损处应及时补水、更换，养生期间禁止重型车辆通行。

④水泥粉煤灰稳定钢渣碎石基层质量检测

水泥粉煤灰稳定钢渣碎石底基层铺筑完成后，对试验路段进行了跟踪监测，水泥粉煤灰稳定钢渣碎石底基层板块的整体性好，结构均匀致密，表面无离析与裂纹，这些特点优于普通水泥稳定碎石。对水泥粉煤灰稳定钢渣碎石底基层试验路进行了质量检测，包括压实度、弯沉值，并同普通水泥稳定碎石进行了对比。通过相关监测结果可以看出，水泥粉煤灰稳定钢渣碎石抵抗垂直变形的能力较好，具有较强的抵抗形变破坏的能力。

5.12.3.3 经济效益分析

以二灰钢渣代替二灰碎石为例分析钢渣用于道路基层和底基层的经济效益。修筑一条长 1 km 的公路，二灰碎石结构层 15 cm 厚，平均宽度为 10 m，需要碎石 1660 m^3，若以钢渣代替全部碎石，碎石价格 70 元/m^3，钢渣 50 元/m^3，则可节约工程造价 3.32 万元。

另外，钢渣在道路工程中的应用也可产生少占地的间接效益。若 1 亩地(1 亩=666.67 m^2)堆存 1 万 t 钢渣，每亩地按 20 万元价格计，则每吨钢渣的堆存成本在 20 元以上，由于道路工程钢渣消耗量大，因此每消耗万吨钢渣也可带来间接效益 20 万元。

但是，同时应当注意由于钢渣比重大，钢厂位置偏远等因素造成的钢渣运费较天然砂石大的影响，应确定钢渣合适的运输半径。

5.12.4 钢渣在道路面层中的应用

钢渣在道路面层中的应用主要包括在水泥混凝土路面和沥青路面中的应用，钢渣的使用可以提高路面的防滑、耐磨、透水等性能。目前，钢渣在路面面层中的应用正逐步展开。对于路面用钢渣的技术要求，国家和地方制定了相关规范和标准，钢铁企业可参照标准对本企业钢渣用于道路面层的可行性进行评估并对钢渣进行合理的处理处置。下面简单介绍这些标准和规范的内容和相关案例。

5.12.4.1 相关规范和标准

(1)《耐磨沥青路面用钢渣》(GB/T 24765—2009)

本标准主要规定了耐磨沥青路面用钢渣的规格和技术要求，适用于道路工程中具有较高耐磨要求的沥青路面。

①规格

钢渣的规格名称应符合 JTG F40 的规格。钢渣粗集料的粒径规格应符合表 5-3-10 的规定，钢渣细集料的粒径规格应符合表 5-3-11 的规定。

表 5-3-10 钢渣粗集料的粒径规格

规格名称	公称粒径/mm	通过下列筛孔(mm)的质量分数/%					
		19	13.2	9.5	4.75	2.36	0.6
S10	10～15	100	90～100	0～15	0～5	—	—
S11	5～15	100	90～100	40～70	0～15	0～5	—
S12	5～10	—	100	90～100	0～15	0～5	—
S13	3～10	—	100	90～100	40～70	0～20	0～5
S14	3～5	—	—	100	90～100	0～15	0～3

表 5-3-11 钢渣细集料的粒径规格

规格名称	公称粒径/mm	通过下列筛孔(mm)的质量分数/%							
		9.5	4.75	2.36	1.18	0.6	0.3	0.15	0.075
S15	0～5	100	90～100	60～90	40～75	20～55	7～40	2～20	0～10
S16	0～3	—	100	80～100	50～80	25～60	8～45	0～25	0～15

②技术要求

钢渣集料应为经稳定化处理的转炉或电炉钢渣，颗粒洁净、干燥、无杂质。钢渣集料技术要求应符合表5-3-12的规定，钢渣粗集料技术要求应符合表5-3-13的规定，钢渣细集料技术要求应符合表5-3-14的规定。

表5-3-12 钢渣集料技术要求

项目	技术指标
浸水膨胀率/%	≤2.0
金属铁含量/%	≤2.0
放射性	内放射指数≤1.0
	外放射指数≤1.0

表5-3-13 钢渣粗集料技术要求

项目	技术指标
压碎值/%	≤26
洛杉矶磨耗损失/%	≤26
表观相对密度	≥2.90
吸水率/%	≤3.0
坚固性/%	≤12
针片状颗粒含量(混合料)/%	≤12
小于0.075 mm颗粒含量/%	≤1
软弱颗粒含量/%	≤3
磨光值(PSV)	≥45
与沥青的黏附性/级	≥4

表5-3-14 钢渣细集料技术要求

项目	技术指标
表观相对密度	≥2.90
坚固性(>0.3 mm部分)/%	≤12
小于0.075 mm颗粒含量/%	≤3
棱角性(流动时间)/s	≥40

(2)《透水沥青路面用钢渣》(GB/T 24766—2009)

标准主要规定了透水沥青路面用钢渣的规格和技术要求，适用于道路工程中具有排水、降噪、防滑等功能要求的沥青路面。

①规格

钢渣的规格名称应符合JTG F40的规格。钢渣粗集料的粒径规格应符合表5-3-15的规定，钢渣细集料的粒径规格应符合表5-3-16的规定。

表 5-3-15　钢渣粗集料的粒径规格

规格名称	公称粒径/mm	通过下列筛孔(mm)的质量分数/%							
		31.5	26.5	19	13.2	9.5	4.75	2.36	0.6
S8	10～25	100	90～100	—	0～15	—	0～15	—	—
S9	10～20	—	100	90～100	—	0～15	0～15	—	—
S10	10～15	—	—	100	90～100	0～15	0～5	—	—
S11	5～15	—	—	100	90～100	40～70	0～15	0～15	—
S12	5～10	—	—	—	100	90～100	0～15	0～5	—
S13	3～10	—	—	—	100	90～100	40～70	0～20	0～5
S14	3～5	—	—	—	—	100	90～100	0～15	0～3

表 5-3-16　钢渣细集料的粒径规格

规格名称	公称粒径/mm	通过下列筛孔(mm)的质量分数/%							
		9.5	4.75	2.36	1.18	0.6	0.3	0.15	0.075
S15	0～5	100	90～100	60～90	40～75	20～55	7～40	2～20	0～10
S16	0～3	—	100	80～100	50～80	25～60	8～45	0～25	0～15

②技术要求

钢渣集料应为经稳定化处理的转炉或电炉钢渣，颗粒洁净、干燥、无杂质。钢渣集料技术要求应符合表 5-3-17 的规定，钢渣粗集料技术要求应符合表 5-3-18 的规定，钢渣细集料技术要求应符合表 5-3-19 的规定。

表 5-3-17　钢渣集料技术要求

项目	技术指标
浸水膨胀率/%	≤2.0
金属铁含量/%	≤2.0
放射性	内放射指数≤1.0
	外放射指数≤1.0

表 5-3-18　钢渣粗集料技术要求

项目	技术指标
压碎值/%	≤26
洛杉矶磨耗损失/%	≤26
表观相对密度	≥2.90
吸水率/%	≤3.0
坚固性/%	≤12
针片状颗粒含量(混合料)/%	≤12
小于 0.075 mm 颗粒含量/%	≤1

续表

项目	技术指标
软弱颗粒含量/%	≤3
磨光值(PSV)	≥42
与沥青的黏附性/级	≥4

表 5-3-19 钢渣细集料技术要求

项目	技术指标
表观相对密度	≥2.90
坚固性(>0.3 mm 部分)/%	≤12
小于 0.075 mm 颗粒含量/%	≤3
棱角性(流动时间)* /s	≥40

*棱角性(流动时间)试验可根据需要进行

(3)《道路用钢渣》(GB/T 25824—2010)

标准规定了沥青混合料用钢渣粗集料在不同等级公路面层应用时的技术要求，见表5-3-5。

(4)《水泥混凝土路面用钢渣砂应用技术规程》(YB/T 4329—2012)

本标准规定了水泥混凝土路面用钢渣砂的规格和技术要求。

①规格类别

钢渣按细度模数应分为粗、中、细三种规格，细度模数分别为：粗砂 3.7～3.1；中砂3.0～2.3；细砂 2.2～1.6。

②颗粒级配

颗粒级配应符合表 5-3-7 的规定。钢渣砂的实际颗粒级配除 4.75 mm 和 0.6 mm 的通过质量百分率外，可以略有超出，但超出总量应小于 5%。

钢渣砂的技术要求和试验方法应符合表 5-3-20 的规定。

表 5-3-20 钢渣砂技术指标与试验方法

项目名称	技术指标	试验方法
压碎值/%	≤30	GB/T 14684
表观密度/(kg/m^3)	≥2900	GB/T 14684
压蒸粉化率/%	≤5.90	YB/T 4201
金属铁含量/%	≤2.0	YB/T 4188

(5)《钢渣复合料》(GB/T 28294—2012)

武钢研发的钢渣复合料技术是以不需陈化的粒状钢渣与炼铁渣粉复合替代水泥及河沙，生产高强混凝土的钢渣高效资源化利用新技术，2014 年 7 月 20 日武汉首条绿色环保型钢渣复合料混凝土市政道路正式通车，相比传统水泥路面，钢渣复合料混凝土路面性能更好，造价与维护成本更低。

国家标准《钢渣复合料》规定了钢渣复合料的术语和定义、原料组成及要求、强度要求、技术要求、试验方法、检验规则、包装、标识、运输与贮存。这里仅介绍前四项规定的部分内容。

①术语与定义

钢渣复合料由钢渣与复合剂组成，根据具体要求进行配制，在使用现场计量混合使用。钢渣指转炉钢渣经稳定处理后，通过 4.75 mm 方孔筛的尾渣；复合剂是由矿渣、二水石膏、硅酸盐水泥熟料，按一定比例磨细制成的粉体材料。

②原料组成及要求

钢渣复合料钢渣与复合剂的组成为 1.5∶1，复合剂包括矿渣、适量二水石膏、0～25%硅酸盐水泥熟料。钢渣应符合 YB/T 022 要求；矿渣应符合 GB/T 203 的要求，其中玻璃体含量(质量分数)不低于 85%；石膏应符合 GB/T 5483 中规定的 G 类或 M 类二级(含)以上的二水石膏；硅酸盐水泥熟料应符合 GB/T 21372 中通用水泥熟料的要求。

③强度等级

复合料强度等级分为 SC32.5、SC42.5、SC52、SC62.5 四个等级。

④技术要求

a. 钢渣的技术要求

钢渣中 MgO 含量(质量分数)≤13%，碱度不小于 2.5，颗粒级配应符合表 5-3-21 规定。

表 5-3-21　颗粒级配要求

筛孔尺寸	累计筛余/%		
	级配区 1	级配区 2	级配区 3
4.75 mm	0	0	0
2.36 mm	35～0	25～0	15～0
1.18 mm	65～35	50～10	25～10
0.6 mm	85～71	70～41	40～16
0.3 mm	95～80	92～70	85～55
0.15 mm	100～85	100～80	100～75

注 1. 钢渣的实际级配与表中所列数字相比，除 4.75 mm 筛档外，可以略有超出，但超出量应小于 5%。

注 2. 1 区中 0.3 mm 筛孔的累计筛余可放宽到 100～80。

b. 复合料用复合剂技术要求

含水量(质量分数)≤1%，SO_3 含量(质量分数)≤4%；氯离子(质量分数)≤0.06%；烧失量(质量分数)≤5%；比表面积>350 m^2/kg，80 μm 方孔筛筛余(质量分数)≤5.0%。

c. 复合料技术要求

初凝时间≥45 min，终凝时间≤600 min；放射性物质应符合 GB 6566 的要求；沸煮稳定性检验应合格；除道路用混凝土外，压蒸安定性检验应合格；强度等级应符合表5-3-22的规定。

表 5-3-22　钢渣复合料强度等级要求

强度等级	抗压强度/MPa		抗折强度/MPa	
	3 d	28 d	3 d	28 d
SC32.5	≥10.0	≥32.5	≥2.5	≥5.5
SC42.5	≥17.0	≥42.5	≥3.5	≥6.5
SC52.5	≥23.0	≥52.5	≥4.0	≥7.0
SC62.5	≥28.0	≥62.5	≥5.0	≥8.0

(6)其他标准和规范

钢渣路面的施工和设计可参照《公路沥青路面设计规范》(JTG D50—2006)、《公路沥青路面施工技术规范》(JTG F40—2004)、《公路水泥混凝土路面施工技术细则》(JTG F30—2014)，以及由北京公路桥梁建设集团公司编写的《钢渣沥青混凝土路面施工工法》等规范和标准。《公路沥青路面施工技术规范》已将钢渣列为粗集料，经过破碎且存放期超过 6 个月以上的钢渣可作为粗集料使用，钢渣在使用前应进行活性检验，要求钢渣中的游离氧化钙含量不大于 3%，浸水膨胀率不大于 2%。还规定钢渣作为集料的沥青混合料应按现行试验规程(T 0363)进行活性和膨胀性试验，钢渣沥青混凝土的膨胀量不能超过 1.5%。

5.12.4.2　施工工艺和配合比设计

钢渣水泥混凝土路面和钢渣沥青路面与常规水泥混凝土和沥青路面施工工艺基本相同。

钢渣沥青混合料的配合比设计应遵循《公路沥青路面施工技术规范》的要求。同时，应注意钢渣的比重比天然碎石大，以及钢渣因颗粒表面粉化性及多孔的特点而沥青吸附量大的特点，在基于天然碎石沥青混凝土配合比设计时，应当将原料配比作适当调整。

《水泥混凝土路面用钢渣砂应用技术规程》(YB/T 4329—2012)规定钢渣砂在水泥混凝土路面细骨料中的应用宜根据实际情况予以调整，可以与天然砂混合使用，但钢渣在细骨料中的掺量不应小于 50%。用钢渣砂配制混凝土时，配合比除按 JGJ 55、JTG F30 或 CJJ 1 的相关规定外，还应符合下列规定：①为保证钢渣砂水泥混凝土的和易性，应适当提高钢渣砂水泥混凝土的砂率；②应采用体积法计算粗、细骨料用量。

5.12.4.3　应用实例

(1)钢渣水泥混凝土路面在柳州柳长路的应用

广西柳州北面的柳长路(209 国道)是广西柳州的重要出入口，属特重型交通，1997 年 8 月进行改造。改造工程从蔗鸪江路口至蔗鸪江加油站共长 500 m，宽 12 m，水泥混凝土路面，混凝土设计抗折强度为 4.5 MPa。铺粉煤灰钢渣砂混凝土的试验路段桩号：柳长路右半幅，K0＋095.3～K0＋186.3。粉煤灰钢渣砂混凝土配合比为：水泥 254 kg，粉煤灰 63 kg，砂 527 kg，钢渣 93 kg，碎石 1317 kg，水 146 kg，减水剂 2.536 kg。所用钢渣为经过 10 mm 筛孔筛分的转炉钢渣。取四组抗折强度，28 d 强度分别为 6.1 MPa、6.2 MPa、4.75 MPa、4.5 MPa，均达到设计要求。试验路段养护 14 d 后于 1997 年 9 月 4 日通车。1997 年 12 月～1998 年 1 月，柳州市建设工程质量检测中心对试验路路面进行取芯，检测其抗折和抗压强度，均满足设计要求。到目前为止试验路无裂缝，无露石，防滑槽清晰。

(2)钢渣沥青路面在武黄高速公路中的应用[51]

2003年武钢陈化3年的钢渣作为粗骨料成功应用于武黄高速公路大修工程豹澥段匝道,施工现场见图5-3-1。上面层采用SMA-13型钢渣混凝土,并且采用了PG 76-22型SBS改性沥青,图5-3-2所示为SMA-13级配设计曲线图。使用一个多月后,路面表层基本平整,表面粗糙,颗粒分布均匀;路面无拥包,无膨胀拱起现象,未出现开裂、松散等路面病害,表现出了良好的抗滑特性以及优良的路用性能。2010年,对该试验路面面层进行了检测,检测长度1 km,检测结果见表5-3-23、5-3-24。检测结果表明,此钢渣沥青面层在服役6年后,渗水结果与摩擦系数均表现良好,而且路面平整,少有遭受水害的痕迹。这也证明了钢渣作为粗骨料,与沥青的黏附性能好,不易被水剥离,也显示了钢渣优异的耐磨性能。

图5-3-1 武黄高速公路大修工程施工现场

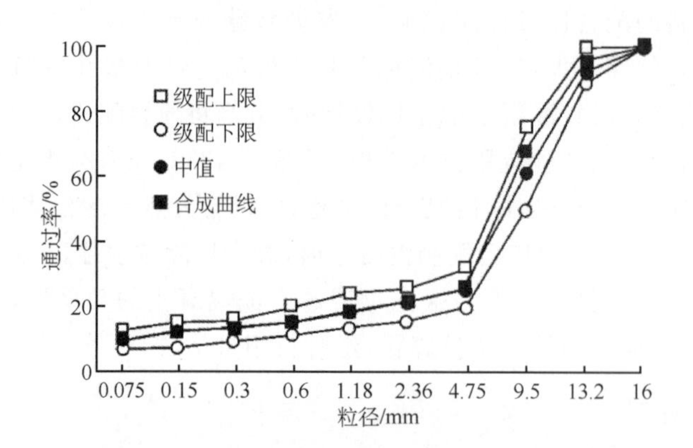

图5-3-2 武黄匝道试验段SMA13级配设计曲线图

表5-3-23 渗水试验结果(测量点均距中6 m)

编号	测点位置(距初始测量点)/m	渗水系数/(mL·min^{-1})
1	0	50
2	200	67
3	500	34
4	900	40

表 5-3-24 摆式摩擦系数测定仪测试摩擦系数结果(路面温度为 30℃)

距初始测量点/m	实测平均摆值/BPN	温度修正值/℃	平均摆值/BPN
0	53.6	3	56.6
200	51.2	3	54.2
400	51.8	3	54.8
700	51.6	3	54.6
900	55.0	3	58.0

(3)钢渣沥青混合料在雁栖湖联络通道路面工程中的应用[52]

①钢渣沥青混合料路面概述

北京雁栖湖示范区联络通道(京承高速—范崎路)(K3+631.11～K5+520.00)工程全长 1.89 km,其中道路工程长 1468.89 m,高架桥长 420 m。沥青路面结构层总厚为 18 cm,上面层采用 4 cm 厚的钢渣沥青混凝土 SMA-13。

②混合料配合比

钢渣沥青混凝土 SMA-13 目标配合比如表 5-3-25 所示。

表 5-3-25 钢渣沥青混凝土 SMA-13 目标配合比

钢渣 10～15 mm/%	钢渣 5～10 mm/%	机制砂/%	矿粉/%	纤维/%	油石比/%
46	33	10	11	0.3	5.5

③施工工艺

a. 运输。由于钢渣沥青混凝土的温度散失较快,所以在运输的过程中保温措施须严格到位。

b. 摊铺。钢渣沥青混凝土使用常规沥青混合料摊铺设备进行摊铺。根据路面宽度采用双摊铺机梯队工作且两台摊铺机应具有相同的摊铺能力,摊铺机间距不超过 20 m。钢渣沥青混合料温度散失比较快。开始摊铺沥青混合料前 1 h,应加热摊铺机的螺旋布料器和熨平板等有关装置,以减少对混合料降温的损失。

c. 碾压。由于钢渣沥青混合料的温度损失比较快,故在摊铺机摊铺后,须立即使用大吨位双钢轮压路机进行初压,此时不会对新铺筑的沥青混合料产生明显的推移作用,从而达到了在提高沥青混凝土路面压实度的同时,不会影响铺筑路面的平整度质量。

④应用效果

后期跟踪观测的试验也证明钢渣沥青路面性能优异,钢渣沥青路面的抗滑性能及抗水损害能力远远优于普通沥青路面。

(4)钢渣沥青混合料在乌鲁木齐市政道路工程中的应用[53]

①概述

2011 年 10 月,乌鲁木齐市北京路北延道路新建工程 S114 线立交处铺筑了一条长为 800 m、宽 7.5 m 的钢渣沥青混凝土试验段。该路段采用双面层结构,上面层为 4 cm 厚的 AC-13 细粒钢渣沥青混凝土,下面层为 7 cm 厚的 AC-20 中粒式钢渣沥青混凝土,成为新疆首条钢渣沥青混凝土路面。

②钢渣沥青混合料配合比

钢渣沥青混合料原材料主要有钢渣、粗集料(碎石)、细集料(天然砂、石屑)、矿粉、90 号道路石油沥青。钢渣作为代替部分碎石的一种粗集料。表 5-3-26 所示为该项目中的最佳掺配比例。

表 5-3-26 钢渣沥青混合料原材料掺配比例

混合料类型	各级料的掺配比例/%					最佳油石比/%
	碎石(10～20 mm)	碎石(5～15 mm)	钢渣	砂	矿粉	
AC-20C	36	12	15	31	6	4.2
AC-13C		44	15	34	7	5.3

③钢渣沥青混合料的路用性能

该试验路段钢渣沥青混合料和普通沥青混合料的马歇尔试验对比结果见表 5-3-27。钢渣沥青混合料和普通沥青混合料的高温稳定性、水稳定性、低温弯曲、渗水系数、抗滑性能、膨胀性能等路用性能试验对比结果见表 5-3-28。

表 5-3-27 钢渣沥青混合料马歇尔试验结果

混合料类型	钢渣掺量/%	沥青油石比/%	理论密度/($t \cdot m^{-3}$)	空隙率/%	饱和度/%	稳定度/kN	流值/mm
AC-20C	0	4.0	2.398	3.9	72.1	8.63	3.17
	15	4.0	2.592	4.2	73.7	11.59	2.87
AC-13C	0	5.0	2.360	3.7	70.1	8.27	2.77
	15	5.0	2.556	4.3	72.5	11.21	3.22
规范要求	密级配沥青混凝土高速公路、一级公路			3～6	65～75	≥8	1.5～4

表 5-3-28 钢渣沥青混合料路用性能结果汇总

混合料类型	钢渣掺量/%	动稳定度/(次/mm)	冻融劈裂抗拉强度比/%	残留稳定度/%	低温弯曲破坏应变/$\mu\varepsilon$	渗水系数/($mL \cdot min^{-1}$)	摩擦系数(BPN)	活性膨胀量/%
AC-20C	0	998	79.8	82.6	2613	91	47.4	0
	15	1442	89.9	87.8	2832	73	52.5	0.19
AC-13C	0	874	81.4	81.9	2617	104	48.6	0
	15	1321	92.9	90.9	2840	97	51.1	0.16
规范要求		≥800	≥70	≥75	≥2600	≤120	≥45	≤0.5

钢渣沥青混凝土混合料膨胀性能满足规范要求；钢渣沥青混凝土混合料的强度、水稳定性、高温性能、低温性能、抗永久变形能力均优于碎石混合料，尤其是钢渣沥青混凝土混合料的高温稳定性较强，可以在钢渣产地的旧路改造或者路面养护过程中充分发挥钢渣这一优势。

④试验工程实施及检测

在北京路北延道路新建工程 S114 线立交处中铺筑钢渣沥青混凝土混合料试验路。该试验路段全长 800 m，由新疆城建材料有限责任公司负责钢渣沥青混凝土混合料的生产，新疆城建股份(集团)有限责任公司进行现场施工。2011 年 10 月初完成了试验路的铺筑，10 月中旬完成了沥青混凝土上面层的铺筑。

试验路段采用集中厂拌法施工，开工前已对拌合设备和供料设备调试完毕，钢渣等各种原材料品质检验合格后，根据工程进度和所需数量预先准备好，提前运至拌合厂。

在试验段施工进行过程中，对钢渣沥青混合料的马歇尔稳定度、流值等进行了抽检，试验结果均满足《公路沥青路面施工技术规范》(JTG F40—2004)的相关技术要求。在试验路完工后，对压实度、厚度、平整度、弯沉、抗滑性能等进行了检测，结果见表 5-3-29。

表 5-3-29 试验路段现场检测结果汇总

检测项目	检测结果			规范要求
	合格率/%	总平均值	代表值	
压实度/%	100	98.2	97.3	不小于 96
厚度/cm	100	41.2	40.8	设计值的－5% 合格率＞95%
平整度/mm	100			
弯沉/(0.01 mm)	100	26.18	38.97	合格率＞95%
摩擦系数(BPN)	100	51.3		≥45
路面渗水/(mL·min^{-1})	100	不渗水		不大于 120

试验路现场检测结果表明，试验路施工达到了较高的施工工艺水平，平整度、弯沉等各项检测指标可以满足《公路工程质量检验评定标准》(JTG F80/1—2004)各项技术要求，路面强度较高，抗滑性能较好，路面密实抗渗。

5.12.4.4 经济效益分析

按修筑长 1 km、宽 10 m、厚度为 20 cm 的混凝土路面需要天然砂 980 m^3，钢渣 50 元/m^3，天然砂 75 元/m^3 计算，使用钢渣砂替代 50%天然砂，可降低工程造价 1.225 万元。

按实例中表 5-3-26 中的配合比计算，1 t SMA-13 型沥青混凝土使用钢渣 0.76 t(完全代替碎石)。1 m^3 钢渣沥青混合料按 2.6 t 计，则每立方米钢渣沥青混合料使用钢渣 1.976 t。若 1 t 钢渣可代替 1 t 天然集料，按钢渣 30 元/t，玄武岩碎石 190 元/t 计算，每立方米沥青混合料成本可降低 316.16 元。同时考虑到钢渣沥青混合料的最佳油石比比玄武岩碎石沥青混凝土高，这里取高 1%，即设玄武岩碎石沥青混凝土最佳油石比为 4.5%，可计算得出每立方米钢渣沥青混凝土多使用沥青 0.0246 t，按沥青价格 2300 元/t 计算，每立方米沥青混合料成本会增加 56.68 元。综合以上计算，每立方米钢渣沥青混合料成本降低 259.48 元。修筑长 1 km、宽12 m、厚 4 cm 的钢渣沥青混凝土路面上面层需要沥青混凝土 480 m^3，则使用钢渣 948.5 t，降低工程造价 12.5 万元。

国内外工程实践已经表明，钢渣代替石灰岩和玄武岩用于沥青混凝土路面具有更优的路面性能。由以上分析可知，钢渣用于沥青路面，特别是在高等级公路路面中代替高档石材玄武岩、辉绿岩碎石等具有更好的经济效益，且目前我国高等级公路路面 90%以上采用沥青路面，因此，钢渣用于沥青路面将发挥更大的经济价值。

和用于道路底基层和基层一样，钢渣用于道路路面面层也可带来节约土地的间接效益，同时也应考虑钢渣运输成本高的影响。

5.12.5 钢渣在道路工程中应用存在的问题和解决措施

5.12.5.1 钢渣稳定性差

钢渣中含有一定量的游离 CaO 和 MgO，这两种成分遇水反应生成 $Ca(OH)_2$ 和 $Mg(OH)_2$

而产生体积膨胀，由于上述成分膨胀作用，使用时会造成道路开裂而破坏，导致严重后果。因此钢渣在使用前必须满足稳定性要求。目前，我国对钢渣稳定性的规定有两项指标，即浸水膨胀率和压蒸粉化率，浸水膨胀率测定方法适用于道路路基和基层材料用钢渣、沥青路面集料用钢渣、工程回填用钢渣，压蒸粉化率方法适用于建筑砂浆、建材制品及混凝土中的钢渣。具体测定方法由国家标准《钢渣稳定性试验方法》(GB/T 24175—2009)规定。标准《道路用钢渣》规定用于道路的钢渣的浸水膨胀率必须小于2%。传统的熔融钢渣的处理方式冷弃、热泼等不能满足降低渣中游离CaO和MgO，使钢渣浸水膨胀率必须小于2%的要求。而一些新型的处理方式如风淬、滚筒和热闷对降低渣中游离CaO和MgO，改善钢渣稳定性有很好的效果。对于传统的冷弃、热泼渣在道路工程中应用前必须经过长时间的陈化处理。如美国西弗吉尼亚和宾夕法尼亚州明确规定，钢渣在用作骨料时必须浸水堆存6个月以上，在使用之前还须作稳定化测试。除了自然堆存的方法外，改善钢渣稳定性还可采取以下几种方法：

(1)钢渣的热态调质

德国一些钢铁厂往高温液态钢渣中加入氧气和石英砂，使 *f*-CaO 熔解并化学结晶，该工艺使 *f*-CaO 降到1%以下，该工艺装置图见5-3-3。同时经处理后的体积膨胀小于0.5%，而未经处理渣的体积膨胀为5%～6%，二者相差10倍。我国台湾中钢公司也跟进了该项技术，并在工业上取得成功。该法的原理是将石英砂加入至液态渣中。为使添加物均匀分布及充分透彻的混合，常采用载体。当采用氧气做为载体时，可在铁及铁化合物氧化时释放热，这部分热量对于添加物的完全熔融具有重要的意义。随后转炉钢渣的冷却亦采用在渣床上空气冷却的方式。通过该法得到的渣可称之为粒化钢渣。采用该法时，其化学反应式为：

$$O_2 + 4FeO \longrightarrow 2Fe_2O_3 + \text{能量}$$

$$2f\text{-}CaO + SiO_2 \longrightarrow 2CaO \cdot SiO_2$$

$$2f\text{-}CaO + Fe_2O_3 \longrightarrow 2CaO \cdot Fe_2O_3$$

同样，国内学者也研究了在熔融钢渣中添加粉煤灰来改善钢冷态钢渣的稳定性，实验结果表明，钢渣中的 *f*-CaO 和 *f*-MgO 与粉煤灰中的 SiO_2、Al_2O_3 反应，降低 *f*-CaO 含量，提高了钢渣的稳定性。

图5-3-3　德国蒂森克虏伯和比利时玛丽蒂姆钢铁公司钢渣处理车间

(2)加速陈化

除自然陈化外,为了加速陈化,缩短陈化时间,日本开发了温水陈化、蒸汽陈化和蒸汽加压陈化法,日本许多钢铁公司已建有蒸汽陈化钢渣设施。图 5-3-4 所示为日本钢渣蒸汽陈化处理现场。同时,日本川崎钢铁公司研究了蒸汽陈化最合适温度及蒸汽中混有 CO_2 时的作用。研究结果表明,蒸汽中添加少量 CO_2(体积分数约 3%),陈化速度增加一倍。

(a)日本露天蒸汽式钢渣陈化处理

(b)日本加压蒸汽钢渣陈化处理

图 5-3-4　日本钢渣加速陈化现场

(3)添加掺合料

在钢渣综合利用过程中,同时掺加一定数量的矿渣、粉煤灰等掺合料,能有效抑制 *f*-CaO 和 *f*-MgO 水化产生的体积膨胀[54]。

据报道,日本 NKK 钢铁公司意外发现在渣中添加高炉水渣微粉可抑制由 *f*-CaO 引起的膨胀[55],他们研究认为,在转炉钢渣中添加高炉渣微粉,钢渣间隙内高炉水渣微粉受到从钢渣中溶出的 Ca^{2+} 碱性刺激,排放出 SiO_3^{2-},发生反应:

$$i\mathrm{Ca}^{2+}+m\ \mathrm{SiO}_3^{2-}+n\mathrm{OH}^-=\!=\!=i\mathrm{CaO}\cdot m\mathrm{SiO}_2\cdot n\mathrm{H}_2\mathrm{O}$$

反应生成的 $i\mathrm{CaO}\cdot m\mathrm{SiO}_2\cdot n\mathrm{H}_2\mathrm{O}$ 抑制了产生膨胀因素的 $Ca(OH)_2$ 的产生。以钢渣间隙中高炉水渣微粉粒子表面为中心,在渣表面自由能下降部位析出并长大,使钢渣在做建材使用时不膨胀。他们发现,添加高炉水渣微粉作水浸膨胀试验,水浸膨胀率低于蒸汽陈化处理过的钢渣,而且添加高炉水渣微粉抑制钢渣膨胀效果可长期持续下去。该公司添加10%高炉水渣微粉钢渣作道路底基材料做试验,道路的施工性和 8 个月后使用性能都获得良好的效果[55]。

5.12.5.2　钢渣中的重金属元素的浸出可能造成的环境危害

钢渣中含有微量的重金属元素(包括 Cr、Cd、Ni、As、Zn、Mn、Pb 等),在道路工程中应用时在雨水长期冲刷和浸泡的条件下,可能浸出而污染周边土壤和水体。因此,钢渣用于道路工程,应当考察其对周围环境的影响。德国、西班牙、奥地利等欧洲国家对用于道路的钢渣的毒性浸出浓度或重金属含量有限定要求,在奥地利,钢渣沥青混凝土不能在地下水需要特殊保护的区域使用。德国每年要求对用于道路和水利工程的钢渣做两次浸出毒性测试,测试方法采用的是德国标准 DIN 38414 中规定的 DEV-S4 水槽浸出法,浸出限值要求如表 5-3-30 所示[56]。表 5-3-31 所示为奥地利对用于钢渣沥青混凝合料的钢渣中的重金属含量进行了限定。

不同产地和种类的钢渣重金属含量不同，因此，重金属的浸出量不同。虽然国内外的实验研究和工程实践表明钢渣用于道路工程对周围土壤和水体环境的影响较小，但是对于重金属含量较高的钢渣如不锈钢钢渣在应用前应当对重金属的浸出情况进行考察，在使用过程中应当加强监测和管理。

表 5-3-30　德国钢渣骨料浸出物浓度限值

参数	钢渣		
粒度	道路工程	水利工程	
		＜60 mm	＞60 mm
pH 值	10～13	11	10
电导率/(mS/m)	500	80	60
Cr/(mg/L)	0.03	0.03	0.03

表 5-3-31　奥地利钢渣沥青混合料钢渣重金属含量限值

重金属种类	含量限值/(mg/kg)
Cd	1.1
总 Cr	2500
Mo	50
Ta	50
W	450

5.12.6　钢渣在道路工程中应用的适应性

在道路工程中应用的钢渣类型包括转炉渣和电炉渣。钢渣在道路工程中应有的适应性主要关心的是钢渣级配能否满足级配要求。一些钢渣处理方式如风淬、水淬、粒化轮产生的钢渣颗粒较细，主要以 4.75 mm 以下的颗粒为主，则级配不适宜用于作道路工程的粗骨料，也不适宜用于钢渣桩。

5.12.7　对钢企钢渣管理的建议

由于钢渣用于道路工程对钢渣的级配和性能有具体要求，且要求颗粒洁净、干燥、无杂质，因此对钢企钢渣堆存和管理提出以下几点建议：

(1)钢渣生产厂家应根据自身条件选择合适的陈化方法，对于使用自然陈化的钢厂，对于陈化了的钢渣建议采用条推法进行管理，即按生产时间有序堆放和取用钢渣，以保证控制游离氧化钙的含量。在钢厂钢渣处理方式改造时，可考虑使用热闷、滚筒等可有效降低渣中 *f*-CaO 和 *f*-MgO 的处理方式。

(2)不同级配的钢渣分开堆存，减少路用时的筛分过程。

(3)堆存过程中加强管理，避免混入过多杂质和灰尘，在多雨地区，对已陈化合格的钢渣，可考虑设防雨水冲刷设施，保持干燥。

(4)用于沥青路面面层的钢渣碎石生产时建议采用颚式破碎机作为粗破、圆锥破碎机为二级破，反击式破碎机作为终破。

5.13　钢渣在建筑工程中的应用

钢渣在建筑工程中的应用仍然利用了钢渣坚固耐磨并有一定胶凝活性的性质，在工程建设中代替部分天然砂石，主要用于加固软土地基和作工程回填材料。

5.13.1　钢渣桩在加固建筑物软土地基中的应用

5.13.1.1　概述

钢渣桩加固软土地基是在软弱地基中用机械振动成孔，填入固化剂，钢渣形成单独的桩柱。经反复振动、压实，形成挤密钢渣复合地基。它类似于碎石桩，通过挤密地基土，以提高地基承载力；而又不同于碎石桩，它能独立成型，不会像碎石桩那样在粉质土中产生滑移，加固效果比碎石桩及深层搅拌桩好，并且废物利用，价格便宜[57]。在日本，钢渣挤密砂桩已大量在港口建设中使用。日本一些当地政府为节约资源和环境保护禁止濑户内海及其他海域海砂的开采，因此，钢渣作为挤密砂桩的填充材料的使用量快速增长。

5.13.1.2　设计要点

钢渣桩的设计类似于碎石桩，需同时满足：①基底压力 $P<$ 地基承载力 f_{sp}；②建筑物的最终沉降量 $s<[s]$。

由此，钢渣桩的计算要点如下：

(1)根据地基承载力 f_{sp} 与单桩承载力 f_P、桩间土承载力 f_s 之间的关系公式，算出钢渣置换率 m。

(2)由置换率 m 代入加固地基的压缩模量的计算公式，算出加固地基的压缩模量 E_{sp}。

(3)用容许的最终沉降量 $[s]$，计算出所要加固地基的钢渣桩深度 H。

(4)根据置换率 m 与钢渣桩深度的乘积得出钢渣总投料量 W。

(5)把总投料量 W 除以桩总数得出每根桩的投料量。

在实际设计中要注意两个问题：首先，实际投料量要大于计算投料量，原因是振冲打桩的过程中钢渣不断地向桩间土扩散。除暗洪外，一般的淤泥质黏土可取充填系数为 1.3 左右。第二个要注意的问题是，在计算理论沉降量时，应考虑到在打桩成型后，钢渣向周围土的膨胀作用，明显使桩间土含水量降低，E_s（桩间土的压缩模量）显著提高。由此复合地基的压缩模量可按下式(5-3-1)计算：

$$E_{sp}=[1+m(n-1)]E_s \tag{5-3-1}$$

式中，m 为置换率；n 为桩土应力比。

5.13.1.3　对钢渣材料的要求

钢渣桩填筑的钢渣材料产品有严格的要求，理想的钢渣混合料应采用堆存一年的陈渣，最大粒径不应大于 50 mm，粒径大于 20 mm 的颗粒含量不宜超过 40%，天然含水率一般为 3.5%～5.8%，施工时应控制的最大干密度范围为 2.1～2.4 g/cm³，最佳含水量范围为 7.0%～13.5%[58]。工程实践表明，钢渣填料按粗料（$d>10$ mm）与细料（$d\leqslant 10$ mm）体积比

2∶1 配制效果较好。这种配比制成的钢渣桩其密实度与完整性均较好。一些钢渣处理方式如风淬、粒化轮、水淬产生的钢渣颗粒较细，主要以 4.75 mm 以下的颗粒为主，则级配不适宜用于钢渣桩。

5.13.1.4 施工工艺流程[59]

(1)桩管垂直就位；

(2)同步锤击内管与外管下沉到桩设计标高；

(3)同步拔出内管及外管一定高度(一般为 1.0 m)，之后拔内管直至可填料窗口露出，并从外管窗回填料；

(4)锤击内管，使之与内管齐平。

重复(3)～(4)工序直至桩管拔出地面，见图 5-3-5。

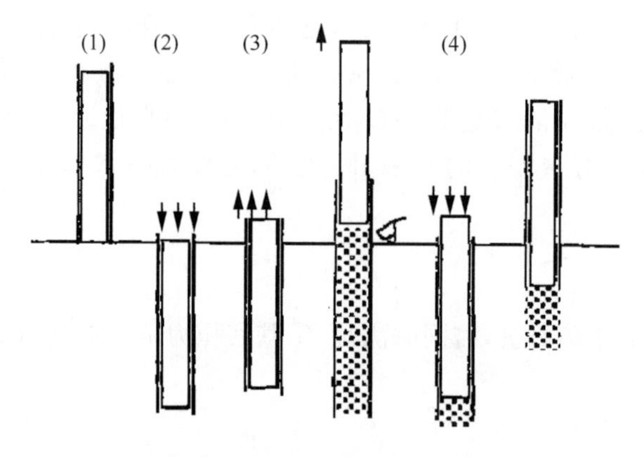

图 5-3-5 钢渣施工工艺示意图

5.13.1.5 应用实例——钢渣桩复合地基在石钢连轧工程建设中的应用[60]

(1)工程概况

石家庄钢铁公司 60 万 t 棒材连轧工程，主厂房建筑面积 31000 m^2，轧制线位于 5 m 平台上，全套设备由意大利 Pimini、德国西门子引进。由于整个生产线全长 400 m，荷载大，振动大，沉降要求严格，只有沉降均匀且控制在要求的范围内，才能保证正常生产。该工程采用了钢渣桩复合地基处理技术，使用钢渣 27000 m^3，减少堆放占地 9 亩，2000 年该工程竣工投产后，生产线很快达产达效，钢渣桩复合地基处理技术达到了预期效果，满足了设备对地基的使用要求。

(2)桩身材料选用

选用：钢渣采用转炉及电炉钢渣，熟化期＞3 个月；级配：粒径＜20 mm 的细骨料及 20～100 mm 的粗骨料按 1∶2 体积比配合，做到大小级配均匀。

(3)钢渣桩的选用

①原土层地基条件与使用要求

施工场地原土层的地基条件见表 5-3-32(场地自然标高平均值 71.3 m)。

表 5-3-32　施工场地原土层的地基条件

地层编号	岩性名称	层厚/m	层底埋深/m	承载力标准值/kPa	压缩模量标准值/MPa
①	杂填土	0.8～0.13	0.8～1.3		
②	素填土	局部有 0.5～1.0	0.8～1.8		
③	非自重湿陷性黄土	2.0～4.0	0.8～4.9	110	4.5
④	非湿陷性黄土粉状土	0.6～3.0	3.6～6.1	150	7.0
⑤-①	软塑状粉质黏土	局部有 0.8～2.7	5.3～7.9	100	4.0
⑤-②	坚硬状粉质黏土	局部有 0.5～1.8	5.5～8.1	300	18.0
⑥	黏质黏土	1.4～4.1	6.2～8.8	160	7.0
⑦	粉土	1.5～5.5	8.3～11.6	200	10.0
⑧	粉细砂	1.0～3.5	9.5～13.4	150	9.0

连轧工程原土持力层选为③层非自重湿陷性黄土，承载力标准值 $f_k=110$ kPa，压缩模量 $E_s=4.5$ MPa。根据设备及土建资料要求，轧机区承载要求在 $f_k \geqslant 250$ kPa，压缩模量 $E_s \geqslant 15$ MPa，装辊间及冷却区 $f_k \geqslant 200$ kPa，压缩模量 $E_s \geqslant 12$ MPa，需对地基进行处理。

②钢渣桩的构造和布置

以 $f_k=250$ kPa 为例桩的布置采用正三角形，桩径 $D=426$ mm；桩长进入本工程的第⑦层土（粉土层）500 mm，桩顶高出第③层土（非自重湿陷性黄土）500 mm，桩长 $H=7.5$ m，桩顶标高定为-1.5 m。桩距 L 的选定：根据以前相似地层工程的经验，钢渣桩的单桩承载力标准取 $f_p=760$ kPa；地基土经过挤密后桩间土标准值 $f_s=160$ kPa；按设计要求复合地基承载力标准值 $f_{sp}=250$ kPa，根据公式：$f_{sp}=mf_p+(1-m)f_s$，将上述数值代入上式得置换率 $m=15\%$，按正三角形布置，桩距 $L=1.2$ m，排距$=1.0$ m。按上述布桩形式进行试桩，待一个月后桩体已固结，用静载荷试验对桩基进行复合地基试验，$f_p=830$ kPa；对桩基进行单桩试验，$f_s=180$ kPa；对桩基进行桩间土试验，$E_s=20$ MPa，全部符合设计要求。据此，本工程的钢渣桩采用了桩径 $D=426$ mm，桩长 7.5 m 的 7550 根，桩长 5.5 m 的 8735 根，桩顶标高均为 69.5 m。

(4)钢渣桩的施工

①施工流程

场地平整→桩位测量定位→打桩机进入桩位→沉管→拔管→填料→夯实→成桩。拔管、填料、夯实、成桩过程重复进行。

②施工要点及质量控制

a. 桩位定点

用经纬仪测得各桩中心点，在该点用直径 20 mm 钢钎入土约 20 mm，拔出钢钎后灌石灰定点，桩孔中心偏差不大于 5%。

b. 成孔

(a)桩机就位必须平衡，桩管对中桩孔。

(b)沉管开始阶段应轻击慢沉，待桩管方向稳定后再按正常速度下沉，仔细观察并记录沉管过程，如有异常及时处理。常见的异常情况：桩管遇障碍物打不下去，这时需先排除障碍物，再继续施工；个别桩位沉管速度异常快或慢，可通过调整桩间距来解决。

(c)成孔后要检查桩孔质量，观测孔位和深度偏差。孔中心偏差不超过桩距设计值的5%，桩孔垂直偏差不大于1.5%，桩孔直径误差不得超过±5 mm。

c. 成桩

(a)夯实机就位后保持平衡，夯锤对中桩孔，能自由落入孔底。

(b)采用人工填料，钢渣须先倒入准备好的钢板上，以防铲料时混入泥土，应由专人按数量均匀填送，不允许送料车直接将钢渣倒入孔中。

(c)必须保证所填钢渣的充填系数，对于桩顶下4 m充填系数应为1.9、4 m以下充填系数为1.6，平均值≥1.8(充填系数＝填入桩中的钢渣天然密实体积/夯实后钢渣体积)。填料时应先填料夯实后拔管，每次夯实高度控制在1.0 m，夯击过程中不得随意拔管，保证每段桩的夯实效果，同时对每一桩孔实际填料数量和夯填时间进行记录分析，以保证每根桩的夯实效果。

(5)钢渣桩的检测

钢渣桩施工完毕后，需要至少一个月的固结过程后进行检测。应用静力载荷试验采用动力触探标准贯入法，检测内容同前述试桩时的桩检测。经检测完全满足设计要求。

(6)实施效果及经济效益分析

表5-3-33和表5-3-34分别列出了混凝土灌注桩和钢渣桩的性能对比以及所需时间和费用，由表5-3-33和表5-3-34可以看出，该连轧工程采用钻孔灌注混凝土桩或钢渣桩均可满足使用要求，采用钢渣桩后，工期缩短，投资节约，而且施工所用材料为废钢渣，可就地取材，保护了环境。从方案对比中可以看出，原设计概算投资535万元，采用钢渣桩后实际投资172万元，节省工程投资363万元。另外，采用钢渣桩复合地基技术，工期提前2个月，工程早投产2个月。

表5-3-33 混凝土灌注桩和钢渣桩的性能对比

	承载力/kN	作用形式	耐久性	对环境影响	适用范围
混凝土灌注桩	单桩可达 4×10^6	单桩、群桩	50年以上	对地下环境无污染	地下水位以上黏性土、粉土、黄土及沙土层
钢渣桩	可达原土层承载力达 8×10^6	复合地基	50年以上	对地下环境无污染	地下水位以上黏性土或粉质黏土、黄土、可含少量砂性土

表5-3-34 采用混凝土灌注桩和钢渣桩所需时间、费用

	设计时间/月	试桩时间/月	施工工期/月	设计、试桩费用/万元	施工费用/万元	总工期/月	总费用/万元
混凝土灌注桩	0.5	1.5	3	25	510	5	535
钢渣桩		1.5	1.5	25	147	3	172

5.13.2 钢渣用于工程回填

5.13.2.1 概述

钢渣的物理力学性能与天然碎石较为接近，可以代替砂、石用于地基回填，且钢渣具有一定的水硬活性，作为地基回填材料，钢渣比碎石能更好地提高地基的承载能力和变形模量。

5.13.2.2 工程回填对钢渣的技术要求

冶金行业标准《工程回填用钢渣》(YB/T 801—2008)对回填用钢渣的技术要求包括：粉化率的测定值波动上限不大于5%，浸水膨胀率不大于2%，最大粒径不大于90 mm，金属铁含量不大于2%。

5.13.2.3 施工工艺

施工工艺可参照《土方回填施工工艺标准》进行。

5.13.2.4 应用实例——钢渣回填技术在奥运公园地下车库工程中的应用[61]

(1)工程概述

北京奥林匹克公园中心区地下车库工程位于北京奥林匹克公园中区，是一高水平、高标准、符合长期良性运营的奥运设施。车库地下两层，可提供标准车位1037个，同时还考虑了轻型客货车的停放，共设置6个与城市道路连接的车辆进出口。

地下车库工程总用地面积28050 m^2，总建筑面积37500 m^2，其中地上建筑面积900 m^2，地下两层共36600 m^2(地下一层为19050 m^2，地下二层为17550 m^2)。地下一层高4.8 m，地下二层高4.4 m。钢筋混凝土框架结构，梁板式筏型基，槽底标高－12.20 m，埋深13.70 m。基础筏板厚500 mm，基础地梁550 mm×1600 mm。

(2)钢渣回填施工

①回填要求

本工程主要为地下结构，基础埋深标高低于抗浮设防水位标高，且结构自重较小，需要采用压重法抗浮，因此，地下二层房心采用钢渣压重回填。设计要求钢渣容重≥2400 kg/m^3，压实系数不小于0.94。本工程回填高度最深处为低跨处3.14 m，最浅处为高跨处0.5 m，回填面积约18761 m^2，预计用钢渣4.3万 m^3。所使用钢渣为首钢陈化3年的钢渣。

②施工方法

基础底板清理→测量标高并放标高控制线→分层虚铺钢渣→耙平、洒水→机械夯实→虚铺上一层钢渣。

③施工工艺

a. 到场钢渣应级配均匀，且不应有大块及杂质。经验收合格后运至回填部位。

b. 到场从高处倾倒至坑槽内时，容易出现粒料与粉料分散离析现象，用铲车翻拌均匀后再摊铺至工作面。

c. 钢渣宜随拌合、随运送，随摊铺、随夯压密实。

d. 钢渣到达地下二层后，先将下料口部位按回填要求填满，然后逐步向两端回填，逐步形成施工平面以便机械回填。

e. 钢渣分层回填，在回填地梁内的钢渣时每层钢渣虚铺厚度为300 mm。当地梁仓内填满后钢渣的虚铺厚度为500 mm。

f. 分层摊铺时，应在下层压实后立即摊铺上层料。在摊铺上层料前，宜将下层表面洒水湿润。

g. 夯、压实前应在钢渣表面采用洒水器适量洒水，使钢渣表面润湿。

h. 视不同条件选择夯、压实工具。作业面较大时宜采用 5～10 t 的压路机碾压，也可用蛙式打夯机等机械夯实；当作业面较小用蛙式打夯机时，应保持落距为 400～500 mm，要一夯压半夯全面夯实，一般不少于 3 遍。采用压路机往复碾压，一般碾压不少于 4 遍，其轮迹搭接不小于 500 mm，边缘和转角处应用人工或蛙式打夯机补夯密实。

i. 由于工作间断或分段施工，衔接处可留出 2～10 m 长度不夯、压实；也可先将接头夯、压实，待铺下段时，再挖松、洒水、整平、重新夯压密实。

j. 施工时应分层找平，夯、压密实，按批检验压实系数。最后应夯、压实至表面平整无明显夯、压实印迹。表面应拉线找平，并符合设计标高。

5.13.3 钢渣在建筑工程中利用存在的主要问题和建议

钢渣用于工程回填仍然需要关注的是钢渣的稳定性问题。一些钢铁企业在工程建设过程中，采用了钢渣作为地基回填材料，由于钢渣的膨胀性，对地基上部的结构产生了不利影响和危害。如某钢厂水处理站 1993 年建设中采用钢渣回填，到 2003 年，墙体出现严重裂缝，危及结构安全。又如在 1987 年，南非在修建邓斯沃特大桥时采用了钢渣加筋土地基，钢渣粒度小于 75 mm。到 1998 年，桥体出现裂缝（如图 5-3-6 所示），但还未影响桥整体结构，可以进行修复。因此，用钢渣回填地基，必须确保其稳定性满足要求，同时应充分考虑工程性质、地质条件和房屋结构特点，慎重处理。

图 5-3-6 邓斯沃特大桥裂缝

5.13.4 钢渣在建筑工程中利用的经济效益分析

钢渣桩的经济效益分析在实例中已有所体现，在此不再赘述。钢渣在工程回填中的利用仍然是以钢渣代替碎石或砂砾石。以本节实例为例，使用钢渣 4.3 万 m^3，若钢渣全部代替碎石和沙砾石，钢渣按 30 元/m^3，碎石和沙砾石以 60 元/m^3 计，则可节省投资 129 万元。同时腾出 100 亩地，按每亩地 20 万元计，可为钢铁企业节省土地费用 2000 万元。

5.14 钢渣用于配烧水泥熟料

5.14.1 概述

钢渣的主要化学组成是 CaO、SiO_2 和 Fe_2O_3，具有类似水泥熟料的化学组成，且钢渣中的 FeO 和 F 在锻烧中可以起到一定的矿化作用。用钢渣来配烧熟料时将会减少 $CaCO_3$ 的分解热耗。同时，钢渣的“诱导结晶”作用还会改善熟料的锻烧过程，提高熟料性能，所以从理论上分析可用钢渣来配烧水泥熟料[62]。据统计，美国 2009 年和 2010 年用于生产水泥熟料的钢渣量分别为 16.9 万 t 和 23.8 万 t，约占钢渣总产量的 2%。

钢渣主要用来配烧硅酸盐水泥。Monshi 等用高炉渣、回收废钢后的钢渣及石灰成功烧制了抗压强度达本国Ⅰ级标准的波特兰水泥[63]。Tsakiridis 等在生料中掺入 10.5%的钢渣烧制波特兰水泥，结果表明钢渣的掺入不影响水泥熟料的质量[64]。国内的中冶建筑研究总院、湘钢、鞍钢、安钢、宝钢等企业都开展了利用钢渣替代部分生料生产硅酸盐水泥熟料的应用研究，研究结果表明，在生料中加入 10%左右的钢渣烧制水泥熟料完全可行，且可提高熟料的易烧性，降低煤耗，节省矿化剂，提高水泥产量和质量。另外，用不锈钢钢渣配烧水泥熟料时，渣中的铬酸钙可以作为水泥矿化剂使用，缩短水泥凝结时间，且在高温烧制过程中，窑内产生的还原性气体可将六价铬还原成三价铬，在水泥水化胶凝阶段还能实现对六价铬的固化作用，实现无毒化和稳定化处理。

钢渣也可用来配烧抗硫酸盐水泥熟料。抗硫酸盐水泥熟料中有较少的 C_3A（铝酸三钙）和适当的 C_3S（硅酸三钙）矿物，相反需要有较高耐腐蚀的 C_2S（硅酸二钙）和具有良好抗硫酸盐腐蚀的 C_4AF（铁铝酸四钙）矿物含量。熟料中 C_3S 含量的控制可通过提高或降低生料中石灰石的比例，从而提高或降低 CaO 的含量来实现。降低 C_3A（$C_3A=2.65(Al_2O_3-0.64Fe_2O_3)$）的含量有两种途径：一是提高 Fe_2O_3 的含量，二是降低 Al_2O_3 的含量。要满足中抗、高抗硫酸盐水泥 C_3A 分别≤5.0%和 3.0%的需要，现有技术 Fe_2O_3 就要提高到 4.5%以上，含铁原料铁粉的配比就要由 5.0%提高到 8.0%。转炉钢渣含 Fe_2O_3 较高，Al_2O_3 较低，同时含有 40%左右的 CaO，在生料配料中，不需要通过大幅度提高 Fe_2O_3 含量、增大 C_4AF 矿物的含量来降低熟料中 C_3A 的含量，而只通过降低 Al_2O_3 的含量就能容易地降低 C_3A 的含量，使抗硫酸盐熟料的生产变得更为容易。在生产过程中，由于熟料中 Al_2O_3、Fe_2O_3 的相对含量降低，铝氧率和硅酸率提高后，液相量相对降低，熔剂性矿物含量相对减少，烧结范围相对变宽，减少或避免了预热器的结皮堵塞和回转窑的结球、结圈。酒钢已形成了《利用转炉钢渣生产抗硫酸盐水泥的方法》专利技术（专利号：CN102730991A），钢渣的掺入量可达到 14%～18%，其生产的 42.5 级钢渣抗硫酸盐水泥被列入 2013 年度国家重点新产品计划。

5.14.2 对钢渣的技术要求

钢渣主要用来配烧硅酸盐水泥熟料，主要作用是代替铁粉和部分石灰，而钢渣中 Fe_2O_3 含量要小于铁粉，因此，应当根据熟料的率值要求和钢渣本身的成分来确定钢渣的配入量。如生料原料为石灰石、黏土和钢渣，其成分见表 5-3-35。生料的三率值设计为石灰饱和系数

$(KH)=0.90$,硅酸率$(SM)=2.3$,铝氧率$(IM)=1.1$。若生料配比为石灰石74%,黏土20%,钢渣6%,则熟料的三率值$KH=0.90$,$SM=2.3$,$IM=1.12$,基本符合设计值。而如果钢渣的配比过小或过大,都有可能造成率值偏离设计值,从而影响熟料矿物组成,进而影响熟料性能。

表 5-3-35 水泥熟料原料的化学成分 (%)

名称	Loss	SiO_2	Al_2O_3	Fe_2O_3	CaO	MgO	SO_3	$\sum$
石灰石	40.05	1.77	1.51	1.21	51.20	1.32	0.05	99.12
黏土	10.05	58.56	12.06	4.25	7.54	1.50	0.21	99.01
转炉渣	0.02	14.77	1.91	23.09	43.97	9.25	0.10	93.99

由于钢渣中含金属铁,对熟料的粉磨以及烧成过程都会造成影响,因此钢渣中的金属铁应尽量小。另外,钢渣中还含有一定量氧化镁,而熟料的MgO含量不得超过5%,因此对钢渣中MgO含量有所限定。

上海市地方标准《用于水泥原料的钢渣粒料》(DB31/T 274—2002)对用于水泥原料的钢渣粒料产品的技术要求作了以下规定,可供钢铁企业参考:

碱度>2.5;MgO含量≤10%;总氧化铁含量≥22.2%;金属铁含量≤1%;最大粒径≤20 mm;出厂含水率≤8.0%;产品中不应混入炼钢耐火材料等杂物。

5.14.3 经济效益分析

以钢渣配入量为5%,替代全部铁粉(3%)和2%的石灰石计算,钢渣、铁粉和石灰石价格分别以15元/t、55元/t和60元/t计,则每吨熟料生产可减少原料成本2.4元,占熟料成本的1.2%(熟料成本以200元/t计)。另外,钢渣的配入还可减少能源消耗。

2013年全国水泥产量为24.1亿t,若全部配入5%钢渣,则可消纳钢渣约1亿t,另外,按钢渣代替熟料中2%的石灰石计算,每吨水泥熟料生产可减少约0.01 t CO_2排放。

5.14.4 应用实例——转炉钢渣替代铁粉配料在5000 t/d生产线上的应用

5.14.4.1 概述

浙江三狮水泥股份有限公司现有1条2500 t/d和1条5000 t/d新型干法水泥熟料生产线,分别于2002年5月和2013年11月建成投产。生料采用石灰石、砂岩、煤矸石和铁粉四组分配料,产品质量非常稳定。2003年以来,由于铁粉供应紧张,公司采用了转炉钢渣代替铁粉,先后两次分别在2条生产线上进行了工业性试生产,通过不断摸索和改进,2003年6月份开始正式用在5000 t/d生产线上,取得了较好的经济和社会效益[65]。

5.14.4.2 转炉钢渣基本情况

选用10~15 mm的块状钢渣作为生料配料,Fe_2O_3含量在30%~35%,质量稳定。转炉钢渣和铁粉的化学成分对比见表5-3-36。由表5-3-36可知,除去水分以后,钢渣提供的Fe_2O_3含量与铁粉基本相同。

表 5-3-36　转炉钢渣与铁粉的化学成分对比　(%)

名称	Loss	SiO_2	Al_2O_3	Fe_2O_3	CaO	MgO	∑	水分
转炉钢渣	1.10	9.66	3.65	32.04	40.82	10.17	97.44	2.20
铁粉	2.25	31.85	8.93	45.66	4.20	1.61	94.50	20.20

5.14.4.3　配料方案的确定

进厂转炉钢渣中还含有部分 FeO,但其在高温下反应生成 Fe_2O_3。通过两次工业性试生产的不断改进,最终确定熟料的率值控制范围:$KH=0.910\pm0.020$,$SM=2.7\pm0.1$,$IM=1.6\pm0.1$。钢渣在生料配料中的比例确定为 2.5%。原料、燃料的化学成分见表5-3-37。

表 5-3-37　原料、燃料的化学成分　(%)

名称	Loss	SiO_2	Al_2O_3	Fe_2O_3	CaO	MgO	∑
石灰石	40.68	4.77	1.51	0.50	50.93	0.68	99.07
砂岩	2.78	78.79	9.01	4.88	0.63	0.71	98.80
煤矸石	10.80	57.15	20.24	5.57	1.54	0.89	96.22
转炉渣	1.10	9.66	3.65	32.04	40.82	10.17	97.44
煤灰	—	52.45	26.53	5.04	8.81	0.80	93.63

5.14.4.4　实际生产中新旧方案对比情况

入窑煤工业分析见表 5-3-38,生料、熟料的化学成分对比见表 5-3-39 和表 5-3-40。

表 5-3-38　煤的工业分析

项目	A_{ad}/%	V_{ad}/%	M_{ad}/%	FC_{ad}/%	$Q_{net.ad}$/(kJ/kg)
新配方	29.33	27.34	2.30	41.03	20996
旧配方	28.96	25.34	1.49	44.21	21838

表 5-3-39　生料的化学成分对比

项目	化学成分/%							率值		
	Loss	SiO_2	Al_2O_3	Fe_2O_3	CaO	MgO	∑	*KH*	*SM*	*IM*
新配方	35.70	13.10	2.71	1.84	45.01	1.00	99.36	1.088	2.88	1.47
旧配方	35.94	13.21	2.72	2.03	44.75	0.59	99.24	1.069	2.78	1.34

表 5-3-40　熟料的化学成分对比

项目	化学成分/%						升重/(kg/L)	率值			矿物组成/%			
	SiO_2	Al_2O_3	Fe_2O_3	CaO	MgO	*f*-CaO		*KH*	*SM*	*IM*	C_3S	C_2S	C_3A	C_4AF
新配方	22.54	5.11	2.99	66.82	1.17	0.98	1.277	0.908	2.78	1.71	58.44	20.55	8.48	9.10
旧配方	22.5	5.30	3.18	66.69	1.00	1.00	1.240	0.902	2.66	1.67	56.55	21.85	8.68	9.69

5.14.4.5　工艺措施

(1)转炉钢渣含有活性 CaO、MgO 和 Fe_2O_3,降低了熟料的烧成温度。当煤质变差时,煤灰

中含有较高的 Al_2O_3，容易在分解炉及烟室内结皮，造成系统通风减少，使分解炉缩口喷腾风速大大降低，携料能力变差，引起三、四级旋风筒塌料频繁，故应经常开启空气炮及时清理结皮，同时配料时适当降低液相成分 Fe_2O_3、Al_2O_3，就可以解决结皮塌料现象。当煤的发热量在 22154 kJ/kg 时，只要将配料中钢渣减少 0.5%，C1 出口温度降低 10℃左右即可正常煅烧。

(2)可略微降低石灰石的配比或石灰石控制指标。

5.14.4.6 运行效果

转炉钢渣代替铁粉配料，降低了熟料的烧成温度，提高了熟料的硅酸盐矿物含量，熟料 3 d和 28 d 抗压强度分别提高了 1 MPa 和 0.8 MPa。

5.14.5 存在问题

钢渣配烧水泥熟料存在的主要问题是钢渣的成分波动较大，从而使熟料的烧成质量难以控制，因此需加强对各批次钢渣成分的检测，并采取预匀化措施，从而降低成分波动的影响。

5.15 钢渣制备钢渣粉及其在水泥和混凝土中的应用

5.15.1 概述

钢渣中含有硅酸二钙、硅酸三钙、铝酸钙等胶凝活性物质，将之磨细后可作为水泥的混合材和混凝土掺合料。20 世纪 70 年代我国研究成功钢渣水泥技术，全国建有近百个生产厂，国家于 1992 年发布实施了国家标准《钢渣矿渣水泥》(GB 13590—1992)，以后又发布了行业标准《钢渣道路水泥》(YB 4098—1996)、《低热钢渣矿渣水泥》(YB/T 507—1994)及《钢渣砌筑水泥》(YB 4099—1996)。历年累计生产了约 5000 万 t 钢渣水泥，用于国家级岗南水库，天津机场跑道，辽宁、北京、河北、安徽、上海等地工业厂房和民用建筑，使用了 30 余年证明该水泥具有后期强度高及耐磨、水化热低、抗渗性好等许多良好的耐久性能。但是钢渣水泥存在着水化时间长、早期强度低的缺陷，使得相对于矿渣水泥，钢渣水泥在价格和性能上都处于不利地位[66]。

近几年来又研制成功的磨细钢渣粉作混凝土掺合料的技术和产品，并在北京、武汉、杭州、湖南涟源等地建有生产厂，产品用于大跨度桥梁及工业与民用建筑中。如 2001—2002 年，上海市政工程研究院在福建省福宁高速公路 A19 标段中的马头大桥、歧后大桥和下白石大桥使用掺钢渣粉混凝土，所应用的掺钢渣粉混凝土水泥用量为 450 kg/m^3，钢渣粉用量为 55 kg/m^3，砂率为 39%。其中工程应用结果表明，掺加钢渣粉混凝土的 28 d 抗压强度为 52 MPa，满足 C45 混凝土的设计要求。

中冶建筑研究总院等科研机构的科研人员研究发现，钢渣矿渣复合粉可充分发挥钢渣与矿渣二者优点，掺入复合粉的混凝土强度要比掺单一渣粉的混凝土强度高，可弥补钢渣粉早期强度不足。钢渣矿渣复合粉作混凝土掺合料可还提高混凝土后期强度，优化混凝土结构，提高其抗渗性、耐磨性和抗钢筋腐蚀能力，改善其耐久性，是一种优良的混凝土掺合料。

为了规范钢渣粉的生产及其和钢渣在水泥和混凝土的应用，国家先后颁布了行业标准

《用于水泥中的钢渣》(YB/T 022—2008),国家标准《钢渣硅酸盐水泥》(GB 13590—2006)、《钢渣道路水泥》(GB 25029—2010)和《用于水泥和混凝土中的钢渣粉》(GB/T 20491—2006)、《钢铁渣粉混凝土应用技术规范》(GB/T 50912—2013),上海市颁布了地方标准《钢渣粉混凝土应用技术规程》(DG/T J08—2013—2007)。

5.15.2 钢渣粉的胶凝活性及影响因素

钢渣中虽然富含 C_2S 和 C_3S,具有一定的水硬性,但与水泥熟料相比,矿物结晶致密,晶粒较大,且 C_3S 含量较少,导致其水化速度缓慢,活性比水泥低,使得钢渣水泥或混凝土产品早期强度低,从而限制了钢渣在水泥和混凝土中的掺量。

钢渣粉的胶凝活性主要受以下因素的影响:

(1)钢渣的矿物组成。钢渣的胶凝活性来源于钢渣中的 C_3S、C_2S、CA 等胶凝活性物质,因此,这些矿物的含量越大,胶凝活性应当越大。而钢渣中的矿物组成与钢渣的碱度有密切关系,碱度偏低,钢渣中会出现蔷薇辉石、橄榄石等矿物,而硅酸二钙、硅酸三钙总量较少,因而胶凝活性较差。在其他条件不变的情况下,钢渣的碱度越大,活性越好。当渣中矿物种类相同时,胶凝活性物质的含量越大,惰性成分(主要是 RO 相、铁酸钙和 MgO)含量越小,渣的胶凝活性越大。

(2)钢渣的冷却速度。研究发现,加大钢渣的冷却速度,可以绕开 C_3S 分解为 C_2S 以及 β-C_2S 向 γ-C_2S 晶型转变的温度区间,C_3S 的活性要大于 C_2S,β-C_2S 的活性要大于 γ-C_2S,因此使钢渣的冷却速度加快可以提高钢渣的胶凝活性。而如果冷却速度过慢,过饱和度小,硅钙相的晶体尺寸较大,活性较小[67]。

(3)钢渣粉比表面积。钢渣粉的比表面积越大,胶凝活性越好,但并不是越大越好。一般认为,钢渣粉的比表面积控制在 500 m^2/kg 以内较为合适。大于 500 m^2/kg 时,胶凝活性增加缓慢,甚至可能下降,还要增加额外的制备成本。

从以上分析可以看出,要使钢渣粉有较好的活性,需要较高的碱度,采用较快的冷却速度,并磨细到一定程度。另外,通过一定的热态调质手段,可以使钢渣中的胶凝活性物质总量增加,如向熔融钢渣中加入富含 CaO、SiO_2、Al_2O_3 的物质如粉煤灰,可以提高钢渣硅钙相的含量;将渣中的氧化铁在热态条件下还原成单质铁并与其他成分分离,也可使渣中硅钙相显著提高,从而提高钢渣水硬活性。

5.15.3 钢铁渣复合粉作混凝土掺合料对混凝土性能的影响

钢铁渣粉作混凝土掺合料可以充分发挥钢渣粉与矿渣粉二者优点。这主要体现在:

(1)钢渣粉的早期强度低,后期强度高,而矿渣粉的早期强度高,钢渣中的 C_3S、C_2S 水化时形成的 $Ca(OH)_2$ 是矿渣的碱性激发剂,可促进矿渣的水化反应。

(2)矿渣渣粉做混凝土掺合料使用虽然可以提高混凝土强度,改善混凝土拌合物的工作性、耐久性,但由于高炉渣的碱度低,大掺量时会显著降低混凝土中液相碱度,破坏混凝土中钢筋的钝化膜($pH<12.4$ 易破坏),引起混凝土中的钢筋腐蚀。而钢渣的碱度高,可以弥补掺过量矿渣粉引起的混凝土内部碱度过低的缺陷。

(3)矿渣粉利用自身水化产生的收缩,降低体系因钢渣粉中组分延迟膨胀造成开裂的风险,同时钢渣粉中 f-CaO、f-MgO 水化膨胀特性可补偿混凝土自身及磨细矿粉掺入所增加的收缩，防止混凝土过量的收缩产生开裂。

试验研究和生产实践的结果都表明，钢铁渣粉作为混凝土掺合料，可等量取代10%～40%水泥配制混凝土。与未掺入复合粉的混凝土相比，掺入复合粉的混凝土的7 d抗压强度略有下降，而28 d抗压强度基本接近或更高。掺入复合粉还能改善混凝土工作性能，降低混凝土的干缩，提高混凝土的耐磨性、抗渗性，延长混凝土的使用寿命。

基于钢铁渣粉的优越性能，2013年，全国重点大中型钢铁企业新增高炉渣和钢渣粉生产线90余条，且钢铁渣粉作为混凝土掺合料已在高速公路建设、民用建筑建设、桥梁建设等建设工程中得到应用，应用效果良好。

5.15.4 钢渣粉的生产工艺和设备

5.15.4.1 钢渣粉的生产工艺流程

钢渣粉的生产工艺流程主要包括破碎、磁选、筛分、烘干、粗磨、细磨等过程。

5.15.4.2 生产设备

钢渣中因为含铁量大，是一种难磨物质，因此，钢渣粉生产的核心设备是粉磨设备，目前用于钢渣粉生产的主要磨机类型是球磨机和辊式磨。

(1)球磨机

球磨机粉磨系统有开路磨和闭路磨两种，开路磨是磨机排出的物料直接为粉磨成品，而闭路磨中磨机排出物料还要进入分级机，细度合格的产品进入料仓，而粗粒级返回磨机再磨。闭路磨除了可提高磨机的台时处理能力、降低能耗外，还可以通过在物料循环系统中添加除铁设备，减少返磨物料中的铁含量，降低设备的磨损。无论是开路磨还是闭路磨，球磨机的粉磨原理均为单体颗粒粉碎原理，钢球与物料为点接触，存在较大的随机性，容易产“大球打小粒”，发生过粉碎，导致粉磨能耗较高，基于点接触机械粉磨原理，能量利用率低一直是球磨机无法彻底解决的问题。采用球磨机粉磨钢渣能耗较高，成本也较高。

(2)辊式磨(辊磨机)

料层挤压粉碎技术是在较大压力作用下颗粒间相互作用而粉碎的基础上发展起来的，物料在高压下产生应力集中引起裂缝并扩展，最终达到物料破碎。料层粉碎技术比较适用于脆性物质，与球磨机单颗粒机械破碎相比，料层粉碎避免了在机械破碎时产生的能量浪费，能量利用效率高。辊压机(辊磨机)、立磨和卧式辊磨都是以高压料层粉碎作为理论基础的粉磨设备。钢渣中的铁对磨辊破坏较大，立磨系统中内循环量较大，铁无法及时排除，因此在钢渣微粉磨应用上存在致命缺陷。辊压机和卧式辊磨中物料均为外循环，除铁相对方便，适用于钢渣粉磨[68]。

辊压机通过两辊之间相向挤压的方式来破碎物料，减少辊面因摩擦引起的损耗。辊压机只适合生产颗粒比较大的产品，对于钢渣辊压机一般只能磨到80 μm左右，不适合作为钢渣的终粉磨设备。通过改进辊面，辊压机也可用作钢渣终粉磨，只是外循量非常大，设备体积庞大，技术经济性较差。钢渣经过辊压后，颗粒表面出现裂纹，能改善其易磨性，提高终粉磨设备的粉磨效率，降低能耗及磨损，因此通常用作预粉磨设备。

高压辊磨机是基于层压粉碎的原理设计制造，层压粉碎是指大量颗粒在有限的空间内，受到强大的外力作用而聚集在一起相互接触、挤压，随着压力的不断增加，颗粒间的间隙越来越小，当颗粒间相互传递的挤压应力强度达到颗粒压碎强度时，颗粒破碎。高压辊磨机主要由机架、高压辊、施压装置和传动装置组成，机架由纵梁和横梁构成，高压辊由一个固定辊和一个可调辊组成，辊表面覆有耐磨板，每个辊由 1 台电动机通过行星齿轮减速器驱动，液压缸为施压部件，用来使可调辊沿导槽前后移动，并根据给料特性提供适当的压力，物料由给料机给入两个平行的、相向同步转动的辊子之间，受到高压的作用后，变成密实的料饼从机下排出[69]。高压辊磨机工作原理见图 5-3-7。

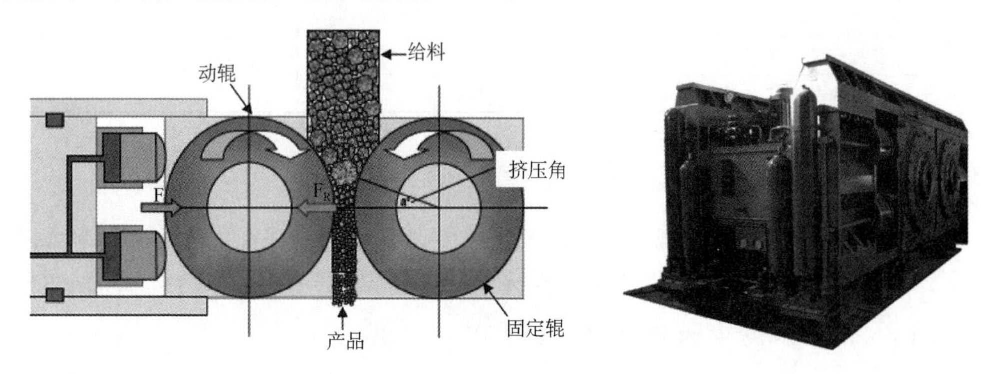

图 5-3-7　高压辊磨机及工作原理图

高压辊磨机的特点是使用寿命长，设备运转率高，易于维修和能耗低。与传统的球磨机相比，高压磨辊研磨过程中主要是利用两个反向旋转的辊来挤压料层，由于料层是由许多连接在一起的粒子组成，所施加的压力造成颗粒间强烈的相互挤压和破碎，颗粒间破碎粉磨，大大提高了研磨效率。高压辊磨机节能主要体现在：闭合回路研磨使原料直接成为合格成品。与普通辊磨机系统相比，高压辊磨机粉磨系统的节能效果达到 50%以上。

卧式辊磨机巧妙地结合了球磨机和辊磨机的基本原理（见图 5-3-8），利用中等的挤压力，使物料一次喂入设备内实现多次挤压粉磨。整个工艺过程类似于球磨机的闭路磨系统，物料排出卧式辊磨后，通过选粉机，粗颗粒返回卧式辊磨多次挤压粉磨。在返料循环系统中配备多台除铁器，除去回料中的铁，保护压辊。卧式辊磨可以粉磨钢渣，产品比表面积为 420 m^2/kg时，单位的产品能耗为 32 kWh，每吨产品金属消耗量为 1.5～1.7 g。表 5-3-41 所示为卧式辊磨和管式球磨的性能对比。

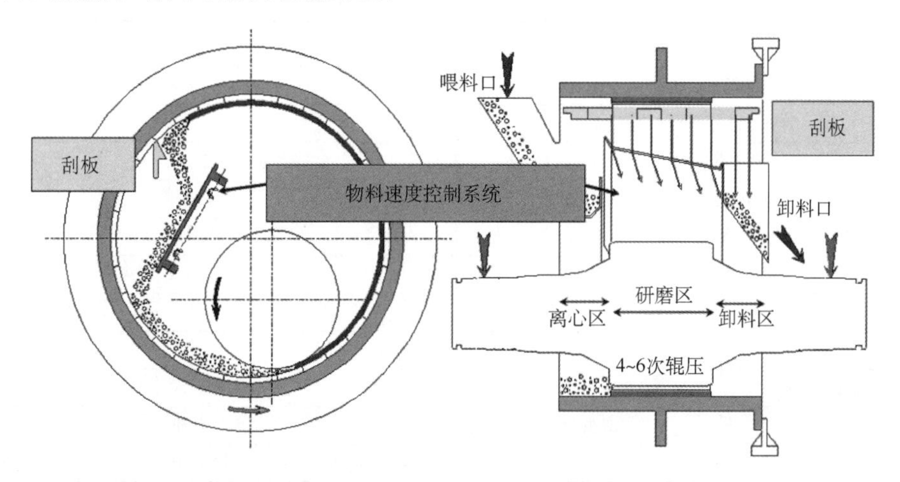

图 5-3-8　卧式辊磨机工作原理图

表 5-3-41　卧式辊磨和管式球磨的性能对比

比较项目	卧式辊磨	管式球磨
适合物料	钢渣、矿渣	钢渣、矿渣
特点	体积小,结构简单	结构简单,操作容易
电耗/(kWh/t)	41.3	70～80
产品细度/(m^2/kg)	420	420
燃料消耗/(kg/t)	13	40
装机容量	小	大
占地	少	大

5.15.5　钢渣粉及钢渣水泥和混凝土相关规范和标准

本小节主要介绍相关标准规定的钢渣粉技术要求及钢渣水泥和混凝土的原料配比、施工规范等,以指导钢铁企业更好地规范钢渣粉及钢渣水泥和混凝土的生产和应用。

5.15.5.1　《用于水泥中的钢渣》(YB/T 022—2008)

标准对用于水泥中的钢渣的技术要求规定如表 5-3-42 所示。

表 5-3-42　用于水泥中的钢渣的技术要求

项目		Ⅰ级	Ⅱ级
钢渣的碱度	不小于	2.2	1.8
金属铁含量/%	不大于	2.0	
含水率/%	不大于	5.0	
安定性	沸煮法	合格	
	压蒸法	当钢渣中 MgO 含量大于 13%时,需检验合格	

5.15.5.2　《用于水泥和混凝土中的钢渣粉》(GB/T 20491—2006)

标准对用于水泥和混凝土中的钢渣粉的技术要求规定如表 5-3-43 所示。

表 5-3-43　用于水泥和混凝土中的钢渣粉的技术要求

项目		Ⅰ级	Ⅱ级
比表面积/(m^2/kg)		≥400	
密度/(g/cm^3)		≥2.8	
含水量/%		≤1.0	
f-CaO 含量/%		≤3.0	
SO_3 含量/%		≤4.0	
碱度系数		≥1.8	
活性指数/%	7 d	≥65	≥55
	28 d	≥80	≥65
流动度比/%		≥90	
安定性	沸煮法	合格	
	压蒸法	当钢渣中 MgO 含量大于 13%时,需检验合格	

5.15.5.3 《钢渣道路水泥》(GB 25029—2010)

以转炉钢渣或电炉钢渣(简称钢渣)和道路硅酸盐水泥熟料、粒化高炉矿渣、适量石膏磨细制成的水硬性胶凝材料,称为钢渣道路水泥,代号为 S·R。

钢渣道路水泥中各组分的掺入量(质量分数)应符合表 5-3-44 所示规定。钢渣道路水泥各龄期的抗压强度和抗折强度应符合表 5-3-45 规定。

表 5-3-44 钢渣道路水泥各成分掺入量 (%)

熟料+石膏	钢渣或钢渣粉	粒化高炉矿渣或粒化高炉矿渣粉
>50 且<90	≥10 且≤40	≤10

表 5-3-45 钢渣道路水泥强度要求 (MPa)

强度等级	抗压强度		抗折强度	
	3 d	28 d	3 d	28 d
32.5	≥16.0	≥32.5	≥3.5	≥6.5
42.5	≥21.0	≥42.5	≥4.0	≥7.0

5.15.5.4 《钢渣硅酸盐水泥》(GB 13590—2006)

凡由硅酸盐水泥熟料和转炉或电炉钢渣(简称钢渣)、适量粒化高炉矿渣、石膏,磨细制成的水硬性胶凝材料,称为钢渣硅酸盐水泥。水泥中的钢渣掺加量(按质量百分比计)不应少于30%,代号 P·SS。钢渣硅酸盐水泥各龄期的抗压强度和抗折强度应符合表 5-3-46 的规定。

表 5-3-46 钢渣硅酸盐水泥强度要求 (MPa)

强度等级	抗压强度		抗折强度	
	3 d	28 d	3 d	28 d
32.5	10.0	32.5	2.5	5.5
42.5	15.0	42.5	3.5	6.5

5.15.5.5 《钢铁渣粉混凝土应用技术规范》(GB/T 50912—2013)

本标准规定了钢铁渣粉的检验和验收,钢铁渣粉混凝土配合比设计,钢铁渣粉混凝土的制备和施工。下面简要介绍钢铁渣粉的技术指标和钢铁渣粉混凝土配合比设计,其他内容见标准全文。

(1)钢铁渣粉的技术指标

用于混凝土中的钢铁渣粉分 G95、G85、G75 级三个等级,钢铁渣粉的技术指标应符合表 5-3-47 的规定。

表 5-3-47 钢铁渣粉的技术指标

项目	G95	G85	G75
密度/(g/cm^3)	≥2.9		
比表面积/(m^2/kg)	≥400		
烧失量(质量分数)/%	≤4.0		
含水量(质量分数)/%	≤1.0		

续表

项目		G95	G85	G75
三氧化硫(质量分数)/%			≤4.0	
氯离子含量(质量分数)/%			≤0.06	
活性指数/%	7 d	≥75	≥65	≥55
	28 d	≥95	≥85	≥75
流动度比/%			≥95	
沸煮安定性			合格	
压蒸安定性(6 h 压蒸膨胀率)/%			≤0.50	
放射性	内照射		≤1.0	
	外照射		≤1.0	

(2)钢铁渣粉混凝土的配合比设计

①混凝土配合比设计,应根据设计要求的强度等级,强度标准值的保证率和混凝土的耐久性及施工要求,采用实际工程使用的原材料,并应符合现行行业标准《普通混凝土配合比设计规程》(JGJ 55)的有关规定。

②当进行配合比设计时,混凝土配制强度宜取 28 d 龄期强度。按设计要求可选用60 d 和 90 d 强度。

③混凝土配制强度应按下式(5-3-2)计算:

$$f_{cu,0} \geqslant f_{cu,k} + k\sigma \tag{5-3-2}$$

式中,$f_{cu,0}$为混凝土配制强度(MPa);$f_{cu,k}$为混凝土立方体抗压强度标准值;k 为保证率系数(当保证率取 80%时,k 取 0.840;当保证率为 85%时,k 取 1.040;当保证率取 95%时,k 取 1.645);σ 为混凝土强度偏差。

④配制钢铁渣粉混凝土时宜进行系统配合比试验。当建立水胶比与强度关系时,可采用最小二乘法进行线性回归,并可按照设计和施工要求,经试验建立的强度关系式计算混凝土的水胶比、胶凝材料用量及其他组分的用量。

⑤混凝土中的钢铁渣粉的合适掺量可根据工程所处的环境条件、结构特点来确定,但钢铁渣粉的最大掺量不宜大于胶凝材料的 50%。

⑥最小胶凝材料总量和最大水胶比应符合国家现行标准《混凝土结构设计规范》(GB 50010—2010)和《普通混凝土配合比设计规程》(JGJ 55—2011)的有关规定。

⑦单方混凝土的原材料用量应按照重量法或绝对体积法确定,并通过适配确定混凝土配合比。

⑧当混凝土需缓凝时,可按钢铁渣粉的掺入量适当调整外加剂中的缓凝组分,并应经试验验证拌合物凝结时间。

5.15.6 经济效益分析

目前,钢渣粉的生产成本约为 80 元/t,销售价格在 145 元/t 左右,因此,销售 1 t 钢渣粉利润在 65 元左右。

同样,钢渣粉和钢渣水泥的生产可以大量消耗钢渣,可以带来节省土地资源的间接效益。钢渣水泥的生产,还可减少 CO_2 排放。钢渣中的 CaO 以硅酸钙形式存在,生产水泥不需高温煅烧，因而没有 CO_2 排放。生产 1 t 水泥熟料 CO_2 排放量约为 1 t，若钢渣粉在水泥中能替代 30％的水泥熟料，则可减少约 0.3 t CO_2 排放。

5.15.7　应用实例

5.15.7.1　日照钢铁公司钢、铁渣粉和水泥生产线(卧式辊磨)[70]

(1)工程概述

日照京华新型建材有限公司负责处理日照钢铁公司在生产过程中产生的高炉矿渣和转炉钢渣等相关工业废渣，拥有 4 条 120 万 t/a 矿渣粉生产线，2 条 80 万 t/a 钢渣粉生产线及 2 条 240 万 t/a 水泥生产线，是目前国内产能最大的冶金渣综合利用基地。采用法国 FCB 公司的卧式辊磨建设钢渣粉生产线，分两期建设，第一年生产钢渣粉 80 万 t，采用 2 台卧式辊磨，一台选粉机，该生产线是世界上首次采用辊磨粉磨钢渣，由中国京冶工程技术有限公司总承包，一期工程于 2010 年 7 月 15 日正式投产，二期工程于 2011 年年底投产。

(2)工艺流程及设备

①钢渣粉生产工艺流程及设备

物料经皮带输送机进入粉磨系统，入磨前进行烘干，烘干后的物料经提升机进入选粉机进行预选粉，选粉机选出的粗粉经皮带秤计量后重新返回粉磨；选粉机选出的细粉随气体进入袋式收尘器，收集的物料经输送设备送入钢渣粉库。整个系统处于负压状态，烘干设备采用卧式热风炉，所用燃料为煤粉。为了降低入磨物料水分，在选粉机上升管道上设置了闪干机，同时为了保护磨机，物料在喂入卧辊磨前，首先通过磁选机进行磁选，再通过金属探测器将含有金属的物料通过气动三通外排，工艺流程图见图 5-3-9。

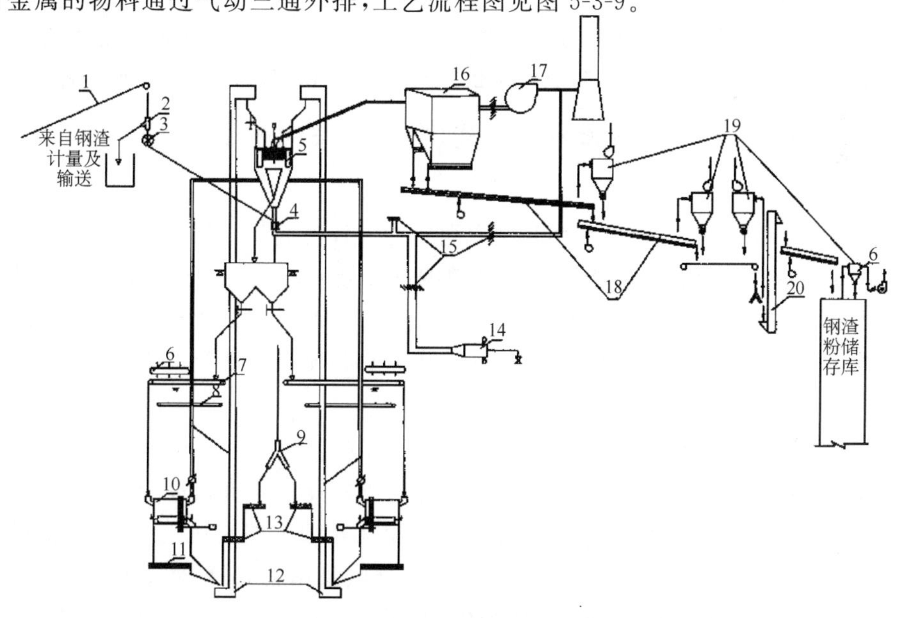

图 5-3-9　日照钢铁钢渣粉生产线工艺流程图

1. 胶带机；2. 气动三通；3. 锁风阀；4. 闪干机；5. 选粉机；6. 除铁器；7. 皮带秤；8. 溢流输送机；9. 电液动三通；10. 卧式辊磨；11. 螺旋输送机；12. 斗式提升机；13. 螺旋输送机；14. 热风炉；15. 阀门；16. 主收尘器；17. 主风机；18. 斜槽；19. 单机收尘器；20. 入库斗提

②粒化高炉矿渣粉生产线

粒化高炉矿渣经皮带输送机送至原料堆场。矿渣由堆取料机从料场取出后经皮带输送机送至 ϕ8 m×20 m 钢矿渣中转仓中，两条生产线共用一个料仓，共设 2 个中间仓。为防止块状矿渣影响磨前回转喂料阀工作，在矿渣入仓前还设有振动筛、悬挂式除铁器等相应的设备对矿渣进行筛分处理，排除块状矿渣以及磁性物金属块等杂质。每座矿渣中间仓仓底分别设有 2 套电子皮带秤计量装置。通过计量后的物料经磁滚筒和除铁器除铁后由皮带输送机送入磨机，为防止原料中金属块进入磨内，在入磨皮带机上设有金属探测器和气动双路阀。金属探测器一旦探测到有金属块通过，气动双路阀就会自动将该段物料从旁路排出，避免金属块入磨。系统共设 4 台立磨，立磨烘干用热风分别由 4 台热风炉供给，每台热风炉供热能力为 140 GJ/h。

喂入磨机的矿渣被磨辊在旋转的磨盘上碾压，在一定负荷下被粉碎，粉磨后的矿渣被热风，即上升承载空气送入位于立磨上部的高效选粉机中，分选出粗粉和细粉。细粉（即成品）随同空气送入袋收尘器收集，经由斜槽、提升机等输送设备运至矿渣粉库储存。选粉机选出的粗粉落在磨盘上再次粉磨，为了节能和除铁，一部分粗粉由磨盘周边的溢流装置排出立磨经除铁器除铁后，由循环料斗式提升机、循环料仓、电子皮带秤、震动磁鼓分离器、回转喂料阀等送回立磨内循环粉磨；废气经收尘后由排风机经烟囱排入大气。为了充分利用废气余热，其中大部分废气经由循环风管与热风炉出口热风混合进入立磨烘干物料，不但节省了能源，还降低了热耗。

矿渣粉由斗提机、库顶斜槽送入矿渣粉库中储存。共设计 8 座 ϕ18m×55m 圆库，每台立磨对应 2 座。总储量为 80000 t。

③水泥生产线

日照钢铁还配套建有年产 240 万 t 水泥生产线（辊压机＋球磨机双闭路系统），充分利用本企业生产的矿渣粉、钢渣粉生产 P·O42.5、P·S·A42.5、P·C32.5 等品种水泥。

5.15.7.2 马钢 40 万 t 钢渣微粉生产线（高压辊磨机＋管磨机）

(1)概述

马钢 40 万 t 钢渣微粉生产线采用合肥水泥研究设计院高压辊磨机联合粉磨系统工艺，制备可用作水泥混合材和高性能混凝土掺合料的钢渣微粉，建设年产 40 万 t 钢渣微粉生产线。生产线从 2010 年 9 月启动建设，2011 年 1 月正式投产。在试生产的过程中，产品的质量稳定可靠，设备运行平稳，钢渣微粉的比表面积达 500 m^2/kg 以上，f-CaO 含量为 2.6%，SO_3 含量为 2.8%，微粉的比重为 3.3。

(2)工艺方案及设备

项目粉磨系统工艺采用高压辊磨机＋管磨机组成的高压辊磨机联合粉磨系统工艺，其中高压辊磨机、气流分级机、高效选粉机、系统收尘器等组成闭路挤压工艺系统，物料经多次挤压、分选、除铁、烘干，逐步细化粉化，由系统收尘器收集细粉入磨；管磨机、磨尾收尘系统等组成开路粉磨工艺系统，最终粉磨至钢渣微粉成品。采用高压辊磨机联合粉磨系统工艺，可以充分发挥和平衡高压辊磨机的破碎功能以及管磨机的粉磨功能，达到显著增产节能的效果和目的。

钢渣原料经过高压辊磨机高压挤压处理，结构破坏粉碎，物料的易磨性将得到大幅度的改善，物料的粒径也大大缩小，既十分有利于后续的粉磨作业，也可实现钢渣物料铁、渣充分剥离，便于除铁作业，同时提高烘干效率。高压辊磨机采用硬质合金耐磨辊面，可以有效解决辊面磨损的问题，使用寿命延长，克服了其他粉磨方式、粉磨设备磨损较快的缺点。系统采用在线烘干技术，不设置烘干机，物料随挤压、细碎、粉化过程多次烘干，热风炉热力强度及热效率高，并且可以选择采用燃煤、高炉煤气、焦炉煤气等。炉渣可以掺入到钢渣配料中，无额外废渣；煤灰混入微粉，无排灰；通过掺加石灰石粉，部分实现烟气脱硫。通过多次挤压、细碎、分选过程，提供了充分除铁的可能性，可以优化除铁方案，平衡除铁与经济性关系，提高生产附加值。同时由于采用外循环除铁模式，避免了其他生产模式铁渣在粉磨设备中富集造成粉磨效率下降、需频繁清理设备的弊端。

管磨机采用开路高细高产筛分磨技术，通过采用筛分隔仓板、微型研磨体及活化衬板等技术装备，提高粉磨效率，改善钢渣微粉颗粒级配及形貌，提高管磨机产品质量，系统操作维护简单，运转率高。

(3)运行效果

钢渣微粉生产线取得了良好的运行实绩，大幅度超出了设计指标，目前系统小时处理量超过 60 t，钢渣微粉比表面积可以在 450～650 m^2/kg 之间自由调节，设备故障率低，操作简单，高压辊磨机磨辊辊面预计寿命可达 3 年以上。

5.15.7.3 昆钢 100 万 t 钢渣硅酸盐水泥生产线(球磨机)

(1)工程概述

昆钢于 2010 年 6 月投资 1.2 亿元，在昆明西山区海口工业园区兴建年产 100 万 t 工业矿渣粉体项目，主要有钢渣水泥生产、矿渣微粉、铁精矿回收等。年利用钢渣 37.6 万 t，矿渣 56 万 t。

(2)产品方案

①钢渣硅酸盐水泥，主要等级为 P·SS32.5 级，符合《钢渣硅酸盐水泥》(GB 13590—2006)标准，配比为矿渣粉：钢渣粉：熟料粉：石膏粉＝53：30：8：9；

②钢渣选铁 1.5 万 t；

③钢渣微粉符合《用于水泥和混凝土中的钢渣粉》(GB/T 20491—2006)标准。

(3)工艺流程及设备

项目整体工艺包括熟料、钢渣、矿渣、石膏等物料的破碎、烘干、输送、粉磨、存储以及水泥配料、包装等过程，这里仅介绍钢渣微粉和矿渣微粉的生产工艺及设备。

①钢渣粉生产工艺流程及设备

钢渣由经汽车运输进厂后堆入钢渣堆场，经铲车取入卸车坑，钢渣经皮带送入钢渣库。经辊式除铁器除铁后的钢渣或经循环提升机送至 V 型选粉机，选粉后的细粉和收尘器收集的细粉一起经皮带机送入钢渣球破机。粗粉经管式除铁器、辊式除铁器选铁后入 ϕ4.2 m×4.5 m 球破机，出磨物料经循环提升机送入 V 型选粉机循环选粉。钢渣烘干热源采用燃煤热风炉，热源分两路，一路进磨，一路进 V 型选粉机。出球破机的物料经皮带机送入 ϕ4.2 m×13 m 钢渣磨(球磨机)。粉磨后的物料经提升机提升至 O-Sepa 选粉机分选，细料即为半成品，粗料经管式除铁器、辊式除铁器选铁后回磨机继续粉磨。半成品经斜槽送至钢渣提升机。系统能力为熟钢渣 110 t/h，进磨粒度≤3 mm，水分≤12%，成品比表面积 550 m^2/kg

左右。

②矿渣粉生产工艺流程及设备

矿渣经汽车运输进厂后堆入矿渣堆场，经铲车取入卸车坑，由皮带秤计量后经皮带机送入 ϕ3.6 m×28 m 烘干机烘干，烘干能力为 110 t/h，入料水分≤12%，出料水分≤1%，烘干后的矿渣经辊式除铁器除铁，然后经皮带机、提升机送入 3 个矿渣库储存。烘干热源采用燃煤热风炉。烘干收尘采用电除尘器。

三个矿渣库的矿渣经皮带秤按一定比例搭配后由皮带机送入矿渣磨粉磨。矿渣粉磨系统采用两台规格为 ϕ4.2 m×13 m 管式球磨，磨机直径 4200 mm，磨机为开路磨系统。进磨粒度≤5 mm，成品比表面积 550 m^2/kg 左右，系统能力为 2×40 t/h。

5.15.7.4　鞍钢 50 万 t 钢渣微粉生产线(高压辊磨机)

(1)概述

鞍钢矿渣开发公司和德国蒂森克虏伯工业工程有限公司进行战略合作，共同开发出用高压辊压机终粉磨生产钢渣粉的工艺技术。2014 年 50 万 t/a 钢渣粉生产线正式建成投产，辊压机终粉磨系统选用辊压机 Polycom17/10-7、配置 Statosep 静态选粉机及高效动态选粉机，年生产能力 50 万 t，台时能力≥70 t/h，辊压机主机电耗 28 kWh/t，产品比表面积≥450 m^2/kg，金属铁含量小于 0.02%。

(2)工艺流程

该钢渣粉磨工艺流程为：磁选后的尾渣运至尾堆场，磁选(选出部分粒钢，品位≥65%)、称重后送入链斗式提升机，再次经过高效带磁机磁选(选出部分磁选粉，品位≥40%)后运到静态选粉机，分离后的粗物料进入高压辊压机，通过高压辊压机碾压后，送回链斗式提升机，加入到原料流，并重新进入静态选粉机进行重新循环。分离后的较细物料输送到旋风筒分离器和高效动态选粉机中分离筛选，筛选后的不合格物料再回到高压磨辊机中进行碾压，合格物料直接进入微粉储存仓。

(3)技术特点

鞍钢钢渣微粉生产技术具有以下特点：

①采用三级磁选和高效辊压机相结合的技术，成功解决了钢渣中含铁高、易富集、难选、难磨的技术问题，加工后的钢渣粉中金属铁含量小于 0.02%，几近于零。

②采用了辊压机终粉磨和动、静态选粉机相结合的技术，成功解决了钢渣大规模生产中粉磨细度和加工能力的问题，生产过程中台时产量可达 80 t/h，可根据需要生产 400～550 m^2/kg 不同比表面积的钢渣粉及钢铁渣粉产品。

③采用国际领先的半成品旋风筒分离与动态选粉机终产品直接收集技术，成功解决了产成品及产品收集过程中糊袋、收集率低、污染的问题。

④采用干料加工技术(含水率控制在 2%以内)，成功解决了确保钢渣粉活性的技术问题，为钢渣粉成功大规模应用于建材行业中水泥和混凝土领域提供了技术保证。

⑤采用高料量循环加工技术，并成功解决了生产加工过程中半成品成饼打散问题，确保了成品质量的均匀性和稳定性。将生产出的产品与水泥、混凝土进行了应用性试验，结果表明，生产出的钢渣粉及钢铁渣粉完全满足其用于水泥、混凝土生产的各项性能要求，可以大量用于水泥、混凝土生产。

5.16 钢渣建材产品

5.16.1 概述

钢渣在建材产品中的生产过程中主要有以下几方面的应用：

(1)钢渣粉或钢铁渣复合粉因为具有较好的胶凝活性，因此，可以替代一部分水泥作胶结材料，替代量需根据产品要求的强度决定；

(2)颗粒状钢渣，其颗粒级配、压碎值和磨耗率等各项物理力学性能指标相当于或优于普通花岗岩、玄武岩或石灰岩碎石和河砂，是天然碎石和砂的理想替代品，且钢渣作为砂石使用时，由于其具有水硬性可以产生胶骨反应，从而使集料与水泥浆体的结合更为牢固；

(3)熔融钢渣具有1400℃左右的高温，适合于原位制备以硅铝酸盐为原料通过高温反应形成的建筑材料，如微晶玻璃、陶瓷、人造大理石等，不但利用了固体废物，还节省了能耗。

5.16.2 钢渣透水混凝土

5.16.2.1 概述

透水混凝土又称多孔混凝土，也可称排水混凝土。其由欧美、日本等国家针对原城市道路的路面缺陷，开发使用的一种能让雨水流入地下，有效补充地下水；并能有效地消除地面上的油类化合物等对环境污染的危害；同时，是保护自然、维护生态平衡、能缓解城市热岛效应的优良的铺装材料；有利于人类生存环境的良性发展及城市雨水管理与水污染防治等工作。

2014年我国住建部印发的《海绵城市建设技术指南——低影响开发雨水系统构建》提出透水铺装是建设海绵城市的重要技术之一。透水砖铺装和透水水泥混凝土铺装主要适用于广场、停车场、人行道以及车流量和荷载较小的道路，如建筑与小区道路、市政道路的非机动车道等，透水沥青混凝土路面，还可用于机动车道。我国的一些大中城市在政府部门的重视和引导下，透水性材料(透水砖)已开始铺设。2012年，北京市在老旧小区铺设15万m^2透水砖，新建小区也将有七成以上铺设透水砖。2012年开始实施的厦门人行道改造，共铺设了116089 m^2的透水砖。2013—2014年，厦门市还实施了湖滨南路积水综合整治工程、金尚路人行道完善工程，分别铺设了透水砖12800 m^2、18000 m^2。

上海宝冶钢渣开发实业有限公司开发了系列钢渣透水混凝土产品，采用多种单级配钢渣作为集料，按“无砂”混凝土技术配制的具有高强度、高透水性能的路面材料，包括碾压型整铺透水、透气混凝土和机压型混凝土透水砖制品(见图5-3-10)。产品不但具有抗折强度高、耐磨性好等整体稳定性优势，而且长期使用无“掉粒”现象，在市政、园林等路面使用可持久保持良好的透水、透气功能，符合《建筑与小区雨水利用工程技术规范》要求。产品先后应用于上海特奥训练中心、世博园区、上海水木年华生活小区等重大市政、园林工程。

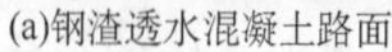

(a)钢渣透水混凝土路面

(b)钢渣混凝土透水砖

图 5-3-10　钢渣透水混凝土产品

5.16.2.2　钢渣高透水路面系统原理

透水砖路面由路基垫层、透水基层及面层叠加组成(见图 5-3-11)。利用垫层大孔隙、结构层中等孔隙、面层微小孔隙的结构形式，形成自上而下、由小到大的“金字塔”型孔隙结构，使面层到土壤具备有效透水孔隙，从而达到真正意义上的高透水效果。

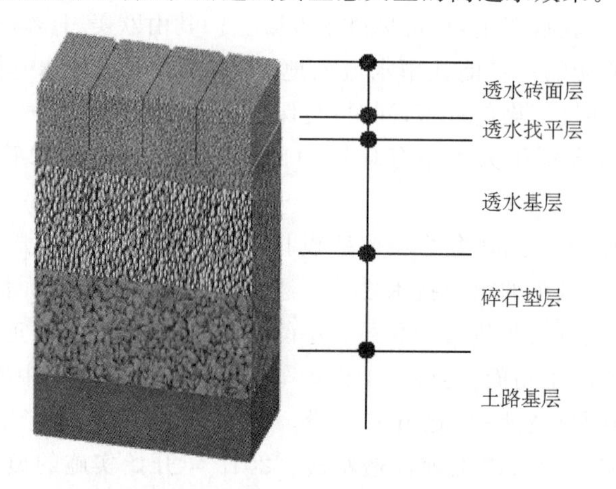

图 5-3-11　钢渣高透水路面系统原理

5.16.2.3　原料配比和生产、施工工艺

钢渣透水混凝土系列产品基于专利技术《一种利用钢渣作为集料的透水混凝土》(专利号:CN100375732C)。

钢渣透水混凝土参照的是国际上已经比较成熟的透水混凝土配比设计和配置工艺，将其中的普通石子料用相同粒径规格的钢渣集料进行等体积替代，其组分配比为:水泥 300～500 kg/m^3，钢渣 1700～2100 kg/m^3，胶结剂用量为水泥质量的 0.03～0.045 倍，水用量为水泥质量的 0.3～0.35 倍。其中胶结剂是指主要成分为聚乙烯醇缩甲醛和乙酸乙烯酯-乙烯共聚乳液的胶结剂，钢渣需满足游离 CaO≤5%，金属铁含量≤3%。

钢渣透水混凝土采用目前已经比较成熟的透水混凝土配置工艺。根据采用的不同组分材料和集料的含水率,按照设定的和易性和强度进行实验配合比设计,拌合时,外加剂必须首先与水按照配合比要求进行充分混合,再加入到正在混合的其他拌合物中,最后一起搅拌均匀。

钢渣透水混凝土的铺设可采用预拌商品混凝土形式,其施工工艺一次包括以下步骤:支模(含伸缩缝)、按配比添加原料、现场搅拌、运输、摊铺刮平、平板振实、整体找平、覆盖薄膜和养护。

5.16.2.4 产品性能

同等条件下,钢渣透水混凝土制品相比普通透水制品:比重高 40%(抗倾覆力强),同强度下抗折能力高 50%,透水系数高 1 倍。表 5-3-48 所示为钢渣透水混凝土制品与一般碎石透水混凝土制品的性能比较。

表 5-3-48 钢渣透水混凝土制品与一般碎石透水混凝土制品的性能比较

技术指标	高强高透水混凝土制品	一般碎石类透水制品	执行标准
28 d 抗折强度/MPa	4.0～5.0	2.5～3.0	GB/T 25993
28 d 抗压强度/MPa	Cc40～Cc60	Cc25～Cc40	JC/T 446
透水系数(15℃)/(cm/s)	$2.0\sim3.0\times10^{-2}$	$1.0\sim2.0\times10^{-2}$	GB/T 25993
磨坑长度/mm	15～25	20～30	GB/T 12998
比重/(kg/cm³)	$2.2\sim2.5\times10^{3}$	$1.6\sim2.0\times10^{3}$	GB/T 50080

5.16.2.5 经济效益分析

钢渣透水混凝土主要是以钢渣代替碎石,若按钢渣 30 元/t 计算,碎石 50 元/t 计算,每立方米透水混凝土用骨料 2 t 计算,则每立方米透水混凝土可节省成本约 40 元,占钢渣透水混凝土价格的 5%(以透水混凝土价格 800 元/m³ 计算)。由于钢渣透水混凝土的性能要优于一般碎石透水混凝土,因此,能获得更好的经济效益。

5.16.2.6 应用实例——宝钢透水生态钢渣混凝土路面在世博园世博中心的应用[71]

(1)透水生态路面概述

上海世博会世博园区世博中心透水生态路面总面积约 28000 m²,路面横向找坡为 2%,路面厚度按结构设计为 12～39 cm 多种形式,面层透水钢渣混凝土颜色为深灰色,强度等级为 C35,局部设计有防沉降而增加的 C25 透水钢渣混凝土垫层 20 cm。

(2)材料配比

透水生态钢渣混凝土路面的主要材料为:C52.5 普通硅酸盐水泥、粒径 4～6 mm 专用钢渣、6～15 mm 专用钢渣、10～20 mm 专用钢渣、LDA 透水混凝土专用增强剂、C52.5 彩色硅酸盐水泥面料(深灰色)、黑色弹性嵌缝胶、透水路面专用罩光保护剂、保护薄膜、伸缩缝嵌条、定型钢模板、保护胶带、模板机油、自来水等。透水生态钢渣混凝土配合比见表 5-3-49～表 5-3-50。

表 5-3-49 4～6 mm 粒径 C35 透水混凝土配合比 (kg)

原材料	C53.5 彩色硅酸盐水泥	4～6 mm 钢渣	LDA 增强剂	水
立方米用量	380	1900	15	100

表 5-3-50　6～15 mm 粒径 C35 透水混凝土配合比　(kg)

原材料	C53.5 彩色硅酸盐水泥	6～15 mm 钢渣	LDA 增强剂	水
立方米用量	380	1900	9	95

表 5-3-51　10～20 mm 粒径 C25 透水混凝土配合比　(kg)

原材料	C53.5 彩色硅酸盐水泥	10～20 mm 钢渣	LDA 增强剂	水
立方米用量	330	1700	7	90

(3)施工方法

施工步骤包括:①平整场地;②测量定位、放线;③支模;④钢渣混凝土拌合、运输;⑤钢渣混凝土摊铺、振捣;⑥养生;⑦面层保护;⑧伸缩缝处理。

(4)路面质量要求

透水生态混凝土路面项目检测方法和质量要求见表 5-3-52。

表 5-3-52　项目检测和质量要求表

项目	质量要求		检测方法
	C25	C35	
表面平整度/mm	≤5	≤5	2 m 靠尺
抗压强度/MPa	≥25	≥35	压力试验机
抗折强度/MPa	≥2.5	≥3.5	压力试验机
渗水率/(mL/cm^2/s)	≥1	≥1	渗水仪

5.16.3　钢渣配重混凝土

5.16.3.1　概述

上海宝冶钢渣综合开发实业公司开发了钢渣配重混凝土,利用了钢渣密度大的特点,尤其适用重载车辆较多的路面使用以及需要承受较大压载的工程部位,其在耐久性、工作性、耐磨性、承载能力等方面相对普通混凝土有明显的优势。可广泛用于海岸、河岸、沟渠堤防的迎水面、背水面、高水位和低水位,作为海岸护坡工程使用;用于桥墩、桥梁配重可以抵抗高速水流的冲刷,起到有效的消浪作用;用于铁路基础、大面积路面基础、广场等需要高比重稳定基础的场合;用于大体积、高密度、防射线泵送混凝土等特种混凝土。

5.16.3.2　生产工艺流程

将连续级配的特种钢渣集料作为骨料,通过水泥及外胶结剂进行胶结,形成高密实度的混凝土,其组分的重量份数为:普通硅酸盐水泥 1,黄砂 0.5～0.9,钢渣 2.0～2.8,石子1.5～2.0,水 0.4～0.5,外加剂 0～0.012。钢渣配重混凝土的制备方法与普通商品混凝土的配制工艺基本一致,只需要在混凝土搅拌站原基础上增加一个原料仓和一个计量装置用于钢渣存放即可,搅拌时先按照设计的配比进行准确称量,再用输送小车提升到强制搅拌机里进行搅拌 2～3 min,然后泵进混凝土灌车,运输到现场进行摊铺、捣实、抹平等施工操作。需要注意的是:在添加钢渣料前,必须事先对钢渣洒水处理,使钢渣得到足够的吸水。混凝土层面施工时，必须以 8 m 为一个单位，采用纤维板和油毛毡进行路面分割（宽度 2～4 mm，深度 8 cm）或用涂油模板进行分割。生产工艺流程见图 5-3-12。

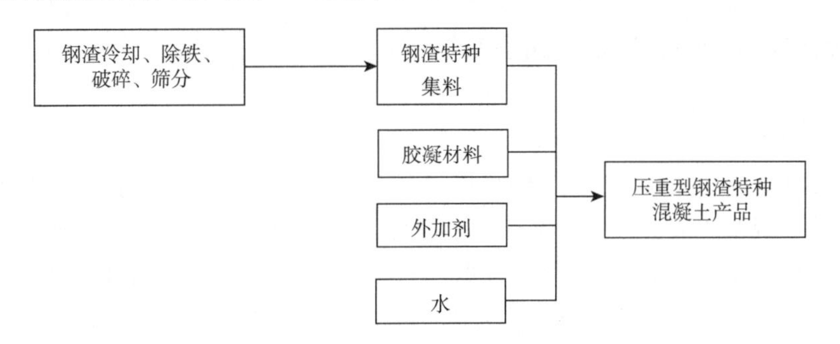

图 5-3-12 配重混凝土生产工艺流程图

5.16.3.3 对钢渣的技术要求

钢渣配重混凝土要求钢渣原料的密度要达到 3.6±0.2 g/cm^3，粒度为 0～10 mm，优选的性能指标是：0.5～10 mm 的钢渣含量在 80%以上，f-CaO 含量≤5%，氧化铁含量大于 35%，金属铁含量小于 2%，莫氏硬度大于 8，粉化率≤3%。

根据上述技术要求来看，电炉渣更适合于制备配重混凝土。

5.16.3.4 经济效益分析

配重型混凝土按集料替代量 50%以上计算，每立方米集料节约成本近 50%，一般价值在 100 元/m^3 以上，即每立方米混凝土至少可节约成本 10%或 100 元以上。

5.16.3.5 应用实例

上海宝冶公司生产的钢渣配重混凝土已应用于虹桥交通枢纽配重、佘山望远镜配重、三一重工机械配重、振华港机起重机械配重、世博游泳池基础工程、绿地威廉地下停车场工程等多个配重工程（见图 5-3-13）。

(a)钢渣防浪块

(b)机械配重

图 5-3-13 钢渣配重混凝土应用

另外，在北京华能大厦、沧州鑫港国际沃尔玛购物广场、济南某体育馆等项目的基础工程中都使用了钢渣配重混凝土，钢渣配重混凝土容重都不小于 3000 kg/m³。

5.16.4 钢渣混凝土多孔砖和路面砖

5.16.4.1 概述

混凝土多孔砖是以水泥为胶结材料，以砂、石为主要集料，加水搅拌、成型、养护制成的一种多排小孔的混凝土砖。产品具有生产能耗低、节土利废、施工方便和体轻、强度高、保温效果好、耐久、收缩变形小、外观规整等特点，是一种替代烧结黏土砖的理想材料。

混凝土路面砖以水泥和集料为主要原材料，经加工、振动加压或其他成型工艺制成，用于铺设城市道路人行道、城市广场等的混凝土路面及地面工程的块、板等。

钢渣混凝土多孔砖即用钢渣粉替代一部分水泥，钢渣代替天然砂、石制备混凝土多孔砖和路面砖，具有强度高、耐磨、成本低等优点。

5.16.4.2 对钢渣的技术要求

冶金行业标准《混凝土多孔砖和路面砖用钢渣》(YB/T 4228—2010)规定了混凝土多孔砖和路面砖用钢渣集料的技术要求。

(1)颗粒级配要求

钢渣粗集料颗粒级配应符合 GB/T 14685 中对石的颗粒级配要求。混凝土多孔砖用钢渣集料的最大粒径不大于最小肋厚的 2/3。钢渣细集料颗粒级配应符合 GB/T 14684 中对砂的颗粒级配要求。

(2)其他技术要求

钢渣集料的其他技术要求应符合表 5-3-53 的规定。

表 5-3-53 其他技术要求

项目			混凝土多孔砖用钢渣集料	混凝土路面砖用钢渣集料
表观密度/(kg/m³)		≥	2900	2900
压碎值/%		≤	30	30
坚固性/%		≤	8	8
金属铁含量		≤	2.0	2.0
体积安定性	(2.0±0.05)MPa 压力		合格	—
	(1.0±0.05)MPa 压力		—	合格

5.16.4.3 生产工艺和原料配比

(1)钢渣混凝土多孔砖生产工艺和原料配比

钢渣混凝土多孔砖生产工艺与普通混凝土多孔砖的生产工艺基本相同，即将各种原辅材料按照集料(钢渣、砂)+胶结料(水泥)+水+外加剂，经过搅拌均匀后投放到振压成型机中成型，制品经过蒸汽养护和后期自然养护即可成为成品。

中冶宝钢技术服务有限公司开发的钢渣粉胶凝材多孔砖(专利号:CN102491776A)，原料组分包括:钢渣粉胶凝材 9.3%～17%，粉煤灰 0～4%，余量为石屑；钢渣粉胶凝材的原料组分包括:钢渣微粉 30%～35%，矿粉 49%～56%，石膏 4%～6%，硅酸盐水泥 5%～15%

(以上为质量百分比)。该钢渣粉胶凝材多孔砖,在耐久性、强度、耐磨性、承载能力等方面相对普通混凝土砌块有明显的提高。河南省建筑科学研究院利用济源钢铁钢渣制混凝土多孔砖,其原料配比是球磨湿法磨细钢渣(粒径小于 1 mm 的钢渣不少于 90%)70%,矿渣(粒径小于 4 mm)24%,复合胶凝材料(由 42.5 级普通硅酸盐水泥和复合外加剂组成)6%,所制产品强度等级完全满足承重和非承重墙体材料的技术要求,且砖的耐冻性、耐水性和外观质量均优良。

(2)钢渣混凝土路面砖生产工艺和原料配比

钢渣混凝土路面砖生产工艺与普通混凝土路面砖的生产工艺基本相同。混凝土路面砖分面料层和结构层。结构层的主要生产原料包括水泥、集料(中砂、石、钢渣);面料层的生产原料包括水泥、中砂(钢渣砂)、颜料和各种面料(各种面料是根据具体需要添加,如光亮剂、白色石米等)。生产工艺主要包括原料混合、成型、养护(按具体需要进行各种面料的处理)。

混凝土路面砖的成型方式有浇注振动式和机压式两种成型方式。机压式的成型方式,适用于原色和彩色水泥面料的混凝土路面砖;根据产品强度与厚度要求的不同,采用不同的成型压力。浇注振动式的成型方式,适用于有特殊面料处理的混凝土路面砖。

天津爱尔建材公司用钢渣砂代替天然优质砂制彩色路面砖混凝土结构层的试验研究结果表明:选择合适的原料配比,用钢渣代替优质砂,不但满足了设计强度的要求,而且还可节约水泥用量。当水泥用量为 380 kg,水量为 128 kg,碎石用量为 1086 kg,钢渣砂用量为 737 kg,减水剂为 1.14 kg 时,混凝土试件的强度可达 Cc60 等级,与优质砂试件相比,可节约水泥 56 kg[72]。

5.16.4.4 经济效益分析

钢渣混凝土多孔砖和路面砖主要用钢渣砂代替天然砂,按每立方米多孔砖钢渣代替天然砂 0.5 t,每立方米路面砖钢渣代替天然砂 1 t;天然砂价格 50 元/t 和钢渣砂 30 元/t 计算,则每立方米多孔砖和路面砖分别可降低成本 10 元和 20 元。根据以上计算分析,一条 10 万 m^3 的钢渣多孔砖和路面砖生产线,分别可利用钢渣 5 万 t 和 10 万 t,节省成本 100 万元和 200 万元。

5.16.4.5 应用实例

(1)钢渣混凝土多孔砖在建筑工程中的应用

江苏沙钢集团有限公司子公司张家港恒乐新型建筑材料有限公司在张家港市乐余镇齐心村五干河东侧,临江建设的办公楼、生活楼、宿舍楼及备件仓库等工程,总建筑面积 20508 m^2。所有建筑物±0.000 以下墙体采用强度 MU15 钢渣混凝土实心砖,M7.5 水泥砂浆砌筑;±0.000以上墙体采用 MU10 混凝土多孔砖,M7.5 混合砂浆砌筑;内墙采用普通砂浆粉刷后刷内墙涂料,外墙贴外墙面砖装饰。全部工程砌体均采用钢渣混凝土砖砌筑(含明沟长约 800 m、围墙长约 550 m、花坛等构筑物),所有钢渣混凝土砖均由张家港恒乐新型建筑材料有限公司生产,其中混凝土多孔砖 123.5 万块(规格 240 mm×115 mm×90mm),混凝土实心砖 46.8 万块(规格 240 mm×115 mm×53 mm)。

项目所使用的钢渣混凝土砖按单位体积重量采用 32.5 MPa 水泥 12%、符合《混凝土多孔砖和路面砖用钢渣》(YB/T 4228—2010)标准要求的最大粒径 5 mm 的钢渣尾渣 60%、粉煤灰 23%、矿渣微粉 5%等材料,加合适水量进行搅拌,用专用成型机械制成钢渣混凝土实心砖、六孔钢渣混凝土多孔砖。钢渣混凝土实心砖符合国家标准《混凝土实心砖》(GB/T 21144—2007)的各项技术指标要求;六孔钢渣混凝土多孔砖的容重、强度等指标均符合国家标准《非承重混凝土空心砖》(GB/T 24492)的各项技术指标要求。

项目交付使用后，各建筑物内外墙上没有发现因使用钢渣混凝土砖而产生的质量问题。

(2)钢渣混凝土路面砖的生产和应用

武钢利用中磨的钢渣，形成年产 2500 m^3 的彩色地面砖的生产能力，并用于武汉的临江公园、东湖景区和森林公园以及省政府广场的道路。

酒钢吉瑞公司以碳钢钢渣处理产生的尾渣为主要原料，成功开发出钢渣路面砖，目前，吉瑞公司生产的钢渣路面砖产品外观尺寸、抗压强度指标已完全满足《混凝土路面砖》的使用标准，强度等级达到 Cc40 的要求，单线日生产能力约 12000 块。

2005 年包钢合资成立包钢恒之源新型环保建材制品有限责任公司，建成 7 条钢渣、粉煤灰建材制品生产线。目前已形成年产地砖 140 万 m^2 或墙砖 14 万 m^3 的生产能力。

5.16.5 钢渣泡沫混凝土砌块

5.16.5.1 概述

泡沫混凝土又名发泡混凝土，是将化学发泡剂或物理发泡剂发泡后加入胶凝材料、掺合料、改性剂、卤水等制成的料浆中，经混合搅拌、浇注成型、自然养护所形成的一种含有大量封闭气孔的新型轻质保温材料。它属于气泡状绝热材料，突出特点是在混凝土内部形成封闭的泡沫孔，使混凝土轻质化和保温隔热化。泡沫混凝土砌块(又称免蒸压加砌块)具有轻质高强、耐水防潮、隔音隔热、居住舒适等特点，是利废节能建材新产品，具有很好的应用前景。钢渣泡沫混凝土砌块用钢渣粉代替了部分水泥，用钢渣砂代替了天然混凝土用砂，节省了生产成本。

5.16.5.2 对钢渣粉和钢渣砂的技术和规格要求

国家标准《泡沫混凝土砌块用钢渣》(GB/T 24763—2009)规定了泡沫混凝土砌块用钢渣集料的技术要求。

(1)钢渣砂的规格要求

钢渣砂按细度模数分为粗、中、细三种规格，其细度模数分别为：粗砂 3.7～3.1；中砂 3.0～2.3；细砂 2.2～1.6。

(2)技术要求

钢渣粉的技术要求应符合表 5-3-54 的规定，钢渣砂的技术要求应符合表 5-3-55 的规定。

表 5-3-54 钢渣粉技术要求

项目		一级	二级
比表面积/(m^2/kg)		≥400	
含水量/%		≤1.0	
硫化物及硫酸盐含量(折算成 SO_3 按质量计)/%		≤1.0	
活性指数/%	7 d	≥65	≥55
	28 d	≥80	≥65
流动度比/%		≥90	
压蒸安定性		合格	

表 5-3-55 钢渣砂技术要求

项目	指标
颗粒级配	符合 GB/T 14684—2001
硫化物及硫酸盐含量(折算成 SO_3 按质量计)/%	≤1.0
金属铁含量/%	≤1.0
压蒸安定性/%	试件表面无鼓包、无裂痕、无脱落、无粉化且膨胀率≤0.80
放射性	内照射≤1.0
	外照射≤1.0

5.16.5.3 生产工艺和原料配比

钢渣泡沫混凝土砌块的生产工艺与普通泡沫混凝土砌块生产工艺基本相同，主要包括泡沫制备、泡沫混凝土混合料制备、浇注成型、养护等工艺过程。如图 5-3-14 所示。

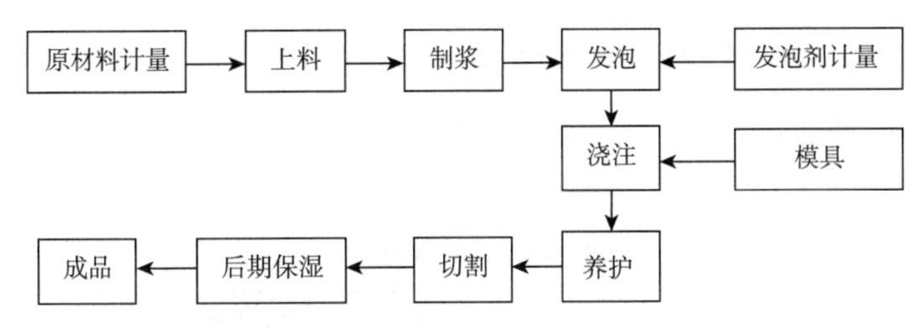

图 5-3-14 泡沫混凝土砌块生产工艺流程图

首钢的专利技术《大掺量钢渣泡沫混凝土砌块及其制备方法》(专利号:CN103011723A)，其发明的钢渣泡沫混凝土浆料重量组成为:水泥 50～150，钢渣 20～60，水 10～60，早强剂 0～8，促凝剂 0～3，纤维 0～1.5，减水剂 0～5 和激发剂 0～5;发泡剂溶液为发泡剂与水质量比 1∶20～1∶50 混合发泡制得，它要求钢渣微粉的比表面积达到 500 m^2/kg 以上。北京中冶设备研究设计总院有限公司提供的专利技术《一种用钢渣制成的泡沫混凝土砌块的生产方法》，其发明的钢渣泡沫混凝土原料重量组成为:钢尾渣磨细粉 20%～60%，矿渣磨细粉 20%～55%，天然石膏 4%～10%，石灰 3%～9%，水泥熟料 6%～12%;它要求钢渣 *f*-CaO 含量为 0.02%～3%，游离氧化镁含量为 0.5%～5%，SO_3 含量≤1%～4%，含水率≤1%，比表面积达到 600～700 cm^2/g。

5.16.5.4 经济效益分析

钢渣泡沫混凝土砌块用钢渣粉代替了部分水泥，用钢渣砂代替了天然混凝土用砂。按每立方米泡沫混凝土钢渣砂替代天然砂 0.5 t，钢渣粉替代 0.1 t 水泥;天然砂价格 50 元/t，钢渣砂 30 元/t 计算，水泥 300 元/t 和钢渣粉 150 元/t 计算，则每立方米钢渣泡沫混凝土可降低成本 25 元，占普通混凝土泡沫混凝土砌块价格(以 200 元/m^3 计算)的 12.5%。根据上述计算分析，一条 30 万 m^3 钢渣泡沫混凝土砌块可利用钢渣 18 万 t，节省成本 750 万元。

5.16.6 钢渣预拌砂浆

5.16.6.1 概述

预拌砂浆是指由专业化厂家生产的，用于建设工程中的各种砂浆拌合物，是我国近年发展起来的一种新型建筑材料，按性能可分为普通预拌砂浆和特种砂浆。普通砂浆主要包括砌筑砂浆、抹灰砂浆、地面砂浆。砌筑砂浆、抹灰砂浆主要用于承重墙、非承重墙中各种混凝土砖、粉煤灰砖和黏土砖的砌筑和抹灰，地面砂浆用于普通及特殊场合的地面找平。预拌砂浆与传统的现场搅拌砂浆相比具有环境污染小、质量稳定、工作效率高、节省原料、适合于机械化施工等优点。用预拌砂浆代替传统的现场搅拌砂浆是提高文明施工、减少粉尘扬尘、提高工程质量、加快施工速度的重要途径之一。

2007 年 6 月 6 日，建设部等六部局联合下发了《关于在部分城市限期禁止现场搅拌砂浆工作的通知》(商改发〔2007〕205 号)；文件要求全国 127 个城市分三批禁止在现场搅拌砂浆，推广使用预拌砂浆，其中第七条指出：鼓励企业在预拌砂浆过程中使用粉煤灰、脱硫灰渣和运用钢渣、工业尾矿等一般固体废物制造的人工机制砂，以减少对天然砂的使用。

利用钢渣粉代替砂浆中一部分水泥，钢渣砂代替天然砂制备预拌砂浆，在保证砂浆性能的同时，又节约了成本，降低了能耗，保护了环境。

5.16.6.2 对钢渣砂的级配和技术要求

冶金行业标准《普通预拌砂浆用钢渣砂》(YB/T 4201—2009)颗粒级配应符合表 5-3-56 的规定，技术指标应符合表 5-3-57 的规定。

表 5-3-56 颗粒级配

筛孔尺寸	累计筛余，质量分数/%		
	Ⅰ区	Ⅱ区	Ⅲ区
4.75 mm	0	0	0
2.36 mm	35～5	25～0	15～0
1.18 mm	65～35	50～10	25～0
0.6 mm*	85～71	70～41	40～16
0.3 mm	95～80	92～70	85～55
0.15 mm	100～85	100～80	100～75

* 钢渣砂的实际颗粒级配与表中所列数字相比，除 0.6 mm 筛档外，可以略有超出，但超出量应小于 5%

表 5-3-57 技术指标

项目	技术指标
压碎值/%	<30%
含水率/%*	<0.5
金属铁/%	<1.0
硫化物及硫酸盐含量(折算成 SO_3 按质量计)/%	<1.0
压蒸粉化率/%	≤5.90
表观密度/(kg·m^{-3})	≤3600
松散堆积密度/(kg·m^{-3})	≥1600
碱集料反应/%	膨胀率<0.10
放射性	内照射≤1.0
	外照射≤1.0

* 当用于干混砂浆时需增加含水率的检验

5.16.6.3 生产工艺和原料配比

预拌砂浆的生产工艺流程包括原料的破碎、干燥、筛分和存储，原料的配料计量，高效均匀混合以及包装等工序。预拌砂浆的主要原料包括水泥、砂和外加剂，不同功能的砂浆，应按砂浆功能的要求进行砂浆配方的开发。原料中的水泥可由钢渣微粉、矿渣微粉和粉煤灰等工业固废部分替代，天然砂可由钢渣砂和尾矿砂替代。

钢渣砂一般可以100%替代天然砂制备预拌砂浆，但是稳定性差的钢渣砂则替代比例应减小。使用钢渣砂的砂浆在黏结性能、力学性能、干缩性、耐久性等性能上都要优于河砂砂浆。

5.16.6.4 应用实例

(1)实例一

首钢资源综合利用公司开发了使用陈化转炉钢渣百分之百代替天然砂生产优质建筑普通干混砂浆产品技术，该技术符合国家节能减排产业政策，减少污染，实现循环经济的要求，具有显著的社会效益、环保效益和经济效益。该研究成果已实现产业化，建成了年产 30 万 t 的生产线，这条生产线每年能消纳 20 万至 25 万 t 钢渣，目前已有 6000 多吨干混砂浆进入“鸟巢”工程、首都机场航站楼改造等工地。经测算，以钢渣砂为主要原材料生产的干混砂浆，在墙面抹灰工程中，每平方米建筑面积综合费用仅为 4.03 元，比采用传统的现场搅拌砂浆方式费用减少 1/3。

首钢钢渣砂浆技术已获得中国发明专利授权(专利号：CN1966453A)，其生产方式可分为预拌合干粉两种。该钢渣砂浆由钢渣、水泥、矿物掺合料和外加剂组成，其组成按质量百分比为：钢渣 65%～85%，水泥 6%～18%，矿物掺合料 6%～18%，外加剂 0～0.1%。钢渣最大粒径 2.5 mm，细度模数 1.6～3.7，钢渣陈化一年以上，渣中游离 CaO 含量小于 3%，金属铁含量小于 1%。所使用的矿物掺合料包括粉煤灰、磨细矿渣粉、磨细钢渣粉或碳酸钙。

(2)实例二

秦鸿根等研究得到，钢渣微粉掺量在 40%以内的干粉砂浆，在复合外加剂的作用下具有优异的性能，不仅具有良好的工作性(稠度大、分层度小、保水性能好)、良好的力学性能(包括后期强度持续增长)，而且还具有抗折强度高、低收缩、微膨胀和耐久性好等特点[73]。该研究成果在工程中得到了实际应用，马钢集团钢渣综合利用有限公司钢渣综合利用选铁生产线主控楼工程，由马钢利民企业建筑安装公司负责施工。墙体砌筑用 M5 干粉砂浆，内外墙粉刷用抹面干粉砂浆。现场制作的 M5 砌筑砂浆试块，抗压强度达到设计强度的 120%左右。综合楼墙体 M5 砌筑砂浆和内外墙 DP10 抹面砂浆，经东南大学工程结构与材料试验中心现场回弹检验结果表明，砌筑砂浆抗压强度达 7.1 MPa，内墙抹面砂浆回弹强度达 18.3 MPa，外墙抹面砂浆回弹强度达 17.2 MPa。

5.16.6.5 经济效益分析

若钢渣砂全部替代天然砂制预拌砂浆，按砂浆中钢渣占总重量 70%，天然砂价格 50 元/t，钢渣砂 30 元/t 计算，普通预拌砂浆 300 元/t 计算，则每吨砂浆可降成本 14 元，占普通预拌砂浆价格的 4.67%。据统计，截至 2013 年 8 月，山东全省已经建成投产约 80 家预拌砂浆企业，设计生产能力近 3000 万 t，按照首钢经验，若用钢渣砂代替天然砂，则山东一省每年可节省生产成本 4.2 亿元,可消纳钢渣 2000 万到 2500 万 t。

5.16.7 钢渣用于矿山胶结充填材料

胶结充填是指以一定比例的胶凝材料和细砂、尾矿等惰性集料加水混合搅拌制备成胶结充填料浆,沿钻孔、管、槽等向地下采空区输送和堆放浆体,浆体在采空区中逐渐形成具有一定强度和整体性的充填体。矿山胶结充填不但在回收高品质矿产资源时可使矿山获得更好的经济效益,而且可提高资源效率、有效地回收难采矿床资源、减少对环境的破坏和保护自然环境。在我国大力发展循环经济和对节约资源、保护环境的要求越来越高的社会条件下,胶结充填采矿法以独特的优势逐步成为地下采矿的主流趋势,也是全球采矿充填研究的热点之一。矿山胶结充填材料由胶结剂和骨料组成。目前,矿山胶结充填中的胶凝材料大部分采用通用硅酸盐水泥,但因其价格高,许多矿山对胶结充填只能望而却步。实践表明,充填总成本的 70%~80%都用于充填材料。因此,研制力学性能优良、价格低廉并便于实现机械化的充填材料是应用胶结充填的关键。因此,许多矿山开始寻找一些具有胶凝性能的工业副产品来代替或者部分代替水泥,如水淬高炉矿渣、钢渣、粉煤灰和赤泥等,既可以降低充填成本,又实现了工业废弃物的资源化利用。

中南大学将钢渣作为煤矸石的骨料替代品,采用资源回收率高的嗣后充填法对华泰公司的煤矿资源进行开采,该技术的研究不仅有助于实现矿山绿色开采,而且开创了我国钢渣胶结充填的先例。推荐最佳钢渣粒径小于 5 mm,且 0.0075 mm 以下颗粒含量不高于 25%,水泥∶粉煤灰∶钢渣=1∶8∶15,质量分数 C_w=70%~72%,减水剂添加量为水泥与粉煤灰质量和的 0.5%~1.0%,抗压强度可超过 2 MPa。在粉煤灰与钢渣的胶结作用过程中,由于粉煤灰与钢渣的活性均较高,钢渣胶结体的强度在中后期更高,嗣后充填后,料浆固结效果良好。实际应用过程中,回收率高达 82.73%,顶板最大下沉量仅 1.207 mm,安全性极高[74]。

北京科技大学针对钢渣微粉作为充填料胶结剂开展了大量研究工作。研制了钢渣-矿渣系全尾砂胶结充填料。胶凝材料的配比为脱硫石膏 5%~15%,矿渣 15%~60%,钢渣 30%~80%,减水剂 0.5%~1%。使用这种胶凝材料所制备的钢渣-矿渣系全尾砂矿山充填料具有微膨胀性、良好的流动性,28 d 抗压强度最高能达到 14.3 MPa,能够满足矿山充填对抗压强度的性能要求[75]。

5.16.8 钢渣混凝土膨胀剂

混凝土膨胀剂用来配制膨胀混凝土(包括补偿收缩混凝土和自应力混凝土),补偿收缩混凝土具有补偿混凝土干缩和密实混凝土、提高混凝土抗渗性作用,在土木工程中主要用于防水和抗裂两个方面。我国混凝土膨胀剂开发应用已有 20 多年历史,据不完全统计,2013 年膨胀剂全国年销售量到达 150 万 t。根据膨胀剂与水泥、水拌合后经水化反应生成的产物来划分,通常将膨胀剂分为 3 类:硫铝酸钙类膨胀剂、硫铝酸钙-氧化钙类膨胀剂和氧化钙类膨胀剂,其发展历程经历了高碱高掺、中碱中掺和低碱低掺三个阶段。混凝土膨胀剂的性能评价指标包括限制膨胀率、限制干缩率和抗压强度等。

钢渣中含有游离 CaO 和 MgO,这些物质遇水发生消化反应产生体积膨胀。通过控制钢渣的细度和存放时间,可以保证钢渣在混凝土中有一定活性和游离 CaO 和 MgO 的均匀膨胀,使其能作为膨胀剂在混凝土中使用。钢渣的膨胀是由于游离 CaO 与水反应生成 $Ca(OH)_2$ 产生体积变化而引起的。这种膨胀是凝胶的溶胀作用、结晶压力和静电斥力共同作用的结果。在水化硬化初期,$Ca(OH)_2$ 以凝胶状态存在,具有极大的比表面积,它会吸引围绕在周围的极化水分子,而引起颗粒之间的排斥力,即 $Ca(OH)_2$ 吸水肿胀,造成整个体系的膨胀。同时,钢渣均匀分布在水泥体中,钢渣颗粒相距较远,随着水化的进行,毛细孔增多。使更多的水容易进入硬化水泥浆体内部,有利于 $Ca(OH)_2$ 晶体的生长,产生结晶压力,引起体积膨胀。随着养护龄期的延长,溶胀作用减弱,使结晶压力增强[76]。

陈平[77]将特殊工艺生产的钢渣粉、硫铝酸盐水泥熟料、石膏按 1∶(0.5～1)∶(1～1.5) 的质量比进粉磨、混合、均化,利用其水化反应所得的多元膨胀源制得一种具有持续稳定膨胀功能的钢渣基新型膨胀剂。研究结果表明,该膨胀剂完全符合《混凝土膨胀剂》(JC 476—2001)标准,其 7 d 和 28 d 水中限制膨胀率分别为 4×10^{-4}～6×10^{-4} 和 6×10^{-4}～9×10^{-4},空气中 21 d 限制膨胀率为 3×10^{-4}～5×10^{-4};钢渣基膨胀剂对混凝土硬化后期(28～90 d)体积变化的补偿收缩优势优于 U 型膨胀剂(UEA)。这种钢渣基膨胀剂,主要是由钙矾石(AFt),游离 CaO、MgO 作为膨胀源,其膨胀时间各不相同,从而保证了该膨胀剂能够持续膨胀;AFt 的生成主要发生在水化早期,而氧化钙膨胀时间早于氧化镁,所以 *f*-CaO 的膨胀时间可以认为是在中期,而 MgO 则可以认为是在后期,从而具备可持续膨胀的作用。

朱洪波[78]等用氟石膏、高钙粉煤灰和钢渣微粉三种固废制备了一种新型的膨胀剂 WUT,三种固废的质量配比为 1∶(1～1.5)∶(1～1.5)。WUT 膨胀剂的性能满足《混凝土膨胀剂》(JC 476—2001)标准要求,不会产生碱-集料反应和钢筋锈蚀等耐久性隐患,且成本较低。

5.16.9 钢渣人造石材

随着建筑工业的发展,人们对装修材料的要求越来越高,用量越来越大。天然大理石与花岗岩由于资源有限或开发、生产等原因,价格昂贵且供不应求,因此,人们研制了多种人造大理石和花岗岩,这些人造石材具有硬度高、强度大、无放射性、无色差、低吸水率、耐污染等特点,其质感柔和华丽、色泽高雅超群,各种理化指标均接近甚至高于天然石材。人造大理石和花岗岩使用的主要原料包括树脂、水泥、石粉、废大理石或花岗岩石块和边角料等。利用钢渣代替一部分石块,钢渣微粉代替一部分水泥或石粉开发钢渣人造石材,可降低这类石材的成本,提高这类石材的耐磨、耐久性能,同时也实现了钢渣的高附加值利用。

5.16.9.1 钢渣人造大理石

人造大理石是用天然大理石或花岗岩的碎石为填充料,用水泥、石膏和不饱和聚酯树脂为黏结剂,经搅拌成型、研磨和抛光后制成,是一种较为流行的装饰材料。宝钢冶金公司利用钢渣代替天然砂制备了钢渣人造大理石,与天然大理石相比具有资源优势,与人造大理石相比,它具有成本上的优势。在性能上,钢渣人造大理石除了在吸水率上稍逊于天然大理石外,其他性能都优于人造大理石。这种钢渣大理石的组成为:钢渣粉占 2%～8%,粒径小于等于 0.5 mm 的钢渣占 30%～60%,粒径为 2.5～3 mm 的钢渣占 25%～45%,石粉添加剂占 5%～20%,其余为黏结树脂。

南钢利用本企业生产所排放的高炉渣、转炉渣和电炉渣,在高温液态下添加适量的废玻璃、辅助剂、结晶剂及颜色试剂，在成分均匀化后通过大型坩埚浇注到方模和立模中，然后在610～730℃下退火1.5～2.5 h，再经过深加工后制得仿大理石。对所得材料样品进行测试结果表明，样品的各项性能指标接近或好于天然大理石和花岗岩；与天然大理石相比，颜色均匀一致，光泽恒久不退；与天然花岗岩相比，不会出现雨后颜色深浅不一、析碱发霉等现象。而且，这种仿大理石无污染、无放射性物质，不会对人体造成危害，是一种绿色装饰材料。

5.16.9.2 水泥基钢渣花岗石制品

中冶宝钢技术服务有限公司的专利技术《水泥基钢渣花岗石制品及其制备方法》(专利号:CN102701645A)提供了一种钢渣人工花岗石的制备方法，该制品的原料组分包括水泥、钢渣粗砂、钢渣细砂、钢渣超细砂、减水剂和水，其重量配比如下：水泥20～25重量份，钢渣粗砂30～40重量份，钢渣细砂20～30重量份，钢渣超细砂15～20重量份，减水剂0.006～0.06重量份；水与水泥的重量比为(0.20～0.35)∶1；水泥基钢渣花岗石制品的干态抗压强度在130 MPa以上，磨损度$<5\times10^{-3}$ g/cm^2。

5.16.10 钢渣微晶玻璃

5.16.10.1 概述

微晶玻璃又称玻璃陶瓷或结晶化玻璃，是20世纪50年代末发展起来的一种新型玻璃，是一种具有微晶体和玻璃相均匀分布的材料。

微晶玻璃的性质由晶相的矿物组成与玻璃相的化学组成以及它们的数量来决定。微晶玻璃是由结晶相和玻璃相组成的，微晶玻璃中的结晶相是多晶结构，晶体细小，比一般结晶材料的晶体要小得多，通常不超过2 μm。在晶体之间分布着残余的玻璃相，它把数量巨大、粒度细微的晶体结合起来。结晶相的数量一般分为50%～90%，玻璃相的数量从10%高达50%。微晶玻璃中结晶相、玻璃相分布的状态，随它们的比例而变化。

微晶玻璃具有很多普通玻璃所没有的性质：膨胀系数可以调节、机械强度高、电绝缘性能优良、介电损耗小、介电常数稳定、耐磨、耐腐蚀、热稳定性好及使用温度高等，可以作为结构材料、技术材料、光学和电学材料、建筑装饰材料等广泛用于国防尖端技术、工业、建筑及生活等各个领域。

微晶玻璃为非透明体，对于某些易着色的成分，不像透明玻璃那样控制严格，同时为了防止晶体成长过大，需要玻璃体具有一定的黏度，因此，对于Al_2O_3、FeO、Fe_2O_3含量高的废渣作为微晶玻璃的主要原料，是非常有利的。钢渣的主要成分为硅酸盐或铝酸盐，这与常见的硅酸盐微晶玻璃、铝硅酸盐微晶玻璃的基础成分较为一致，而钢渣中的铁还可能起到促进成核的作用。另外，在炼钢完成后剩余钢渣的温度较高，在1300～1500℃，而微晶玻璃制备方法一般为在1300～1400℃熔融制成。因此，可以利用热态钢渣所含的热能来直接熔制微晶玻璃，不仅节约了大量的能源，而且省去了固态钢渣所需要的粉碎作业。可见，利用钢渣来制造微晶玻璃具有一定的可行性及有利条件[79]。

5.16.10.2 钢渣微晶玻璃的原料组成和制备工艺

(1)原料组成

在选择微晶玻璃的组成时，需要考虑的基本因素主要有以下几点：①化学成分上必须保证在热处理后形成所指定的晶相和玻璃相；②熔制的玻璃液不宜在成型或退火过程中结晶；③玻璃在重新热处理时应在整个体积内均匀结晶；④玻璃能在工业条件下被熔制。

钢渣微晶玻璃多以 $CaO-SiO_2-Al_2O_3$ 系统作为基础玻璃组成，相对于基础玻璃的组成，钢渣中 CaO 含量较高，SiO_2 含量偏低，铁含量偏高，因此需添加高 SiO_2 含量的物质作为辅料。一般情况下，在原料组成中，钢渣所占比例在40%左右，最终原料组成 CaO 含量为18%～26%，SiO_2 含量为35%～55%，Al_2O_3 含量为5%～13%，$FeO+Fe_2O_3$ 为4%～15%，以及澄清剂、助熔剂等辅料。若铁含量过高，则样品的颜色会过深。钢渣微晶玻璃的主要晶相为透灰石（$CaMg[Si_2O_6]$）和普通辉石，透辉石具有耐磨、耐腐蚀、抗冲击等优异特性，因此钢渣微晶玻璃具有较高的力学强度、良好的耐化学腐蚀性等性能，能在建筑装饰材料中得到广泛应用[79,80]。

在微晶玻璃生产中，晶核剂的加入，对于微晶的快速生成，加速熔制和热处理过程，具有重要意义。即使有一定析晶倾向的玻璃成分，也常常引入适量晶核剂，以便缩短热处理时间。钢渣微晶玻璃常用的晶核剂有 ZrO_2、Cr_2O_3、TiO_2、CaF_2 等[81-83]。不锈钢钢渣中含 Cr_2O_3 量大，可以作为晶核剂，且不锈钢钢渣的成分和粒度分布都满足制备微晶玻璃的要求，因此不锈钢钢渣配上其他硅质原料可以制成微晶玻璃，同时还能实现在微晶玻璃内对Cr(Ⅵ)进行固化和转化，实现无毒化处理，并实现资源化利用。

$FeO-Fe_2O_3-CaO-SiO_2$ 体系铁磁微晶玻璃中添加少量 Na_2O、B_2O_3 或 P_2O_5 后显示出较好的生物活性，是温热疗法治疗癌症的有效热种子材料。钢渣中 FeO 和 Fe_2O_3 含量较大，与铁磁微晶玻璃的成分组成更为接近，因此，利用钢渣制备铁磁微晶玻璃可行性较好。

(2)制备工艺

微晶玻璃的熔制与成型方法，与普通玻璃并无根本区别，当成型后的玻璃板从退火炉退出后，再送入微晶化炉中按照一定的温度进行进一步热处理即可得到。微晶化处理的加热一般分为两个阶段：第一阶段为退火温度至玻璃转变温度 T_g 范围内，该阶段主要是玻璃结构的微调与晶核的形成，温度越低，微晶结构越细小，所需时间越长；第二阶段为微晶的生长阶段，大体在 T_g 与膨胀软化温度之间。由于熔融钢渣具有较高的温度，因此，通过在熔融钢渣中加入辅料原位制备微晶玻璃，可以充分利用熔融钢渣的热能，降低微晶玻璃生产成本。钢渣微晶玻璃的核化温度为700～750℃，晶化温度为900～950℃[79-83]。

5.16.10.3　实例分析[81]

由于钢渣的主要化学成分与微晶玻璃的组成较为相似，可引入适当的辅料对热态钢渣进行调质，使其向玻璃熔体转变。结合热态钢渣的特点，辅料的选择应符合以下要求：

(1)辅料的熔点应尽可能低；

(2)辅料应富含 SiO_2 等玻璃体形成氧化物；

(3)辅料应价格低廉且容易获得；

(4)能使调质后的熔体组分更加接近目标产品的化学组成。

常用的辅料主要有硅石粉、刚玉粉，主要成分如表5-3-58所示。

表 5-3-58　辅料的化学成分组成　（%）

辅料	SiO_2	CaO	Al_2O_3	MnO	P_2O_5	Cr_2O_3	SO_3	Fe_2O_3	K_2O	其他
硅石粉	98.55	0.14	0.21	0.04	0.02	0.03	0.41	0.3	0.04	0.26
刚玉粉	0.25	—	98	0.63	—	—	—	0.15	—	0.97

以某厂转炉渣为例，转炉渣的主要成分如表 5-3-59 所示。

表 5-3-59　转炉渣主要成分　（%）

成分	Fe_2O_3	CaO	SiO_2	MgO	V_2O_5	TiO_2	MnO	Al_2O_3	P_2O_5	Cr_2O_3	SO_3	SrO	WO_3
含量	25.08	43.47	13.74	4.85	0.43	1.00	4.65	2.39	2.53	1.32	0.45	0.04	0.05

表 5-3-60 为一种典型的微晶玻璃组成成分。由表 5-3-60 可知，该微晶玻璃的主要成分为 CaO、SiO_2、Fe_2O_3 和 Al_2O_3，与转炉渣的主要组成较为相似。

表 5-3-60　欲配制目标钢渣微晶玻璃的化学成分　（%）

成分	CaO	SiO_2	MgO	Fe_2O_3	TiO_2	Al_2O_3	K_2O	Na_2O
含量	22.98	37.14	6.91	15.38	0.89	9.44	1.05	2.3

用表 5-3-59 所示的转炉渣来配制如表 5-3-60 所示微晶玻璃，若仅通过加入硅石粉和刚玉粉两种辅料，不能同时满足表 5-3-60 中微晶玻璃的 8 种主要成分的含量要求，必须额外增加相应元素的氧化物作为辅料，微晶玻璃中精确控制的组成成分越多，需额外添加的氧化物也越多。虽然添加较多的氧化物不利于实际应用，但对于保证产品质量是有益的。

将原料和辅料中的各组分分别用 $X_1, X_2, \cdots, X_9$ 表示，再根据目标样品的各化学组分含量，根据物料平衡的原理，建立方程，将各个组分的方程联立起来，得到如下的组分方程组：

$$\begin{cases} 0.1374X_1 + 0.9855X_2 + 0.0025X_3 = 37.14 \\ 0.4347X_1 + 0.0014X_2 + X_4 = 22.98 \\ 0.0239X_1 + 0.0021X_2 + 0.98X_3 = 9.44 \\ 0.01X_1 + X9 = 0.89 \\ 0.0485X_1 + X_5 = 6.91 \\ 0.2508X_1 + 0.003X_2 + 0.0015X_3 + X_6 = 15.38 \\ 0.0004X_2 + X_7 = 1.05 \\ X_8 = 2.3 \\ X_1 + X_2 + X_3 + X_4 + X_5 + X_6 + X_7 + X_8 + X_9 = 100 \end{cases}$$

上述方程组求解得 $X_1 = 37.22, X_2 = 32.48, X_3 = 8.66, X_4 = 6.76, X_5 = 5.10, X_6 = 5.93, X_7 = 1.04, X_8 = 2.3, X_9 = 0.52$。即计算得到的钢渣及辅料各组分的用量列于表 5-3-61。

表 5-3-61　配制目标微晶玻璃所需钢渣和各辅料的用量　（%）

成分	钢渣 X_1	硅石粉 X_2	刚玉粉 X_3	CaO X_4	MgO X_5	Fe_2O_3 X_6	K_2O X_7	Na_2O X_8	TiO_2 X_9
用量	37.22	32.48	8.66	6.76	5.10	5.93	1.04	2.3	0.52

由表 5-3-61 可知，配制 100 kg 的目标微晶玻璃，转炉钢渣的掺入量可达 37.22 kg。

5.16.10.4 经济效益分析

以某工厂为例，对钢渣生产微晶玻璃的经济性进行分析。该工厂年产 10 万～15 万 m^2 微晶玻璃面板。表 5-3-62 和表 5-3-63 是该厂生产微晶玻璃的主要设备投资以及成本的估算。

表 5-3-62 年产 10 万～15 万 m^2 微晶玻璃主要设备投资估算

设备名称	设备投资/万元	设备名称	设备投资/万元
锅炉系统	40.0	化验设备	40.0
液化气站	140.0	供电及照明	200.0
原料系统	140.0	土建	1100.0
熔化成型系统	480.0	其他费用	400.0
热处理系统	1500.0	流动资金	1500.0
切磨系统	800.0	总计	6340.0

表 5-3-63 年产 10 万～15 万 m^2 微晶玻璃成本估算明细表

名称	数量	单价/元	总价/万元	名称	数量	总价/万元
工资	260 人	800	250.0	设备折旧	10%	354.0
劳保福利	13%		33.0	窑炉复置金		50.0
原料	6500 t	1200	780.0	修理费		60.0
电费	500 万 kWh	0.60	300.0	制造费用		50.0
重油	2640 t	1600	423.0	管理费用		100.0
液化气	1320 t	2800	370.0	销售费用		300.0
煤	680 t	300	20.0	流动资金利息	7.63%	115.0
磨料磨具			300.0	成本合计		3505.0

根据转炉渣配置上述微晶玻璃时，原料的 37.22%来自转炉渣，即原料的使用量减小了 37.22%。由表 5-3-63 可知，原料的单价为 1200 元/t，而该厂年消耗原料的总量为 6500 t，使用转炉钢渣后，年消耗原料的总量减小为 4081 t，钢渣的成本可以忽略不计。

则每年节省原材料的费用约为：(6500－4081)×1200＝290.3 万元。

5.16.11 其他建材产品

钢渣粉代替水泥，钢渣代替天然砂石作骨料还能在多种建材制品上得到应用，表 5-3-64 列出了一些较为典型的钢渣建材制品发明专利内容，主要包括钢渣砖、钢渣砂浆和钢渣混凝土制品等。

表 5-3-64 钢渣建材产品的相关专利

序号	专利号	专利名称	主要内容
1	CN101250050A	一种钢渣免烧砖	用钢渣砂、钢渣粉、高炉渣、石灰经过加水搅拌、压制成型、养护和陈化制免烧砖
2	CN101649663A	钢渣尾泥作为胶凝材制备的钢渣混凝土砖	用钢渣尾泥作为胶凝材制备钢渣混凝土砖，材料组成为：钢渣集料 50%～80%，粒化高炉矿渣 10%～30%，钢渣尾泥 7%～18%，粒化高炉矿渣粉 3%～10%，石膏0～15%
3	CN101244461A	一种钢渣免烧砖的制作方法	将原料钢渣砂、钢渣粉、高炉渣、石灰中加水搅拌、成型压制，在常压下进行陈化，在陈化中通入含 CO_2 的工业尾气，陈化结束得到成品钢渣免烧砖

续表

序号	专利号	专利名称	主要内容
4	CN202989718U	一种利用钢渣和沙漠沙制备的渗水砖	由面层和底层组成，面层是由沙漠沙、细钢渣和聚乙烯醇混合而成的渗水面层，底层是由沙漠沙、硅酸盐水泥、粗钢渣、石子和水混合压制而成的支撑底层
5	CN203200632U	一种利用钢渣做骨料的彩色渗水砖	由渗水面层和支撑底层组成，支撑底层上固定渗水面层，渗水面层中的着色剂选自中铬黄、钼铬大红类无机颜料，面层中含有的钢渣为细钢渣，细钢渣粒径为 0.125～0.45 mm；支撑底层中含有的钢渣为粗钢渣，粗钢渣粒径为 0.2～0.5 mm
6	CN101104551A	钢渣保温抹面砂浆	一种适用于膨胀聚苯板外墙保温系统中，薄抹在粘贴好的膨胀聚苯板外表面，用以保证薄抹灰外墙保温系统的机械强度和耐久性的钢渣保温抹面砂浆，包括钢渣、水泥、高分子聚合物、矿物掺合料、其他添加剂，砂浆组成按质量百分比为：钢渣 55%～67.5%，水泥 20%～30%，矿物掺合料 2%～10%，高分子聚合物 2.5%～8%，其他添加剂 0.2%～0.6%
7	CN101423362A	钢渣聚合物水泥砂浆	钢渣聚合物水泥砂浆，包括如下重量百分比的组分：钢渣 69.7%～89.9%，水泥 10%～30%，外加剂 0.1%～0.3%，钢渣砂全代替黄砂、钢渣微粉部分代替水泥
8	CN101891435A	钢渣砂防水抗裂干混砂浆	钢渣砂防水抗裂干混砂浆，其组分及重量百分比：粒度≤4.75 mm 的钢渣 55%～80%，通用硅酸盐水泥 15%～40%，丙烯酸类胶粉 0.5%～5%，保水剂 0.05%～0.5%，木质纤维 0.1%～1.0%，减水剂 0～0.5%，有机硅防水剂0～0.5%
9	CN101215126A	一种钢渣碾压混凝土	钢渣碾压混凝土，其组分按重量百分比计含有：水泥 6%～14%、钢渣微粉 0～4%、钢渣集料 4%～75%、石子 0～44%、黄砂 11%～37%、拌合用水 3%～5%。本发明的钢渣碾压混凝土在耐久性、强度、耐磨性、承载能力等方面相对普通碾压混凝土有明显的优势，每立方米价格下降 10%
10	CN102503327A	全钢渣导电混凝土	全钢渣导电混凝土总重量的百分比组分：胶凝材料 10%～21%，水 5%～12%，粗钢渣集料 39%～60%，细钢渣集料 18%～34%；所指胶凝材料包括以占胶凝材料总重量的百分比组分：脱硫石膏 10%～30%，钢渣粉 60%～85%，激发剂 2.5%～5%，半水石膏 0～5%。本发明具有可完全回收利用钢渣，导电电阻率较低，制造成本较低
11	CN101880147A	一种钢渣生态混凝土、钢渣生态混凝土制品及其制备方法	一种钢渣生态混凝土、钢渣生态混凝土制品及其制备方法，它是由集料、胶结料、水、高分子添加剂、微生物、培养基制备而成，各组分重量配比、添加量范围为（干基重量计）：集料：胶结料＝(3～5)：1，水：胶结料＝0.25～0.65，微生物和培养基为外加，微生物和培养基的配比为 1：1～1：10，微生物和培养基的合计加入量为集料、胶结料合计量的 0.1%～5%；高分子添加剂加入量占物料中胶结料基准量的 0.5%～3%。将上述组分经过搅拌后，进行浇注成型，或在压砖机上进行加压成型，制成结构中留有空腔的混凝土或混凝土预制块、砌块和砖，结构中的空隙率为 25%～40%，空隙的直径为 0.01～5 mm

续表

序号	专利号	专利名称	主要内容
12	CN101456711A	一种钢渣植生混凝土及其制备方法	钢渣植生混凝土，包含以下重量百分比的组分：风淬钢渣 80%～88%，硅酸盐水泥 10%～19.5%，增强剂 0.5%～2%。其制备方法为，利用 0.1～5 mm 风淬钢渣与硅酸盐水泥在成球机上成球，作为骨料，再将该骨料与硅酸盐水泥、增强剂按比例混合，加水生产钢渣植生混凝土。利用风淬钢渣制备的植生混凝土 7 d 抗压强度大于 20 MPa、孔隙率大于 20%且 pH 值为 8～10，适宜植物生长
13	CN103755283A	一种利用冶炼钢渣制备储热混凝土的方法	冶炼钢渣制备的储热混凝土，由玄武岩、冶炼钢渣、普通硅酸盐水泥、矿渣粉、石墨粉、硅微粉、减水剂制备而成，其各原料配比的重量份为：玄武岩 34～36 份，冶炼钢渣 32～34 份，普通硅酸盐水泥 6～10 份，矿渣微粉 15～18 份，石墨粉 3～5 份，硅微粉 3～4 份，减水剂 0.9～1.2 份；水灰比 0.28～0.32；冶炼钢渣直径 2～15 mm；玄武岩颗粒直径 4～15 mm；石墨粉 C 含量不少于 98.0%

5.16.12 存在的主要问题及解决方案

钢渣中存在的游离 CaO 和游离 MgO 遇水反应引起的体积膨胀也可引气钢渣建材制品的开裂而造成严重后果，因此，钢渣建材制品的相关标准对钢渣中的 *f*-CaO 含量和稳定性及钢渣建材制品的安定性作了较严格的规定。国家标准《建设用砂》(GB/T 14864—2011)规定："若在工程建设中使用的钢渣机制砂还应按照《泡沫混凝土砌块用钢渣》(GB/T 24763—2009)、《外墙外保温抹面砂浆和粘结砂浆用钢渣砂》(GB/T 24764—2009)、《普通预拌砂浆用钢渣砂》(YB/T 4201—2009)等标准要求进行试验判定，符合规定后方可使用。"

关于改善钢渣稳定性的方法在前面已有介绍，在此不再赘述。

5.16.13 对钢铁企业钢渣管理和应用的建议

(1)钢渣在建筑工程、道路工程以及建材制品中的应用，既可作粗集料也可作细集料，各类产品对级配的要求有所不同。在钢渣应用于这些领域之前，为了选出其中的金属铁，都经过了破碎、筛分、磁选等过程，尾渣的粒度根据选铁工艺的不同而有所差别。因此，建议钢铁企业在建立钢渣磁选工艺前，规划尾渣的利用途径和各种利用途径的利用量，尾渣的利用规划应作为磁选工艺设计的重要依据之一，使钢渣选铁和尾渣利用更好地衔接。

(2)钢渣的一些利用途径，如制钢渣粉、制干粉砂浆等对钢渣的含水率有较高要求，因此建议用作生产此类产品的钢渣(指已陈化稳定性合格的钢渣)在堆放时应采取防雨淋的措施，并保持地面的干燥，从而可以节省烘干的能耗和费用。

5.17 钢渣用作酸性土壤改良剂和肥料

5.17.1 钢渣用作酸性土壤改良剂

5.17.1.1 概述

钢渣中含有较高的钙、镁，碱度较高，可代替石灰作为酸性土壤改良剂。采用钢渣作为酸性土壤改良剂，钢渣中的CaO能在很长时期内缓慢中和土壤，且由于钢渣本身含有可溶性的镁和磷，可以取得比石灰改良酸性土壤更好的效果。我国钢渣在农业土壤改良中的应用始于20世纪50年代末60年代初。东北林业土壤研究所于1958—1960年就将加工或粉化的钢渣肥施用到不同土壤开展田间肥效试验；湖南化工研究所、中科院南京土壤研究所等单位都曾以钢渣为原料开展田间肥效及作物试验。有研究结果表明：钢渣粒度小于4 mm，并含有一定数量小于100 μm的极细颗粒，是农业上理想的土壤改良剂[84]。

5.17.1.2 钢渣中的石灰质物料

改良酸性土壤的石灰质物料包括石灰石、白云石、生石灰、熟石灰、方解石等。石灰质材料的中和值是通过它们与纯碳酸钙($CaCO_3$)的中和值比较确定的，将$CaCO_3$的中和值定为100，其他物质与其比较得中和值又被称为“相对中和值”或“碳酸钙当量”。如白云石的中和值为108，生石灰的中和值为150。在选择石灰质物料时，要核定其中和值、细度和反应性。在土壤镁含量低或缺乏的地区，石灰的镁含量也应是选择石灰材料的一个因素。

钢渣中的石灰质物料包括易溶于水和难溶于水的含钙或含镁化合物。钢渣中的游离CaO可以快速与水反应生成$Ca(OH)_2$并中和土壤的酸性。而钢渣的硅酸钙可以缓慢与土壤中的酸性物质反应，从而能起到长效的pH值缓冲作用。钢渣的中和值会因钢渣种类、碱度、粒度等的不同而不同。钢渣磷肥的中和值为50～70。

5.17.1.3 钢渣用于酸性农田土壤改良

(1)农田土壤石灰需求量的确定

农田土壤中石灰的施用量应当根据农作物的种类和土壤的酸性缓冲容量来决定。有机土壤有一定的石灰需求量。不同种类的作物生长适宜的土壤pH值范围不同，如水稻生长最适pH值范围为6.0～7.5，小麦生长最适pH值范围为5.5～6.5，而棉花生长最适pH值范围为6.5～8。有机土壤的pH值一般要求在6.0以上，以免Cu、Zn等微量元素的流失。

土壤的酸性缓冲容量与其有机质含量和矿物组成相关。土壤胶体通过释放交换性H^+或Al^{3+}在酸性范围内起到缓冲pH值的作用。土壤颗粒的阳离子交换能力与其颗粒大小有关，颗粒越细，土壤pH值缓冲能力越强。土壤的石灰质物料需求量，即每亩土地农用所需的石灰质物料重量，不仅与土壤的pH值有关，还与土壤的缓冲容量或阳离子交换容量有关。科学计算石灰质物料需求量的方法有很多种，根据pH值确定石灰质物料用量的方法通常有SMP单缓冲法、SMP双缓冲法、$Ca(OH)_2$滴定法等，也可根据中和土壤可交换性Al的量来确定石灰用量。

一般情况下(pH值为5.0～5.5，交换性酸2.8～3.9 cmol/kg)，熟石灰适宜施用量为75～105 kg/亩(1亩＝666.67 m^2)，碳酸钙粉适宜施用量为75～105 kg/亩，白云石粉适宜施用量为100～200 kg/亩。钢渣的适宜施用量可根据钢渣的中和值和石灰石的施用量进行换算并通过试验确定。在法国，钢渣用于酸性土壤改良的参考施用量为每公顷施用1 t渣，即66.7 kg/亩。

(2)钢渣土壤改良剂的施用间隔

一般石灰石的施用间隔为2～3年。钢渣中的游离CaO可以在短时间内使土壤的pH值增大，但开始达不到目标pH值。随着时间推移，钢渣中的难溶含钙化合物缓慢释放碱性中和土壤中的酸性，最终达到目标pH值。因此，建议对每种钢渣进行中和作用的测试，将一种或几种酸性土壤与一定比例钢渣混合后，观察土壤 pH 值随时间的变化。钢渣的施用间隔应当根据钢渣保持土壤稳定在目标 pH 值的时间。

(3)施用方法

对于石灰石的施用，施入深度能达到 15 cm 最好。在这一深度，大多数作物的根部能汲取水和营养。钢渣的施用也需确保钢渣和土壤能充分混合。

对于一些免耕作物，如牧草、果树等，钢渣和土壤的充分混合就较困难。此时，钢渣中可溶的 $Ca(OH)_2$ 能从土壤表面渗透到土壤内部，但大多数情况下，只能使表面以下 5 cm 厚土壤 pH 值上升。

(4)施用效果

图 5-3-15 所示为德国开展的使用钢渣作为酸性土壤改良剂的长效试验(1994—2004 年)效果。由图 5-3-15 可以看出，各种石灰质物料的施用都提高了土壤的 pH 值，转炉渣、转炉渣和精炼渣混合料与石灰石所起到的效果比较接近。

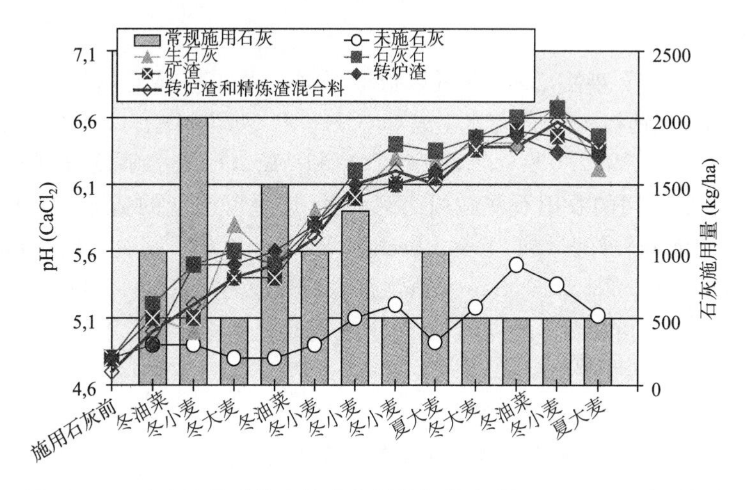

图 5-3-15 冶金渣作酸性土壤改良剂的长效试验(1994—2004 年)效果

5.17.1.4 钢渣用于酸性土地复垦

(1)煤矿土地复垦

钢渣是非常优良的煤矿土地复垦材料。因为煤矿土地潜在酸性总量大，重复施用石灰的经济和技术可行性小。Munn 等的研究结果显示三种钢渣作为石灰质物料在美国俄亥俄州东部煤矿弃土场复垦中的应用获得了较好的效果[85]。这些弃土的酸性很强，pH 值小于 4。在没有改良的区域，没有植物生长，而用石灰石和钢渣改良的区域，植物正常生长。

(2)应用于填埋场酸性覆土改良

在美国东海岸地区，生活垃圾填埋场封场后的覆土层往往因为 pH 值不断下降而使植被无法正常生长。这些土壤 pH 值下降的原因是土壤中的硫化物氧化成了硫酸，因而石灰需求量很大，使用石灰石来中和 pH 值成本较大，采用钢渣作为石灰质物料可以明显降低成本。

(3)施用方法

煤矿矿区土地除了呈酸性特点外，还存在有机质和营养元素缺乏，土壤结构破坏等问题。石灰、有机质和肥料的浅层施用会造成土壤干燥，从而往往造成这些土地复垦失败。钢渣施用到农田时混合深度可达 15 cm,为了促使植物根系向下生长,钢渣尽可能施入到最大深度。钢渣施用于煤矿矿区土地的用量要比施用于农田的大,因此,施用深度需要更大,以免造成表层土壤碱处理过度,pH 值大于目标值。

5.17.1.5 钢渣酸性土壤改良剂的生产工艺

酸性土壤改良剂要求的粒度较细,如德国的相关标准规定土壤改良剂 97%的粒子要小于 3.15 mm,40%的粒子要小于 0.315 mm;法国的相关标准规定 96%的粒子要小于 0.63 mm,75%的粒子要小于 0.16 mm;我国安徽地方标准《农用石灰质物料酸性土壤改良技术规程》(DB34/T 1017—2009)规定用于酸性土壤改良的石灰质物料提高土壤 pH 值 1 个单位时粒径需小于 0.425 mm,而钢渣的平均粒径一般都会大于 5 mm,因此,钢渣用于酸性土壤改良需进行研磨处理,可以使用球磨、辊磨等。

5.17.1.6 钢渣用于农田酸性土壤改良和酸性土地复垦可能造成的环境问题

(1)可溶盐

农用石灰石和白云石难溶于水,仅可以被酸侵蚀。因此,一般不需考虑可溶盐的问题。而钢渣中含有游离氧化钙和氧化镁,与水生成 $Ca(OH)_2$ 和 $Mg(OH)_2$。$Ca(OH)_2$ 和 $Mg(OH)_2$ 的溶解度分别为 1.20 g/L 和 0.009 g/L,而 $CaCO_3$ 和 $MgCO_3$ 的溶解度分别只有 0.014 g/L 和 0.013 g/L。按照常用的农田石灰施用比例计算,这些可溶盐的量基本是可以忽略的,特别是在潮湿区域和灌溉较好区域的土壤。Beck 和 Daniels 测定了钢渣细颗粒和粗颗粒的可溶盐含量分别是 3.68 dS/m 和 2.55 dS/m。植物忍耐可溶盐的限值为 42 dS/m,因此,钢渣施用于农田土壤不会引起可溶盐的问题。但是对于土地复垦区,由于施用量大而且主要施用在表层,因此需要测定可溶盐量[86]。

(2)超施石灰

每种作物生长有各自适宜的土壤 pH 范围。超施石灰可影响作物对营养元素的汲取,如 P、Fe、Cu、Zn 等。钢渣中的 CaO 和 MgO 有更高的活性,反应生成的 $Ca(OH)_2$ 有更高的平衡 pH 值(12.5),而石灰石的活性比 $Ca(OH)_2$ 低且平衡 pH 值为 8.25,因此,施用钢渣应更注意超施石灰的风险。

(3)钢渣中痕量元素的影响

钢渣根据钢渣种类还含有不同量的痕量元素,包括 Cr(Ⅲ)、Pb、Cd、Zn、Ni、Zr 等。在用钢渣将酸性土壤中和到适宜的 pH 值范围内,钢渣中的阳离子(Al、Cr(Ⅲ)、Pb、Cd、Zn、Ni、Co、Ba、Sr、Zr 等)的溶解性能和生物活性很低。Beck 和 Daniels 测定粗粒钢渣和细粒钢渣 Cr(Ⅲ)的含量分别为 5169 mg/kg 和 4519 mg/kg,毒性浸出实验(TCLP)结果表明 Cr(Ⅲ)的浸出浓度分别为 0.004 和 0.003 以下,这说明 Cr(Ⅲ)的溶解性能很低[86]。中国农科院对我国十种钢渣进行了 TCLP 测试,结果表明所有搜集钢渣都不存在 Cd、Pb、Hg 和 As 等重金属元素污染的环境风险,但一些样品的 Cr 浸出量超过了美国环保局限定的最高浓度[87]。魏贤研究了钢渣对不同轮作制度酸性土壤改良的安全性进行了评价,研究结果表明,钢渣多次施用以后,土壤中全铬、全镉、全砷含量没有明显增加,籽粒中铬含量均低于 0.7 mg/kg,籽粒中没有检测到镉和砷[88]。德国的长期试验结果表明,当钢渣用作酸性土壤改良剂时,土壤中的 Cr 含量没有增加,当钢渣用作肥料时,植物中的 Cr 含量也没有增加。但是,也有研究在通过跟踪施用钢渣 50 年后土壤及植物中的 Cr 和 V 含量后发现,表层土壤中的Cr和V含量增加但深层土壤未增加，一些植物中的Cr和V含量也有所增加。因此为了防止施用钢渣带来的生态风险，有必要对钢渣中的重金属进入土壤及植物的迁移、转化和富集途径以及机理进行系统研究，对施用钢渣的土壤及种植的植物中的重金属含量进行跟踪检测和风险评价，最终对钢渣用于农业生产时重金属含量进行限值规定。

目前，钢渣土壤改良剂用于酸性土壤改良对于钢渣中重金属含量的限定，可参照《城镇垃圾农用控制标准》(GB 8172—1987)，《肥料中砷、镉、铅、铬、汞生态指标》(GB/T 23349—2009)，《城镇污水处理厂污泥处置 土地改良用泥质》(GB/T 24600—2009)以及《农用粉煤灰中污染物控制标准》(GB 8173—1987)，它们对重金属含量的限定含量如表5-3-65所示。由表5-3-65可知，用于土地利用的材料的重金属含量要求较为严格。从我们调研的钢渣中的重金属含量情况来看，Cu、Cd、Pb、As未检测到，Hg、Ni仅在个别样品中检测到，总Zn含量在0.02%左右，总Cr含量变化较大，但大多都超过0.2%，因此钢渣用于土壤改良重点需要关注的是Cr可能造成的污染。

表5-3-65 土地利用相关标准重金属限定值

重金属种类 标准代号	总Hg/ %	总Cr/ %	总As/ %	总Pb/ %	总Cd/ %	总Zn/ %	总Cu/ %	总Ni/ %
GB 8172—87	≤0.0005	≤0.03	≤0.003	≤0.01	≤0.0003	—	—	—
GB/T 23349—2009	≤0.0005	≤0.05	≤0.005	≤0.02	≤0.001	—	—	—
GB/T 24600—2009*	≤0.0005	≤0.06	≤0.0075	≤0.03	≤0.0005	≤0.2	≤0.08	≤0.01
GB 8173—87*	—	≤0.025	≤0.0075	≤0.025	≤0.0005	—	≤0.025	—

*标准规定的酸性和碱性土壤中重金属限定含量不同，表中列出的是对酸性土壤的要求值。

5.17.1.7 经济效益分析

由于钢渣用于酸性土壤改良主要是代替石灰石，若钢渣的中和值为农用石灰石粉的1/2，每亩酸性土壤改良每年平均施用石灰石粉100 kg，则钢渣的使用量需200 kg，石灰石的价格按100元/t，钢渣土壤改良剂的价格按25元/t计，则每年每亩酸性土壤可节省土壤改良费用5元。据报道，我国南方14省(区、市)土壤pH小于6.5的比例已由30年前的52%扩大到65%，酸性土壤高达4亿亩，若全部使用钢渣进行改良，按上述钢渣的施用量和施用成本计算，可每年消耗钢渣0.8亿t，节省费用20亿元。

5.17.2 钢渣用作肥料

5.17.2.1 钢渣肥料的发展现状

2012年我国磷肥的产量达1955.86万t，2012年国内磷肥需求量约为1400万t。国内磷肥需求量占产量的70%左右，出口量占30%左右，根据IFA(国际肥料工业协会)预测，2013年全球磷肥消费需求量将超过4000万t；国内外主要用钢渣来制备钢渣硅肥和钢渣磷肥，此外还有钢渣微量元素肥料。法国、德国等含磷铁矿比较丰富的国家，钢渣磷肥所占比重一直很大，占磷肥总量的13%～16%，而我国在2010年度高炉渣、钢渣用于农业肥料和土壤改良总计有23万t，占高炉渣、钢渣总用量的0.5%，可见我国钢渣在化肥方面的利用率是非常低的。

钢渣作为化肥的原料有着很多优势条件。由于钢渣中主要含有 CaO、SiO_2、MgO 等物相，这些物相可以直接作为化肥的组分，另外，钢渣中含有的 FeO、MnO、P_2O_5 以及 K 元素可以作为对作物生长的有益成分添加到土壤中去。并且，钢渣的碱性可以改善酸性土壤。

5.17.2.2 钢渣肥料技术研究现状

国内外研究和利用钢渣作为肥料较早，国外起始于 19 世纪下半叶，而我国从 20 世纪 50 年代也已开始。因各个国家钢铁生产工艺的差异，日本、朝鲜和中国高炉渣、脱硅渣含硅酸较多，故主要用作硅肥、硅钙肥、硅钙镁肥；而近 20 年主要是日本 JFE、NKK、住友金属、日本化学工业等公司开展了利用高炉渣、脱硅渣的余热制取，通过往熔融的熔渣中添加营养元素，开发具有缓释性的硅钾肥、硅磷肥、硅钙镁磷肥、微量元素肥的相关系列研究，其中 JFE 成功开发出的产品附加值较高的缓释性硅钾肥目前已在市场上流通[89]。由于西欧丰富的磷铁矿资源，托马斯钢渣磷肥一度成为主要的农业用肥。日本、美国、俄罗斯等国也将钢渣用作磷肥的原料。

我国除原始粗放利用钢铁渣的肥效外，近年来，宝钢、太钢、柳钢、马钢等企业，东北大学、河南科学院等研究机构，开展了利用高炉渣、脱硅渣制作硅肥、硅钾肥、微量元素肥的研究，取得了一定的进展，但目前尚处于研究开发阶段。钢渣在农业肥料方面的应用，国外发展较早，也较成熟，相比之下我国则在此方面的利用还较少。现阶段国内外主要用钢渣来制备钢渣硅肥和钢渣磷肥，此外还有钢渣微量元素肥料。

(1)钢渣硅肥

硅肥是一种新型肥料，被国际土壤界列为继氮、磷、钾之后的第四大元素肥料。我国南方水稻田普遍缺硅，硅是水稻生长过程中必需的营养元素，钢渣硅肥是一种很好的硅素补充剂。中国农科院的研究结论表明，钢渣中植物有效性硅含量大于 15%时，可作高品质的硅肥原料，含量范围在 10%～15%时，可以考虑作为硅肥原料利用，含量小于 10%时，不宜作为硅肥原料利用[87]。钢渣硅钙肥在日本、欧洲、美国以及中国等许多国家都有施用，研究表明钢渣硅钙肥可以显著地促进作物生长，提高植物对生物和非生物胁迫的抵抗能力，继而提高作物产量。在日本，研究指出土壤中硅元素亏缺(尤其是在生殖生长期)会显著影响水稻生长和产量形成，据报道每公顷施用钢渣硅钙肥 1500～2000 kg，水稻产量与对照相比增产 10%～20%。在美国佛罗里达州土壤缺硅严重的稻作地区，钢渣硅钙肥的施用增产 30%，该地区钢渣硅钙肥的施用量一般为 5000 kg/hm^2。20 世纪 80 年代在我国江西、江苏地区开展的利用钢渣作硅肥的田间试验，水稻增产 10%～20%，抗病能力增强[90]。滑小赞等通过大田试验研究施用钢渣对玉米[91]和洋葱[92]生产的影响，结果表明施用钢渣可使玉米和洋葱中的硅含量提高。马新等在 2013—2014 年进行了 2 年田间小区试验，研究了钢渣硅肥对玉米硅、磷养分吸收及产量的影响，结果表明钢渣硅肥可显著提高石灰性土壤硅含量，促进玉米对硅、磷的吸收，实现玉米增产 13.3%。[93]

(2)钢渣微量元素肥料

由于钢渣本身就含有一定量的锌、硼、锰、钼、氯等微量元素，可在钢渣出渣过程中补充添加微量元素的矿物微粉制成钢渣微量元素肥料，施用到农田土壤中。

(3)钢渣磷肥

国外从19世纪末即开始使用钢渣磷肥,在磷铁矿资源丰富的西欧,托马斯钢渣磷肥一度是主要的农业用肥。日本、美国、俄罗斯等国也将钢渣用作磷肥的原料。20世纪60年代,中科院曾对平炉钢渣磷肥开展过系统的研究,在用法、用量、粒度、土种、肥度及作物品种、性状、抗性和肥料品种对比等方面取得了可喜进展。目前,我国用钢渣生产的磷肥主要有钢渣磷肥和钙镁磷肥。脱磷渣中磷含量较高,是绝佳的钢渣磷肥原料。我国已探明的高磷铁矿资源丰富,随着高磷铁矿的逐渐利用,采用转炉双联法冶炼中高磷铁水,将初期含磷较高的碱性炉渣回收,然后经轧碎、磨细、磁选等工艺处理,便可得到钢渣磷肥。钢渣磷肥的主要有效成分是磷酸四钙和硅酸钙的固溶体。钢渣磷肥的 P_2O_5 质量分数大于10%,钢渣磷肥和钢渣硅肥一样,是一种枸溶性肥料。用南京钢铁厂所产的低品位钢渣磷肥进行试验,按有效 P_2O_5 施用量为2.5 kg/亩施用,结果表明,对水稻的肥效显著优于过磷酸钙;用含 P_2O_5 7.79%的马钢钢渣磷肥对大豆进行肥效试验,按 P_2O_5 施用量为3 kg/亩施用,其增产效果也明显高于过磷酸钙。

5.17.2.3 钢渣生产农业肥料主要工艺

现有的钢渣肥料的研究成果为理论与技术可行,但适宜的产品并未进入市场大规模应用阶段,且其产品在实际应用过程中,环境友好性、附加值高低、肥效及能否便于推广等问题都值得深入研究,现开发的钢铁渣生产肥料的主要工艺如下。

(1)钢渣进行破碎、筛分、磁选后,进行配比,经磨细、均化后,与无机、有机组分复配制成各种复合(混)肥。

(2)以钢渣为基础原料,经机械加工后进行化学处理,使钢铁渣改变性质,变成可溶性盐;加入含氮、磷、钾元素的化合物及其矿物或铁、锌、硼元素的化合物及其矿物、农肥、有机物等制成各种复合(混)肥,以增加肥效和降低有害元素含量。

(3)利用钢渣的显热,往熔融的钢渣中添加互补营养盐元素,通过调整熔渣硅钙比等手段制成缓释性肥料等。

(4)根据铁水成分的特点,在铁水预处理过程(脱硅、脱磷、脱硫)中有意识添加不同成分不同量的造渣剂,以获得自己期望成分的渣,此渣是生产肥料的良好原料;如日本NKK公司、宝钢在铁水脱硅工序中往熔融的铁水中加入碳酸钾,制成缓释性的硅钾肥,肥料中含有玻璃体,也含有 $K_2Ca_2Si_2O_7$ 晶体,两者都是缓释成分。

(5)利用钢铁渣的显热,对熔融状态的高温渣进行改质处理;如转炉渣高温改性处理法是通过造渣反应,控制转炉钢渣的成分,以获得生成肥料的原料。如前面章节提到的利用 SiO_2 改质转炉渣获得 $P_2O_5>10\%$ 的富磷相。

5.17.2.4 钢渣肥料应用生产中存在的问题

结合国内外钢渣肥料生产具体情况,我国钢渣肥料生产存在如下问题。

(1)钢渣成分的波动比较大。由于各厂铁水条件不一,钢渣成分差别较大,相比于普通化肥,钢渣化肥的生产成本较高;由于钢渣具有水硬胶凝性能,且含有一定量的有害元素,因此钢渣在化肥生产方面的应用有限。

(2)钢渣中F等有害元素较高。目前国内传统炼钢过程中通常加入一定 CaF_2 化渣,钢渣中的F元素加入显著降低炉渣枸溶率,影响钢渣磷肥性能,为获得较高的枸溶率,要求钢渣磷肥中 F 含量小于 0.5%。

(3)钢渣的显热没有得到充分的利用。我国绝大部分钢铁厂处理钢铁渣是采用水淬急冷的方法,钢渣 1300~1500℃的显热没有得到充分的利用,在一定程度上限制了钢渣肥料工业的发展。应结合钢铁渣农业资源化利用的方向和产品的特点,考虑充分利用显热(余热)及其途径。

(4)产品的附加值较低。目前钢渣农业资源化利用主要是制作硅肥、钙肥、磷肥、硅钙肥、酸性土壤改良剂等,虽然较大程度上提高了钢渣本身的附加值,但其作为肥料或土壤改良剂产品的附加值依然较低。

(5)钢渣农业利用产品成型加工技术等尚未成熟。简单将钢渣或其改性渣直接粉碎球磨后作为粉状肥料出售或添加 N、P、K 等元素后配成复合肥,一方面不方便施用,另一方面也大大降低了肥效。

(6)钢渣农业资源化利用时,钢渣各元素对植物的作用机理、元素的剂量效应、在土壤和植物体内存在的形态和量、钢渣农业利用的生态风险等尚未完全清楚。

5.17.2.5 钢渣作钢渣磷肥经济性分析

以一个年产 1000 万 t 的钢厂,钢渣回用后假设做钢渣磷肥的比例达到 10%,而生产 1 t 钢渣磷肥,大约需要 90%的钢渣和 5%的砂石或砂土,如钢渣外卖价格 50 元/t,砂石或砂土价格 20 元/t,钢渣化肥价格 1000 元/t,则有该厂创造经济效益为:1000×15%×5%×(1000−50×90%−20×10%)/90%=7925 万元。因此,钢渣生产农业化肥具有显著经济效益。

当然钢渣磷肥的生产还要考虑破碎磁选设备的一次性投入和破碎磁选成本,另外,钢渣在农业磷肥中的应用也可产生少占地的间接效益。

5.17.2.6 对钢企钢渣管理的建议

钢渣生产农业化肥时,对于钢渣成分的稳定性要求较高,成分波动较大时,对于产品和产量控制的影响较大,钢渣中某些有害元素对钢渣作农业化肥非常不利,严重影响肥效(以钢渣磷肥为例),因此,钢厂在对钢渣进行处理时,有如下几点建议。

(1)将不同流程、不同成分的钢渣分开堆存,减小钢渣成分的不稳定性。

(2)冶炼造渣过程中,严格控制渣中 CaF_2 含量,最好控制渣中 CaF_2 含量在 0.5%以下。

(3)对于不同工艺生产,不同 P_2O_5 含量的转炉渣,根据自身情况及相应用途,进行处理。

(4)在出渣过程中加入改质剂,促进钢渣中磷富集,也可以充分利用钢渣显热。

(5)堆存过程中加强管理,避免混入过多杂质和灰尘,在多雨地区,对已陈化合格的钢渣,可考虑设防雨水冲刷设施,保持干燥。

5.18 钢渣用于废水和废气处理

5.18.1 概述

钢渣具有较强的碱性,且表面多孔,比表面积大,已被证实对重金属离子、氨氮、磷、有机污染物等具有去除能力,是一种低成本的水污染净化材料。钢渣用于废水处理起始于 20 世纪 80 年代中期的日本，之后韩国、新西兰、德国、法国、加拿大等国家也开始了钢渣用于废水处理研究。目前，国内外对钢渣用于水处理的研究和应用主要集中在重金属废水处理，人工湿地、湖泊、生活污水、封闭海湾海水的氨氮和磷的去除，苯酚、苯胺等有机废水的处理，酸性矿山废水的处理等领域。未来，钢渣在渗透塘、雨水湿塘等“海绵城市”低影响开发设施中也将发挥其作用。

钢渣中的碱性物质也可以与一些酸性气体发生反应，如 CO_2、SO_2，因此，近几年来，国内外研究人员对钢渣捕获 CO_2 和吸收烟气中 SO_2 的工艺展开了深入研究，钢渣吸收烟气中 SO_2 在我国实现了工程应用，但钢渣捕获 CO_2 仍然处于实验室研究阶段，实现大规模工业化还存在诸多难题。

钢渣用于废水和废气处理，能实现“以废治废”，具有较好的经济效益和环境效益。

5.18.2 钢渣用于废水处理

5.18.2.1 处理机理

钢渣中含有 40%左右的 CaO，呈较强的碱性，能与废水中重金属离子和磷酸盐生成沉淀，从而使它们从水相中除去。另外，钢渣由于表面粗糙、多孔，对重金属离子以及氨氮和磷也有一定吸附作用。钢渣的吸附作用可分为物理吸附和化学吸附。物理吸附由钢渣的多孔性和比表面积决定，比表面积越大，吸附效果越好。钢渣吸附剂还有一种化学吸附作用，可将这种吸附作用分为：①静电吸附，钢渣表面因带负电荷而对溶液中的阳离子产生静电吸附；②表面配合作用，钢渣颗粒表面的硅、铝、铁的氧化物表面离子的配位不饱和，在水溶液中进行水解形成基团能够与金属阳离子和磷酸根生成表面配位配合物；③阳离子交换，重金属离子与钢渣表面吸附的 H^+ 发生阳离子交换作用而被吸附在钢渣表面[94]。另外，有研究发现钢渣对重金属离子的去除还包括 $CaCO_3$ 的共沉淀作用和 $CaCO_3$ 的吸附作用[95]。

5.18.2.2 应用实例

(1)钢渣滤床在新西兰钢铁厂的应用[96]

①钢渣滤床去除废水中的 P

新西兰怀乌库污水处理厂建于 1971 年，用于处理新西兰钢铁厂所在怀乌库镇的污水，采用的是稳定塘处理工艺，主要处理设施包括兼性塘和熟化塘(图 5-3-16)。1993 年污水处理厂升级改造时，增设了 10 座平行的钢渣滤床，每座长 97.4 m、宽 29.6 m，总面积 28830 m^2，使用钢渣 15000 m^3。滤床厚度 0.5 m，平均水处理量 2000 m^3/d，平均水力停留时间为 2 d。滤床设计之初是为了进一步去除原处理工艺出水的悬浮物和藻类，但实际的监测结果表明，滤床对磷的去除也有很好的效果。长期运营水质监测结果表明：1993—1994 年，总磷的去除率能达到 97%，1993—1998 年，滤床运行稳定，总磷平均能降到 2.3 mg/L；通过 11 年的监测数据测算，总共有 27.4 t 总磷通过滤床去除，前 5 年去除量达 19.7 t。

在怀乌库水处理厂利用钢渣滤床获得很好的效果后，新西兰多个污水处理厂都建有或者准备建钢渣滤床用于除磷。如在怀波瓦森林自然保护区管理行政区设置了钢渣滤床(图 5-3-17)，用于接纳行政区内化粪池出水。该滤床规模较小，仅用钢渣 80 m^3。一周的监测结果表明污水中 90%的 P 由滤床去除。

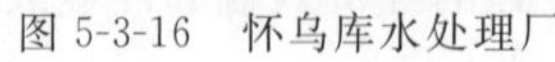
图 5-3-16　怀乌库水处理厂

图 5-3-17　怀波瓦森林自然保护区钢渣滤床

②钢渣滤床去除废水中的重金属

新西兰钢铁厂厂区雨水通过沉淀后能达到排放要求(图 5-3-18 所示为雨水沉淀池),但附近居民要求钢厂进一步净化雨水,特别是水中的重金属。因为钢渣被证实具有去除重金属的能力,同时为了就地利用钢渣,钢厂设置了钢渣滤床试验装置(图 5-3-19)。该装置分为两层钢渣滤床,废水通过喷雾方式在上层滤床布水,然后通过重力流入下层滤床进一步过滤。该装置水处理量每小时 60 m^3,水力停留时间 2 h。监测结果表明,废水中平均 80%的 Zn 以及 100%的悬浮物能被去除。由于试验装置效果很好,新西兰钢铁厂建设了第二套和第三套装置,能满足厂区所有雨水的处理。

图 5-3-18　新西兰钢铁厂雨水沉淀池

图 5-3-19　新西兰钢铁厂雨水钢渣滤床

(2)钢渣处理生活污水[97]

加拿大政府实施了一项加强居民区化粪池出水的除 P 工程。1999 年,在靠近加拿大北部湾的安大略省,化粪池出水采用了先经好氧砂滤,再经转炉钢渣固定层过滤的工艺。经过钢渣过滤层后,化粪池出水磷酸盐浓度可从进水的 5 mg/L 降低到 0.02 mg/L。钢渣滤床还能去除废水中的大肠杆菌。该钢渣滤床连续运行四年出水仍保持稳定,运行结果见图 5-3-20。由图 5-3-20 可见,原水中磷酸盐含量为 10 mg/L 左右,钢渣滤床运行 1400 d,出水磷酸盐含量都在 0.02 mg/L 左右;原水中菌落总数为 1×10^4CFU/100 mL 左右,钢渣滤床运行 1400 d,出水菌落总数为 10^4CFU/100 mL 左右。

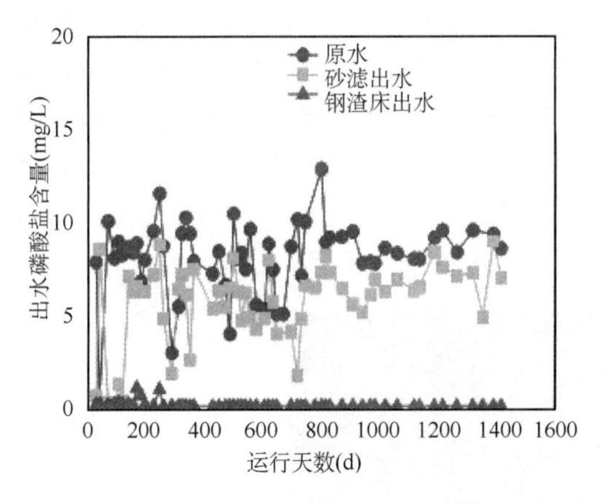

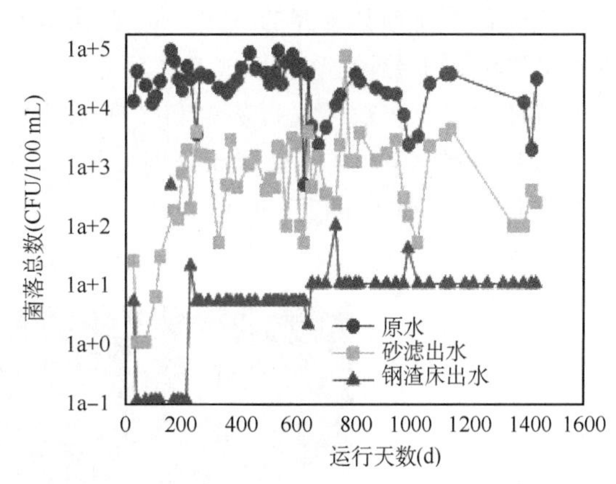

图 5-3-20　钢渣滤床除 P 和大肠杆菌的效果

(3)钢渣用于人工湿地

钢渣除磷效果好，且具有很好的防治堵塞作用和除氮能力，是一种优良的人工湿地基质材料。

中国矿业大学(北京)公开了一种以钢渣-灰岩为基质的生活污水人工湿地系统及其应用(专利号:CN101948216A)，包括垂直潜流湿地装置，垂直潜流湿地装置的填充方式为:下层铺设钢渣，中层铺设粒径大于下层钢渣的灰岩，上层铺设粒径最小的土壤和水洗砂的混合物，另外设有高位水箱，高位水箱的水平位置高于垂直潜流人工湿地装置，高位水箱通过湿地上层内部的布水管向湿地进水，并通过出水槽出水。该湿地系统采用大粒径级配差“正、反粒径混合”填铺的填充方式，并以钢渣和灰岩作为主要的湿地基质。具有低成本、低能耗、不易堵塞、脱氮除磷效率高、占地面积小、结构简单、运行管理方便等优点。

宝钢开发总公司综合开发公司与同济大学教育部重点实验室，针对我国农村每年都有大量生活、产业污水产生的情况，在崇明县前卫村开展了“崇明岛水资源保障与水体系生态修复技术与示范”项目研究，通过在河边设置人工湿地，并采用铺设钢渣等措施，使河水经过湿地后达到净化目标。实验结果显示，钢渣可明显改善水体富营养化和污染状况。在没有使用钢渣净化之前，水中的鱼虾等各种生物已基本灭尽，产生的有害气体常令四周居民苦不堪言;而通过钢渣和植物等层层过滤和净化后，生物多样性指标出现明显好转，可用于饮用水和水产养殖区水源，水体生态系统有极大改善。

(4)钢渣用于酸性矿山废水处理[98]

钢渣属于碱性废料，与石灰石相比碱性更强，因而美国等国家将其用于被动法矿山酸性废水处理，可以降低废水处理成本。

2004 年到 2009 年，在美国俄亥俄州东南部修建了 12 座钢渣床用于附近废弃煤矿矿山酸性废水的中和处理，图 5-3-21 所示为位于浣熊溪东岸的 EBRCI-3 号钢渣床照片，钢渣床运行示意图见图 5-3-22。通过预处理的水从附近水池通过管道流入钢渣床内部一端，进水口可设置在钢渣床底部或上部。进水流过钢渣床后，形成碱性水，并通过地下排水管流出钢渣床。地下排水管管壁设有沟槽或圆孔以使碱性水进入出水系统。钢渣床内的水面应该高于床内钢渣层的高度。出水速率可通过阀门调整出水管高度来控制。

美国普雷斯顿县废弃的McCarty露天煤矿产生大量酸性废水(pH值3.6～3.9),酸性废水最终流入下游河狸溪,造成水体污染。为了治理酸性废水,2000年,在2股酸性废水水流下游修建了4座敞开式石灰渠和2座钢渣床。钢渣床由沉淀池和钢渣拦水坝组成,同时使用石灰石和钢渣。2座钢渣床分别使用165 t和137 t钢渣。水质监测结果显示,初期钢渣床能产生很高的碱度(1479～1513 mg/L $CaCO_3$当量),4个月后碱度降至30 mg/L $CaCO_3$当量,之后稳定在20～30 mg/L $CaCO_3$当量,但河狸溪的水质基本保持稳定。

图5-3-21 浣熊溪东岸的EBRCI-3号钢渣床

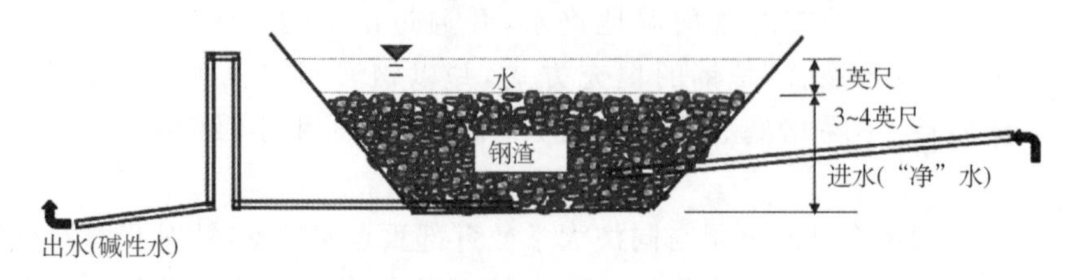

图5-3-22 钢渣床示意图

5.18.2.3 钢渣用于废水处理的适应性

由于钢渣用于废水处理主要利用了钢渣中的CaO和钢渣粗糙多孔结构,因此高碱度转炉渣、电炉渣、精炼渣和选铁充分的铁水预处理渣更适合用于废水处理,但精炼渣和一些种类铁水预处理渣易于粉化,在水相中易板结,不适合用于滤床。

5.18.2.4 存在的问题

因为钢渣中还含有痕量的重金属元素(Cr、Pb、Cd、Zn、Ni等),一些钢渣样品中还含有F,因此钢渣用于废水处理时可能造成这些元素的浓度增大,有二次污染的可能,在应用前应当对可能造成的二次污染进行评估。另外,钢渣用于废水处理并未实现钢渣的最终处置,仍然会排放大量尾渣,这部分尾渣的再利用也是需要考虑的问题。

5.18.2.5 经济效益分析

钢渣用于重金属废水处理,可以起到代替部分石灰的作用,若按1 t钢渣能代替0.3 t石灰，石灰粉价格300元/t，磨细钢渣价格50元/t计算，则使用1 t钢渣用于重金属废水处理可节约成本40元。

钢渣用于人工湿地系统作为填料或者污水处理系统的滤料等，不仅可获得替代天然砂石的经济效益，同时因为钢渣还具有很好的重金属、氮磷污染物的去除能力，还可获得增加污染物去除率所带来的经济效益。因此，钢渣用于污水处理应当能创造比用于道路工程和普通建材制品更好的经济效益。

5.18.3 钢渣用于吸收 CO_2 联产轻质 $CaCO_3$

5.18.3.1 概述

CO_2 是造成全球温室效应的最主要的一种气体，为了减少 CO_2 的排放，CO_2 的捕获和存储技术(CCS)成为国内外研究热点，而在众多的CCS技术中，CO_2 的矿物碳化技术被视为最具潜力的技术，因为其具有环境友好、永久固定、捕获后无 CO_2 泄漏等优点。CO_2 的矿物碳化的原理是利用含钙或含镁矿物溶出的 Ca^{2+} 或 Mg^{2+} 与 CO_2 反应成 $CaCO_3$ 或 $MgCO_3$ 而被固定[99]。钢渣的CaO含量可达40%以上，且一部分为 *f*-CaO，研究表明在比较温和的条件下，钢渣中的钙可以在水相溶出并用于 CO_2 捕获[100]。在钢渣碳酸化过程中，通过技术手段分离出硅、镁、铁、铝等杂质，还可形成纯净的轻质 $CaCO_3$。纯度在97%以上的轻质 $CaCO_3$ 是一种重要的无机化工产品，广泛用于塑胶、塑料、纸张、涂料、制药、化妆品、冶金等行业的生产中。目前传统轻质 $CaCO_3$ 生产过程中，石灰石煅烧会产生较多的 CO_2，并且浪费煤炭等能源。钢渣固定 CO_2 生产轻质碳酸钙不需煅烧，且钢渣较自然界富含钙、镁的矿石更为廉价，因此具有广阔的发展前景。

5.18.3.2 研究现状

钢渣吸收 CO_2 生产轻质 $CaCO_3$ 有干法和湿法之分。干法是 CO_2 气体直接与钢渣发生气固反应；而湿法则是碳酸化反应在溶液介质中进行。干法直接碳酸化工艺因反应条件苛刻，转化率低，一些国家已转向湿法工艺的研究。

钢渣碳酸化生产轻质 $CaCO_3$ 湿法工艺分为直接湿法和间接湿法。直接湿法实质是 CO_2 溶于水形成碳酸，在碳酸的作用下，钢渣中钙等成分逐步溶解并沉淀出碳酸钙；间接湿法通过酸溶液促进钙等离子从钢渣中溶出，与 CO_2 发生碳酸化反应生成碳酸钙，介质能够再循环利用。

直接湿法碳酸化过程中，钢渣中钙等成分溶于水和与 CO_2 进行碳酸化的速率均较慢，为提高速率，一般向溶液中添加催化剂(如 $NaHCO_3$ 和 NaCl)或增加 CO_2 压力，因此工艺路线经济成本很高。另外，碳酸化产物 $CaCO_3$ 难以从杂质中分离出来，碳酸钙的产量和纯度低。直接湿法碳酸化的反应式如下：

$$(Mg,Ca)_xSi_yO_{x+2y+z}H_{2z}(s)+xCO_2(g)\longrightarrow x(Mg,Ca)CO_3(s)+ySiO_2(s)+zH_2O$$

间接湿法比直接湿法反应的速率高，所生成的轻质 $CaCO_3$ 产量多，纯度高。目前，间接湿法所采用的介质有盐酸、醋酸、铵盐等。

Kakizawa等在2001年提出以醋酸为媒质的间接矿物碳酸化固定 CO_2 路线。该过程利用弱酸代替强酸，媒质的回收相对容易，能耗相对较低，低浓度醋酸介质环境下，提取到钢渣

中的离子主要是 Ca^{2+}，杂质含量极少[101]。其反应机理如下式：

$$CaSiO_3 + 2CH_3COOH \longrightarrow Ca^{2+} + 2CH_3COO^- + H_2O + SiO_2 \text{（浸出步骤）}$$

$$Ca^{2+} + 2CH_3COO^- + H_2O + CO_2 \longrightarrow CaCO_3 \downarrow + 2CH_3COOH \text{（碳酸化步骤）}$$

然而碳酸盐产物生成和醋酸媒质再生同时进行，使得其分离困难。阻碍醋酸媒质间接碳酸化工艺实现工业应用的主要问题在于碳酸化反应过程转化率低下和醋酸媒质的再生循环能耗，Kakizawa 等研究表明，当 CO_2 分压为 3.0 MPa 时，碳酸化反应过程所能获得的转化率不超过 20%，远远低于理论计算平衡转化率 75%。在醋酸酸性环境下，CO_2 难以与 Ca^{2+} 发生碳酸化反应[101]。Eloneva 等通过研究提出，醋酸溶液提取钢渣中 Ca^{2+} 后，在通 CO_2 进行碳酸化之前，先要加入 NaOH 进行碱化。加入 NaOH 后，$Ca(CH_3COO)_2$ 中 Ca^{2+} 首先与 OH^- 反应，生成 $Ca(OH)_2$，再与 CO_2 进行碳酸化反应。由于加入了 NaOH，介质溶液呈碱性，抑制 $Ca(HCO_3)_2$ 生成，有利于提高 $CaCO_3$ 的转化率[102]。中科院过程工程研究所公开了一种工业固体废弃物间接碳酸化联产碳酸盐产品的工艺（专利号：CN101134155A），所使用的酸性介质为醋酸、丙酸、乳酸或柠檬酸。该工艺的特点是在 Ca^{2+} 浸出液中加入正辛醇、煤油磷酸三丁酯或三辛基氧磷有机溶剂，可以使碳酸化过程中生成的弱酸从水相进入有机相，强化了碳化反应结晶过程，使得钙转化率大幅度提高，并且所用的酸性介质，有机溶剂都可以回收循环使用。在碳酸化反应中加入有机溶剂实现反应分离一体化，强化了碳酸化过程 CO_2 的回收，钙离子的一次转化率达到 40%以上。该工艺用于钢铁渣处理时，可以使 1 t 钢铁渣吸收 0.2～0.3 t CO_2 气体，同时产生 0.8～0.9 t 文石型轻质碳酸钙。

铵盐能选择性地浸出钢渣中的 Ca^{2+}，并且易于回收，因此，也常作为间接碳酸化的介质。Eloneva 等用氯化铵、醋酸铵和硝酸铵作为浸出剂浸出钢渣中的 Ca^{2+}，研究发现硝酸铵的浸出效果最好，但三者的浸出率相差并不大，Ca^{2+} 的浸出率最好的能达到 60%左右[102]。Sun 等用氯化铵作为介质，获得的转炉钢渣最佳碳酸化条件为，CO_2 1 MPa，反应温度 60℃，反应时间 60 min，所获得碳酸钙纯度可达(96±2)%，经计算 1 t 钢渣可捕获 211 kg CO_2[99]。武汉科技大学的唐辉也比较了氯化铵、醋酸铵和硫酸铵对钢渣中 Ca^{2+} 的浸出效果，结果发现氯化铵的浸出效果最好，硫酸铵最差，当浸出温度达到 90℃时，Ca^{2+} 的浸出率可以达到 90%左右；同时发现氯化铵浸出除杂后与醋酸浸出除杂后的浸出率相差较小，且氯化铵浸出时浸出液本身 pH 较符合轻质碳酸钙的生产条件（轻质碳酸钙 pH 为 8～10），使得离子除杂生产等量轻质 $CaCO_3$ 的成本较小，因此认为氯化铵比醋酸更为适合作为湿法浸出废渣碳酸化固定 CO_2 的浸出剂[103]。

目前，中科院过程所建有千吨级的钢渣碳酸化固定 CO_2 联产高值碳酸钙示范线，为最终实现产业化奠定了坚实技术基础。

5.18.3.3 钢渣用于吸收 CO_2 联产轻质 $CaCO_3$ 的适应性

由于钢渣用于吸收 CO_2 联产轻质 $CaCO_3$ 利用的是钢渣中的硅酸钙（镁）、铝酸钙（镁）以及游离氧化钙（镁）与 CO_2 的反应，因此高碱度转炉渣、电炉渣、精炼渣和选铁充分的铁水预处理渣适用于吸收 CO_2，特别是一些种类精炼渣，CaO 和 MgO 含量可达 60%～70%，而 Fe_2O_3 含量很小，且多呈粉状，更适用于吸收 CO_2 联产轻质 $CaCO_3$。

5.18.3.4 存在问题

钢渣用于吸收 CO_2 联产轻质 $CaCO_3$ 仍然存在着工艺流程较长、成本偏高等问题，实现产业化还需进一步研究相关装备的设计制造、浆液和浸出剂回用、残渣处理、所得轻质 $CaCO_3$ 用于造纸、颜料的可行性问题。

5.18.3.5 经济效益分析

Huijgen 通过较为详细的成本核算得出，用钢渣直接湿法固定 CO_2 的成本是 77 欧元/t (约合人民币 650 元/t)，较之其他 CSS 技术成本偏高[104]。Kakizawa 等核算的硅灰石以醋酸作为介质间接湿法固定 CO_2 联产 $CaCO_3$ 的成本为 57 欧元/t(约合人民币 480 元/t)，其中主要包括原料和能源成本以及出售 $CaCO_3$ 到水泥厂的收益[101]。若按捕获 1 t CO_2 消耗 4.7 t 钢渣，产生 2.3 t 轻质 $CaCO_3$ 计，轻质 $CaCO_3$ 按价格 1000 元/t 计，则捕获1 t CO_2 可产生收入 2300 元。因此，用钢渣间接湿法固定 CO_2 若能联产轻钙，将获得很好的经济收益。

5.18.4 钢渣用于烟气脱硫

5.18.4.1 脱硫机理

由于钢渣具有一定的碱性，而在烟气脱硫行业，一般以碱性物质作为脱硫吸收剂，所以钢渣具有作为脱硫吸收剂的基本条件。采用钢渣作为吸收剂，主要是利用钢渣中的活组分 CaO、MgO、Fe_2O_3、SiO_2 等，在湿法脱硫过程中反应机理与普通钙基吸收剂脱硫时化学反应基本相同，总的反应为[105]：

$$CaO + SO_2 + 0.5H_2O \longrightarrow CaSO_3 \cdot 0.5H_2O$$

5.18.4.2 研究和应用现状

宁波太极环保公司公开了一种以炼铁炼钢炉渣为吸收剂吸收烟气中二氧化硫的方法(专利号:CN101053761A)，用钢铁渣浆液与 SO_2 反应实现烟气脱硫，工艺流程如图 5-3-23 所示。2013 年，该公司研发出了具有自主知识产权的新型钢渣法脱硫的专用成套设备，将钢渣尾渣经过水化、活化、酸解预处理后作为脱硫剂，脱硫效果明显。同时脱硫副产物还可作为盐碱地土壤改良剂和水泥缓凝剂。该项目已在唐山市德龙钢铁有限公司、首钢京唐钢铁联合有限责任公司、唐山冀东水泥股份有限公司等多家单位运行，经济效益和环境效益显著。唐山德龙钢铁公司 2010 年采用了太极环保公司的钢渣法脱硫技术。该公司采用湿式球磨磁选工艺回收钢渣中的铁，磁选后的渣浆直接用于烧结机烟气脱硫(图 5-3-24)。230 m^2 烧结机烟气脱硫工程每年可脱除二氧化硫 6073 t、消纳选铁废钢渣 1.88 万 t，脱硫渣产量 2.86 万 t。其脱硫产物主成分是 C-S-H 溶胶、硅胶及钙、铁、镁、铝复合氧化物，脱硫钢渣中的二水石膏脱硫含量一般在 60%～70%，项目占地面积约 3500 m^2。以德龙钢铁 230 m^3 烧结机烟气脱硫工程为例，处理 144 万 m^3 烟气量，二氧化硫浓度 1000 mg/Nm^3，钢渣法要比氧化镁法可节省 400 万元，比石灰石-石膏法节省 300 万元。该工程每年产生的钢渣可改良盐碱地面积约 1000 亩，目前，脱硫产物已用于厂区内的盐碱沙荒地改造，现已改造面积 300 亩，并种植高羊茅、黑麦草，现在长势良好，对公司的空气环境、外观面貌起到了明显的改善。

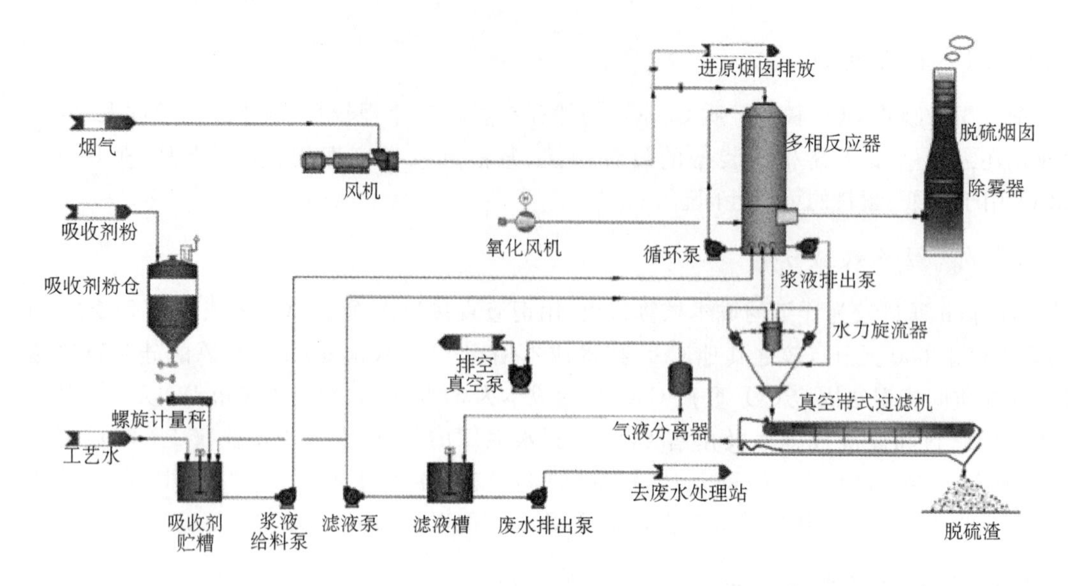

图 5-3-23　钢铁渣吸收 SO_2 工艺流程图

周建安公开了一种以钢渣或高炉渣为吸收剂的干法烟气脱硫方法(专利号:CN101797467A),采用消化循环流化床烟气脱硫装置,选用粒度≤0.048 mm 的钢渣或高炉渣,以气力输送方法喷入脱硫塔内;将工艺水经雾化喷水嘴喷入脱硫塔内;将烟气由预除尘段的烟气进口引入脱硫塔,脱硫后的烟气进入二级除尘器;以气力输送法,将循环灰喷入脱硫塔内,通过外排灰出口将灰排出外运灰场;洁净的烟气经引风机排入烟囱、排入大气。该方法采用钢渣或高炉渣为吸收剂,脱硫成本低;采用消化循环流化床烟气脱硫装置,可以节省系统占地、降低设备投资,且脱硫效果好。

天津大学公开了一种烟气的钢渣湿式脱硫方法(专利号:CN101428193A)。该方法过程包括,将钢渣粉进行水解反应、增加溶解处理,得钢渣增溶液加入固液分离器与钢渣吸收富液混合,经分离,上清液经钢渣吸收液储槽、泵至吸收塔与烟气接触脱硫;钢渣增溶液或加入钢渣吸收液储槽与上清液混合,再经泵至吸收塔与烟气接触脱硫;由吸收塔底部产出钢渣吸收富液至固液分离器经分离,沉降物进入脱水机脱水得到副产物石膏,由吸收塔的底部或顶部排出的净化烟气经烟囱排入大气。本发明优点在于,与传统的石灰/石灰石-石膏法相比,在保证烟气脱硫率达标的同时,有效防止了吸收塔的结垢问题,设备的占地少,运行成本低,提高了废物利用的经济效益。

中国新型建筑材料工业杭州设计研究院公开了一种以钢渣为吸收剂的干法烟气脱硫装置(专利号:CN201832558U),如图 5-3-25 所示。该装置包括脱硫塔(1);脱硫塔的顶部设有吸收剂投放口(2),脱硫塔的底部设有吸收剂废渣排放口(3);脱硫塔的下侧部设有烟气进口(4),脱硫塔的上侧部设有烟气出口(5);脱硫塔内设有一组纵向错位排列的缩口(6)。本实用新型专利利用炼钢排出的废弃钢渣作为吸收剂,对含有二氧化硫的废气进行脱硫处理,减小废气直接排放至大气中造成污染。作为吸收剂对烟气进行脱硫后的钢渣中,游离氧化钙(f-CaO)含量大大降低,还含有硫、钙、硅、铁等酸性元素,是很好的土壤改良剂,可用于盐碱沙荒地改良,作为水泥掺合料时不会对水泥的安定性产生影响。

图 5-3-24 德龙钢铁烧结烟气钢渣脱硫

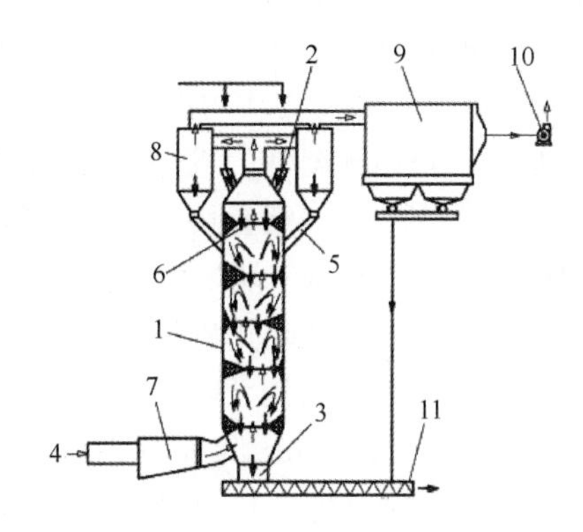

图 5-3-25 钢渣干法烟气脱硫装置示意图

5.18.4.3 存在问题

虽然钢渣用于烟气脱硫已成功应用于工业实践，但我们认为钢渣的化学成分波动较为频繁，脱硫效果势必也会随之波动，工艺控制不好，易造成烟气 SO_2 超标，因此，利用钢渣进行烟气脱硫必须保证钢渣成分的稳定性，如果钢渣成分发生波动，需要及时调节相关工艺参数，但这又会使工艺的操作变得复杂。

5.19 钢渣的海洋利用

5.19.1 概述

钢渣含有海洋大型藻类生长所需的营养盐以及微量元素，能够促进大型藻类的生长繁殖，并为大型藻类、浮游生物、甲壳类、多毛类幼虫等提供栖息地；钢渣对重金属以及磷酸盐有很强的去除能力，同时钢渣具有很好的强度和硬度，因此，利用钢渣修复海洋环境受到越来越多的关注，日本等发达国家在这一领域的研究和应用起步较早，已走在世界前列，其他国家包括中国也在积极跟进。

5.19.2 研究和应用现状

人工鱼礁是人为在海中设置的构造物，其目的是改善海域生态环境，营造海洋生物栖息的良好环境，为鱼类等提供繁殖、生长、索饵和庇敌的场所，达到保护、增殖和提高渔获量的目的。目前国内外已经广泛开展人工鱼礁建设，进行近海海洋生物栖息地和渔场的修复，而且取得了较好的效果。历史上用于建设人工鱼礁的材料种类众多，但应用最广泛和最成功的还是混凝土人工鱼礁。混凝土人工鱼礁易于进行结构设计，适合制造出复杂的形状和孔洞结构，而且对鱼类的诱集性能也很好。钢渣质地坚硬，表面粗糙多孔，且富含植物生长的微量元素，有利于海生动植物生长，也是一种理想的修筑人工鱼礁的材料。

5.19.2.1 日本

日本JFE公司开发了一种商标名为“*Marine Blcoks*”的钢渣产品(如图5-3-26)。它是将钢渣与水混合后放入的模具中,再在模具底部向渣中通入一定压力的CO_2,碳酸化过程后形成的钢渣块中钢渣颗粒表面被$CaCO_3$所包覆且紧密粘接在一起,块内部的孔隙均匀分布,孔隙率为25%,抗压强度为19 MPa,密度为2.4 g/m²,密度与混凝土块基本相同。这样的钢渣块类似于贝壳和珊瑚礁的成分,因而在海水中具有很好的长期稳定性。1997年11月,25 m³的“*Marine Blcoks*”钢渣块投入到广岛濑户田镇附近内海中,1998年1月,发现已有海洋植物和甲壳类动物在钢渣块表面生长。到1998年夏,钢渣块表面的植物已很茂密,如图5-3-27所示。同时发现钢渣块周围散布的天然石头上也生长了同类植物,这说明钢渣块有利于改善周边海洋环境。钢渣块与混凝土块、花岗岩石块作为修筑人工鱼礁的材料的性能也进行了对比,经过从1998年4月到1999年1月8个月的观察发现,同样大小的试块在同样海域,钢渣块的植物生长数量最大(如图5-3-28所示)。1999年4月,15块底面积为1m²、高为50 cm的钢渣块被垒成金字塔状(如图5-3-29所示),并置于5m深的海底,一段时间后观察发现,钢渣块上长满植物,而且附近也出现了大量鱼类(如图5-3-30所示)。JFE公司还利用“*Marine Block*”开发了珊瑚礁繁殖技术。即在“*Marine Block*”上开直径为10 mm的洞,将珊瑚幼虫置于洞中,然后将“*Marine Block*”置于海底,1年后,洞中的珊瑚幼虫能长到直径10 mm左右,此时“*Marine Block*”会和天然珊瑚礁一样,珊瑚幼虫会在上面附着并生长(如图5-3-31所示)。这项技术有利于修复受损珊瑚礁,从而改善海洋环境[105]。

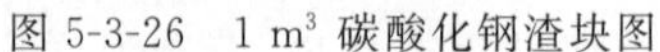
图5-3-26 1 m³ 碳酸化钢渣块图

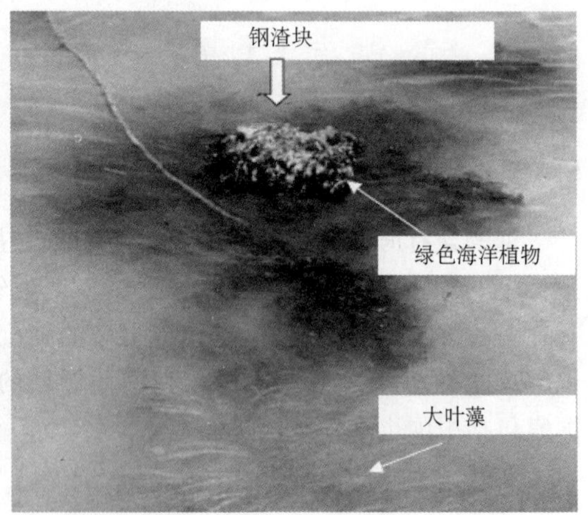

图5-3-27 碳酸化钢渣块海底观察视图

新日铁(NSSMC)公司在歌山钢厂也开展了用转炉渣块作为人工鱼礁的试验。2008年8月,12块钢渣人工鱼礁(每块重7 t)被投放到和歌山县海南市附近海域(如图5-3-32所示),并对人工鱼礁上生物的生长情况进行了跟踪观察。到2010年4月,观察发现,钢渣鱼礁上生长的海藻及诱集的海生动物的种类和数量要比普通石块鱼礁多(如图5-3-33所示)。

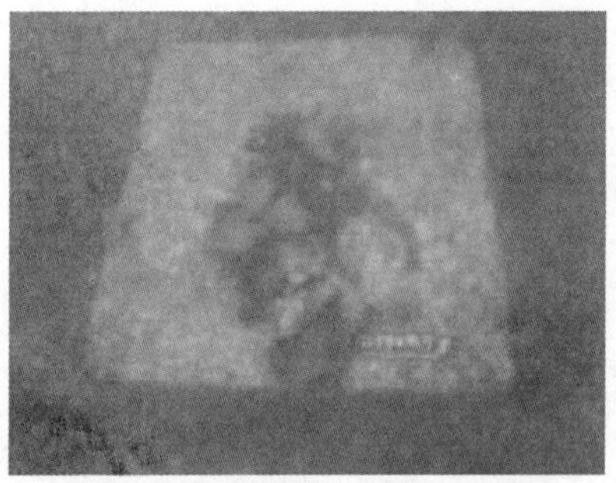
(a)混凝土块

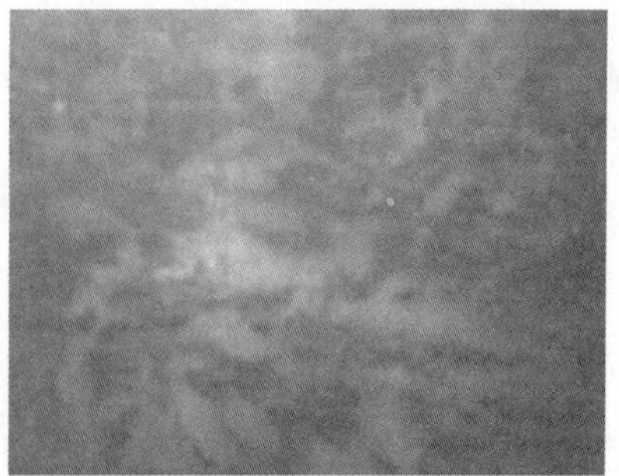
(b)钢渣块

图 5-3-28 混凝土块和钢渣块人工鱼礁生物生长对比图

图 5-3-29 垒成金字塔状的钢渣块

图 5-3-30 钢渣块间生物生长情况图

图 5-3-31 附着在 Marine Block 孔洞中的 13 个月大的鹿角珊瑚

图 5-3-32 待投放的转炉钢渣块

图 5-3-33 长满海藻的钢渣块

日本神户制钢公司在姬路 Ieshima 岛海域投放了钢制人工鱼礁(如图 5-3-34 a 所示),使用了钢渣作为海洋生物生长的基底。现在,人工鱼礁上海洋生物生长茂盛,也吸引来了大量鱼类(如图 5-3-34 b 和 c 所示)。

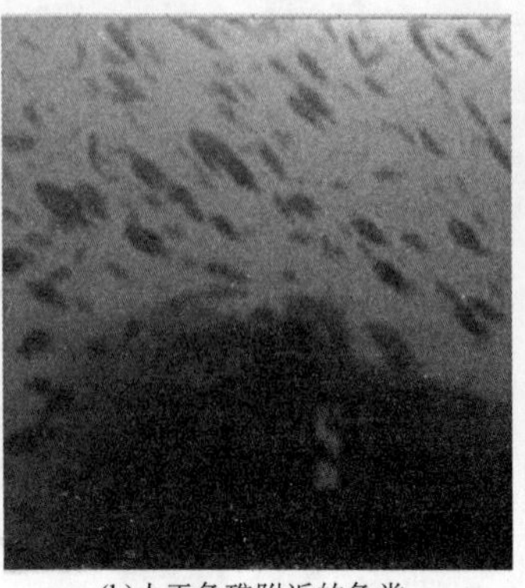

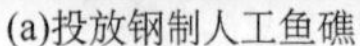
(a)投放钢制人工鱼礁　(b)人工鱼礁附近的鱼类　(c)人工鱼礁上的海洋生物

图 5-3-34　日本神户制钢公司钢渣人工鱼礁

5.19.2.2　韩国浦项制铁公司(POSCO)

POSCO 公司开发了一种钢渣人工鱼礁,名为 *Triton*,钢渣人工鱼礁能为海洋生物生长提供丰富的矿物元素(特别是铁和钙),能显著增加海洋生物量,改善海洋环境。通过 18 个月的试验研究发现,*Triton* 人工鱼礁附近的生物量增长了 7 倍,这是因为钢渣释放的铁离子促进了藻类的繁殖和生长而钙促进了沉积物和水质的净化。2000 年 11 月,179 块 *Triton* 投放到巨文海沿海渔场 8～13 m 海底,以修复此区域海洋生态系统,现在人工鱼礁上已生长了茂密的褐藻。2007 年,在平山沿海海域修筑了 0.5 hm^2 人工鱼礁,18 个月后,周围区域的鱼量显著增加,生物量增加 10 倍。紧接着,韩国还在蔚珍沿海、济州海多个海域修筑了钢渣人工鱼礁。试验表明,每吨 *Triton* 人工鱼礁,通过钢渣的吸收和藻类的光合作用,每年可捕获 0.1～0.5 t CO_2,并且人工鱼礁改善了海洋环境,增加了渔业产量,对当地的经济发展和环境保护起到了重要作用。

5.19.2.3　埃及

埃及也开展了利用电炉钢渣作为基质用于珊瑚礁修复的试验。试验从 2008 年 5 月开始到 2010 年 4 月,长达 2 年。试验首先从破损的珊瑚礁上采集珊瑚,然后将珊瑚固定在用树脂或海洋工程水泥固结的钢渣块上(直径 25～35 cm,高 15 cm),最后将钢渣块投入到红海某海域中,并实时观察珊瑚在钢渣上的生长情况。观察发现,3 个月后,钢渣表面覆盖了一层 $CaCO_3$,$CaCO_3$ 层适合很多海洋动物幼虫和藻类栖息,如图 5-3-35 所示。随后,渣块与海洋环境融为一体,很难与自然基质区分,如图 5-3-36 所示。另外,以藻类为食的鱼类也被吸引到钢渣块周围。移植的珊瑚在渣块上也不断繁殖和生长,如图 5-3-37 所示[106]。

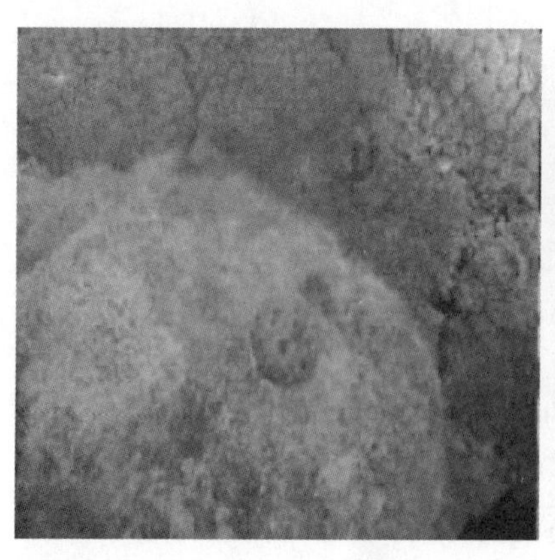

图 5-3-35 钢渣块上形成的 $CaCO_3$ 层(左图)以及附着生长的砗磲属珊瑚(右图)

图 5-3-36 浸入海底前的钢渣(左图)以及融入海洋环境的钢渣(右图)

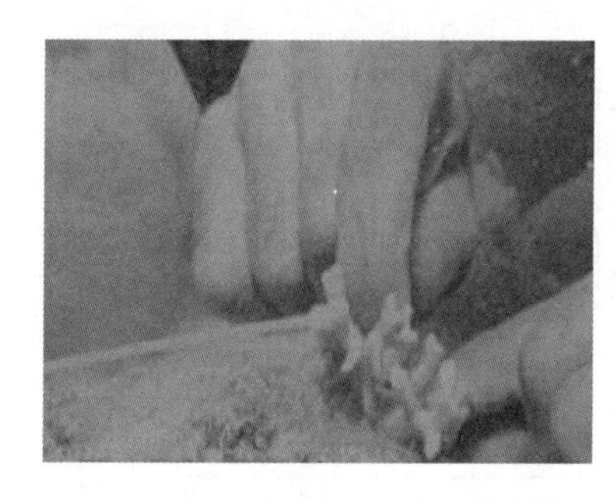

图 5-3-37 钢渣块上小的珊瑚群(左图)以及繁殖长大的珊瑚群(右图)

5.19.2.4 中国

近几年来,中国也开展了钢渣用于海洋的基础工作,包括钢渣用于海洋的安全环境评估,钢渣中营养元素的析出规律及对海洋生物生长的作用机理等。北京科技大学和鞍山钢铁公司开展了利用钢渣、矿渣制备混凝土人工鱼礁的研究,主要是利用钢渣、矿渣粉代替一部分水泥,钢渣代替天然砂、石。所制备的冶金渣人工鱼礁混凝土在海水环境中的抗压强度比普通水泥人工鱼礁混凝土高,且更有利于植物的附着生长[107,108]。目前,该项研究成果已申请了发明专利(专利号:CN103159448A)。工业和信息化部发布的《大宗工业固体废物综合利用"十二五"规划》将钢渣生产高强人工鱼礁混凝土技术列为冶炼渣综合利用重点技术。

5.20 钢渣制备其他无机材料

5.20.1 钢渣除锈磨料

5.20.1.1 概述

船体表面的除锈处理效果直接影响船体的防锈防腐能力和涂装油漆用量，因此需选择合适的喷砂磨料。钢渣型砂用作除锈磨料由中冶宝钢技术服务有限公司开发（专利号：CN101298551B），它充分利用了钢渣高密度、高硬度等特点，它与其他除锈磨料相比，具有高效率、环保、经济等明显优势，目前已进入市场化应用阶段。据统计，在国内，崇明、舟山、深圳、大连、温州等上海周边地区的船厂每年对除锈磨料的需求量达 100 万 t 以上，铜矿砂由于资源稀缺，价格居高不下，随着钢渣用除锈型砂市场的进一步开拓，钢渣代替铜矿砂作除锈磨料在船舶制造和修理行业的影响日趋扩大。2006 年至今，中海集团等 10 多家船舶制造及修理单位应用 25 万 t，除锈等级达到 Sa2.5 以上，循环次数可达 8 次以上，现场粉尘含量下降明显，得到使用单位一致认同。目前，钢渣除锈磨料标准已发布。

5.20.1.2 生产流程

钢渣型砂除锈磨料的制备流程如图 5-3-38 所示，固体钢渣原料先磁选除铁，然后进行一次筛分，去除粒径≥3.5 mm 的钢渣颗粒，烘干后进行第二次筛分，去除粒径＜0.2 mm 的钢渣颗粒，剩余颗粒即为钢渣除锈磨料。在第一次筛分去除的粒径≥3.5 mm 的钢渣颗粒重复上述过程。

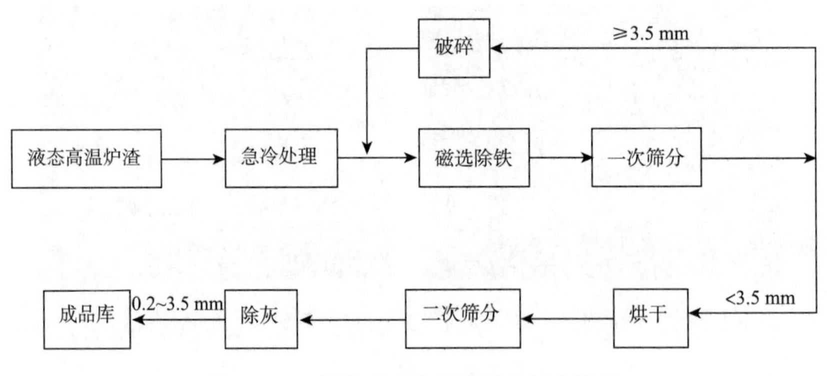

图 5-3-38 钢渣型砂除锈磨料的制备流程

5.20.1.3 钢渣砂除锈磨料的要求

国家标准《涂覆涂料前钢材表面处理 喷射清理用非金属磨料的技术要求 第 11 部分：钢渣特种型砂》（GB/T 17850.11—2011）对钢渣型砂除锈磨料的要求规定如下。

（1）一般要求

①钢渣特种型砂磨料是一种玻璃态非晶体材料，可根据实际情况多次循环使用。

②钢渣特种型砂中的硅以键合硅酸盐形式存在，用 X 射线衍射法测定其游离结晶硅（例如石英、三棱石、方晶石）成分不应该超过 1%（质量分数）。

③钢渣特种型砂磨料应无腐蚀成分或破坏附着力的污染物。

(2)性能要求

钢渣特种型砂磨料的主要性能指标应符合表5-3-66的规定。

表5-3-66 钢渣特种型砂磨料的主要性能指标

性能	要求	试验方法
颗粒尺度范围和分布	详见标准全文	GB/T 17849
颗粒吸附物含量/%(质量分数)	≤0.5	附录A
表观密度/(kg/m³)	$(3.3\sim3.9)\times10^3$	GB/T 17849
莫氏硬度	≥6	
含水量/%(质量分数)	≤0.2	
水浸出液的电导率/(mS/m)	≤25	
水溶性氯化物/%(质量分数)	≤0.025	
根据供需双方协商,也可以使用适当的最低要求的另一种评价硬度的方法		

5.20.1.4 钢渣应用于除锈磨料的适应性

由于钢渣特种型砂磨料要求钢渣的结构为玻璃态非晶体材料,因此一般要求为急冷处理后的钢渣。

5.20.1.5 经济效益分析

钢渣特种型砂磨料的价格为180元/t左右(上海宝冶钢渣开发公司提供的价格),而铜矿砂磨料的价格为250元/t左右,钢渣磨料具有明显的价格优势,可以产生较好的经济效益。

5.20.2 钢渣制备硫酸亚铁和氧化铁颜料

钢渣中的金属铁被磁选回收后,尾渣中仍含有20%左右的总铁,主要以FeO和Fe_2O_3形式存在,通过化学或物理的方法回收铁氧化物,制得无机化工材料,可以取得一定的经济效益。

尚世智[109]等在加热条件下,用硫酸浸取磨细后的钢渣粉,通过铁屑还原,制得硫酸亚铁溶液,将硫酸亚铁溶液加热至过饱和或出现结晶膜之后,冷却结晶、干燥后,得到七水硫酸亚铁。硫酸亚铁是一种重要的化工原料,用途十分广泛。在无机化学工业中,它是制取其他铁化合物的原料,如用于制造氧化铁系颜料、磁性材料和其他铁盐。此外,它还有许多方面的直接应用,特别是七水硫酸亚铁性质稳定、易储存,广泛应用于净水、除臭、化肥、防腐等领域。张莉等用硫酸浸取铁水脱硫渣为原料,浸出液用CaO调节pH值=4.5~5.5,加入聚丙烯酰胺,离心分离除去杂质得到纯净的硫酸亚铁溶液,然后通过浓缩、结晶、离心分离得到高纯度的七水硫酸亚铁[110]。

崔玉元等以磁选钢渣为原料,以煤粉作为还原剂,采用低温焙烧-磁选工艺,制备出颜料型磁性铁粉,当焙烧温度在600~700℃,反应时间为30 min时,其遮盖力最大为56 g/m²[111]。

王晨雪以磁选钢渣为反应原料,采用干法制备氧化铁红颜料。制备工艺流程为:将钢渣置于容器中,加入适量蒸馏水放置24 h左右,使其中的可溶性盐充分溶解,倒去上层清液,将钢渣烘干，加入一定质量的硫酸反应 24 h 以上即得熟料；将上述熟料烘干后，在氧气气氛下煅烧可得氧化铁红颜料。钢渣与硫酸的比例为 1∶1.7、反应时间 48 h、煅烧温度为 750℃、煅烧时间为 60 min，在此条件下制得的 Fe_2O_3 颜料含量为 98.5%，红度值 a 为 33.54，远超过一级品的标准[112]。

5.20.3 钢渣制备絮凝剂

钢渣中的 Fe_2O_3、Al_2O_3 和 SiO_2 等化学成分，是合成絮凝剂的天然原料，将这些成分通过化学浸出后，可以用于合成絮凝剂。

耿磊用盐酸将钢渣中的 Fe、Al 浸出，然后在浸出液中加入一定量的硅酸，使他们充分混合后，加入调凝剂进行聚合，熟化得到聚硅酸铝铁絮凝剂产品。合成的最优方案为 Si∶(Fe+Al)为 3(摩尔比)，熟化聚合温度为 60℃，聚合 pH 值为 1.5，并保证反应时间为 2 h 以上[113]。

刘殿勇用硝酸和盐酸的混合酸，浸取钢渣和煤矸石中的 Fe 和 Al。浸出液用碱溶液调 pH 值在 3～4 之间，经过聚合后回流加热到 120℃，直至出现黏稠状棕红色物质即合成复合铁铝混凝剂。该混凝剂对于印染废水有良好的去除效果[114]。

5.20.4 精炼渣制取 Al_2O_3

马钢的专利技术(专利号:CN101259969A)将磨细、磁选后的精炼渣用 5%～20%的碳酸钠溶液浸取，在 70～95℃反应不小于 1.5 h 后，过滤得到偏铝酸钠溶液和碳酸钙沉淀。在偏铝酸钠溶液中通入 CO_2 溶液得到氢氧化铝沉淀，过滤，500～700℃烘干后得到 Al_2O_3 产品。

第6章　钢渣梯级利用模式的实践

根据A钢厂钢渣的理化性质、实际生产情况及周边区域经济社会发展情况，按照梯级利用和分类利用原则，我们对A钢厂的梯级利用模式进行了方案设计，以求最大程度地发挥钢渣的资源价值，推动企业钢渣“零排放”。

6.1　企业概况

A钢厂是国内现代化大型钢铁联合企业，始建于1958年，位于某城市群核心区域，拥有炼焦、烧结、炼铁、炼钢、轧材等全流程的技术装备和一整套科学的生产工艺，具备年产钢1000万t的综合生产能力，资产总额近500亿元，在岗职工1.58万人。目前，产品涵盖宽厚板、线材和棒材三大类400多个品种。产品在满足国内市场需求的同时，出口韩国、美国、日本等国家以及欧洲、南美洲、东南亚、中东等地区。

6.2　钢渣的处理和利用现状

6.2.1　钢渣处理现状

A钢厂目前仍然采用传统的热泼工艺处理热态钢渣，现场如图6-1所示。该工艺是将钢渣倒入渣罐后，用火车运到钢渣热泼场地，再用吊车将渣罐内的熔渣分层倒在渣坑中，同时喷水使渣冷却，在渣坑中闷化48 h后用挖机等设备挖掘，将渣堆在渣坑旁继续打水闷化48 h，最后运至渣磁选车间进行选铁处理。

图6-1　热泼工艺现场

6.2.2 钢渣利用现状

6.2.2.1 概况

A 钢厂年产量为 760 万～800 万 t 粗钢，并拥有 1000 万 t 年生产能力。目前每年转炉渣排放量近 100 万 t，其中渣钢厂回收渣钢 7.2 万 t/a，粒钢 2.4 万～3.0 万 t/a，破碎磁选后回收铁精粉 3.6 万 t/a，排放尾渣 84 万 t/a，尾泥 3.8 万～4.8 万 t/a。渣钢厂回收的渣钢和粒钢作为废钢直接回用，铁精粉则作为烧结配料回用于烧结车间。尾渣主要以 26 元/t 的价格外售给水泥厂，尾泥目前已规划用于烧结烟气脱硫。

精炼渣和连铸(精炼)渣与转炉渣混合到一起进行热泼处理，部分钢种的精炼渣进行了 3 次热态回用，其中第一次全部回用，第二次和第三次回用一半。

6.2.2.2 湿法磁选选铁生产线

热泼处理后的渣首先在 80 万 t 磁选线上进行磁选和筛分分级处理。经过磁选线选出＞80 mm渣钢和＜80 mm 的磁性物料，＜80 mm 的磁性物料进 20 万 t 水洗球磨线进行进一步处理。非磁性物料经筛分分选出三种粒级的尾渣，分别为＞30 mm 尾渣，10～30 mm 尾渣和＜10 mm尾渣，前两种渣进破碎线进行进一步破碎处理，＜10 mm 尾渣直接对外出售。

破碎线流程为：＞30 mm 尾渣使用颚式破碎机进行初破，然后和 10～30 mm 尾渣一起用圆锥破碎机破碎到 10 mm 以下，＜10 mm 尾渣直接对外出售。

水洗球磨生产线工艺在第 5 章有过介绍，工艺流程见图 5-2-8。

6.3 开展钢渣梯级利用的必要性和意义

钢渣是钢铁行业排放的主要固体废物之一。由于钢渣的稳定性差，胶凝活性小，易磨性差，我国钢渣的综合利用率一直比较低。A 钢厂的钢渣目前主要是在选铁后以低价外卖到水泥厂作原料，利用方式单一，利用层次不高。转炉钢渣未能充分利用其硬度大、密度大、耐磨性好、微膨胀等特性；而精炼(连铸)渣又未能和转炉渣分开利用，两种性质不同的渣混在一起使用，使精炼(连铸)渣较好的冶金回用价值和高 Al 资源价值未能得到充分体现。

近几年来，随着钢渣综合利用技术的不断发展，钢渣的稳定性差的问题已被解决，钢渣已开始逐渐被视作一种资源而不是废物在冶金回用、水泥、混凝土、砂浆、砖、耐磨路面、废水废气处理、土壤改良等领域得到逐步应用，一系列的钢渣产品标准也已发布，开展钢渣的梯级利用已具有技术支撑。

A 钢厂是所在城市群唯一一家大型钢铁联合企业，其钢渣资源具有垄断优势，因此，利用好钢渣，最大程度地发挥钢渣的资源特性开发各类钢渣产品，该钢厂具有明显的竞争优势和资源优势。

综上所述，A 钢厂开展钢渣的梯级利用，实施钢渣的精细化管理，实现钢渣的多层次资源化利用具有很好的政策优势、资源优势和市场优势，对于 A 钢厂循环经济的发展具有重要意义，对大力发展非钢产业，开辟新的利润增长点，提高综合竞争力也具有重要意义。

6.4 A钢厂钢渣理化性质和应用性能分析

6.4.1 转炉渣

6.4.1.1 样品编号

所取四种渣样的编号如表6-1所示。

表6-1 样品编号

编号	渣种类
1	<10 mm尾渣
2	水洗球磨尾渣
3	10~30 mm尾渣
4	原渣

6.4.1.2 化学成分

四种渣的化学成分如表6-2所示。

表6-2 钢渣样品的化学成分 (%)

成分＼编号	1	2	3	4
MgO	5.535	6.1014	5.196	5.681
Al_2O_3	2.982	4.135	2.717	1.494
SiO_2	14.61	15.629	16.178	14.49
P_2O_5	2.124	2.182	2.429	2.249
SO_3	0.412	0.492	0.411	0.366
CaO	45.116	39.841	43.881	45.312
TiO_2	1.308	1.323	1.508	1.471
V_2O_5	0.411	0.282	0.395	0.291
Cr_2O_3	0.455	0.396	0.41	0.293
MnO	4.041	3.826	4.187	3.918
Fe_2O_3	19.977	22.731	21.593	20.677
SrO	0.027	0.02	0.025	0.026
ZrO_2	0.008	0.012	0.093	0.014
Nb_2O_5	0.014	0.105	0.015	0.018
BaO	0.062	0.068	0.096	0
Cl	0.021	0.02	0.018	0.015
MFe	0.51	0.76	1.46	0.75
f-CaO	3.35	1.47	1.86	3.49

6.4.1.3 物相分析

四种渣的XRD分析如图6-2所示。

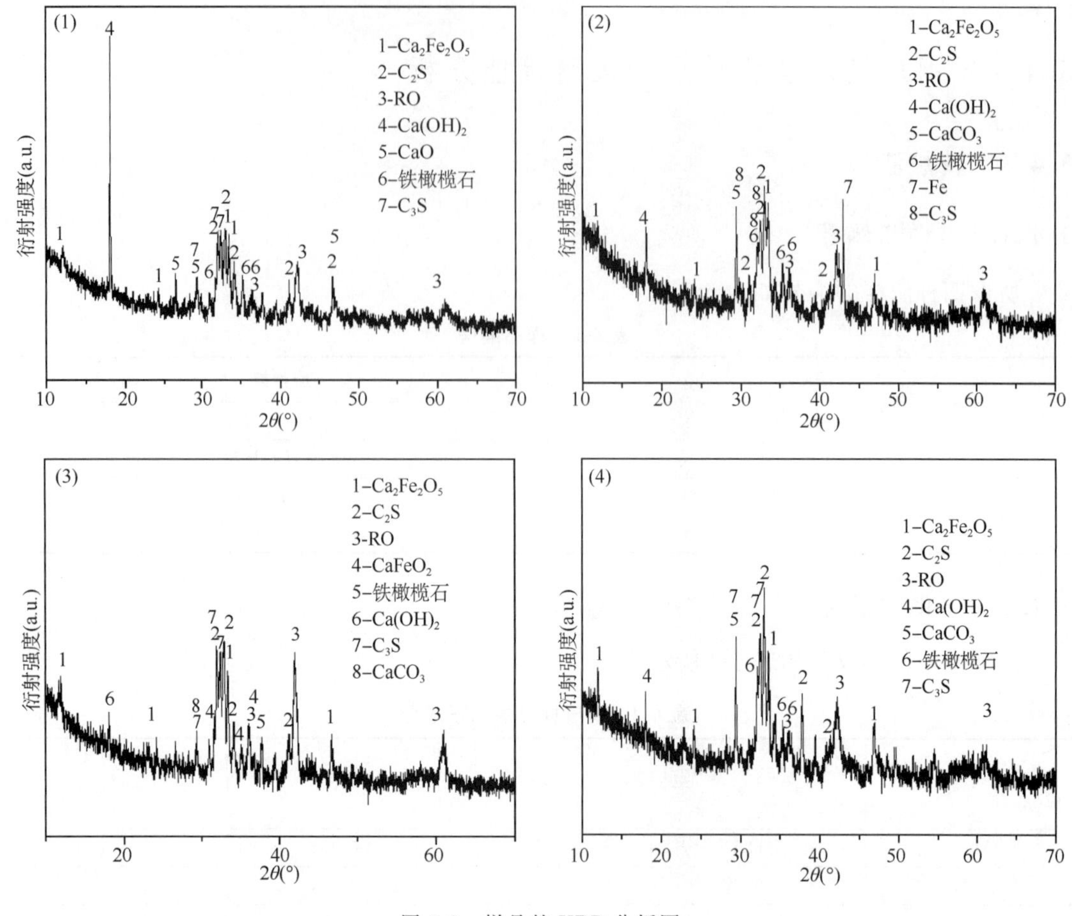

图 6-2　样品的 XRD 分析图

四种渣的主要物相都为硅酸二钙、硅酸三钙、铁酸钙、RO 和铁橄榄石相，主要区别在于 CaO、$Ca(OH)_2$ 和 $CaCO_3$ 含量的区别。1 号样品 $Ca(OH)_2$ 含量大，2 和 4 号 $Ca(OH)_2$ 含量较大，$CaCO_3$ 含量大，说明一部分 $Ca(OH)_2$ 在空气中转化成了 $CaCO_3$。

6.4.1.4　显微结构分析

2～4 号样品的显微结构图如图 6-3～6-5 所示。

2 号样品为选铁水洗球磨转炉尾渣经过湿法球磨，因此颗粒大小不一，原有结构被破坏。A 物相为无规则状或长粒状硅酸钙相(固溶少量 P)；B 物相为以 FeO 为基体的 RO 相；C 物相为以 MgO 为基体的 RO 相；D 相为游离 CaO，可能为硅酸三钙分解所形成。晶体的形貌不规则和不均匀，说明渣液在冷却析晶过程中的热力学环境不稳定，不均匀。

3 号样品质地较为致密，化渣较为充分，物相分布较均匀。A 物相为无规则形状和圆粒状的硅酸钙相，B 物相为 RO 相，C 物相为死烧 CaO，位于硅酸钙相之间，表面有 RO 相覆盖，D 物相可能为水化硅酸钙，E 物相为颗粒状游离 CaO，可能为硅酸三钙分解所形成。晶体的形貌不规则和不均匀，说明渣液在冷却析晶过程中的热力学环境不稳定，不均匀。

4 号样品质地较为致密，化渣较为充分，物相分布不均匀。A 物相为无规则形状、圆粒状、花簇状、针状、板状的硅酸钙相，粒径大小不一，在 10 μm 和 50 μm 之间，B 物相为以 FeO

为基体的 RO 相,C 物相为铁酸钙相,D 物相为颗粒状游离 CaO,可能为硅酸三钙分解所形成,深灰色方形 E 物相以 MgO 为基体的 RO 相。

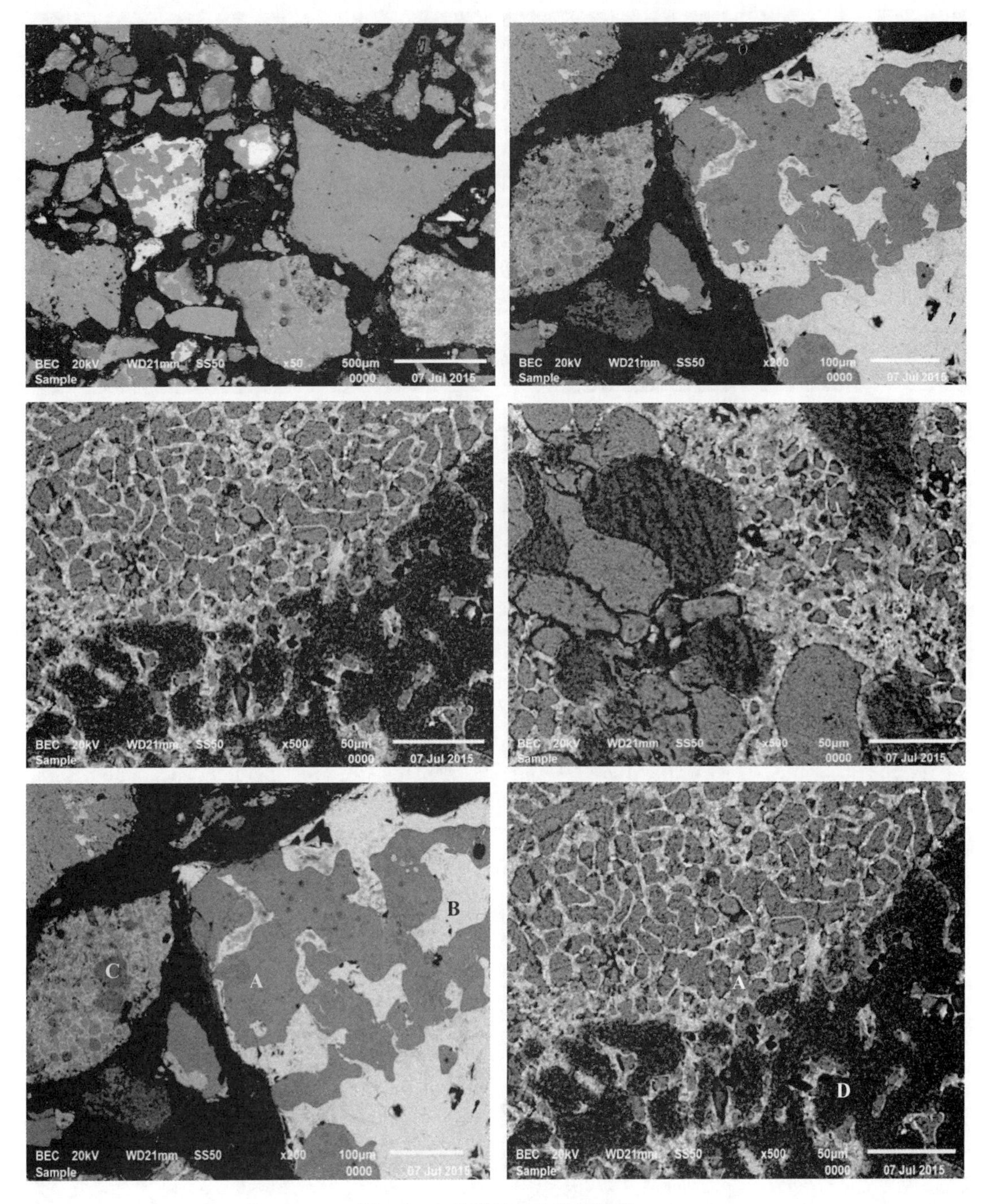

图 6-3　2 号样品的显微结构图

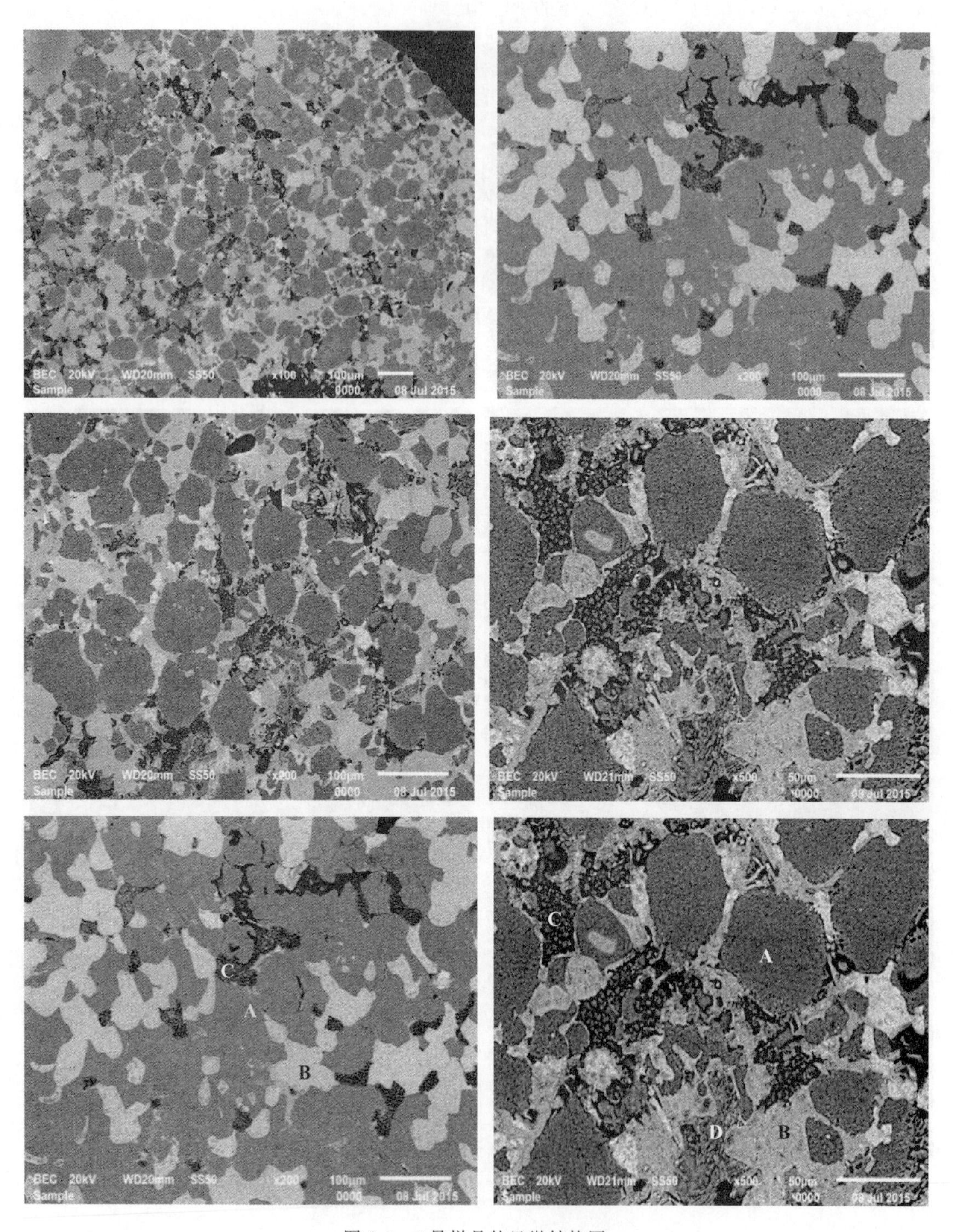

图 6-4　3 号样品的显微结构图

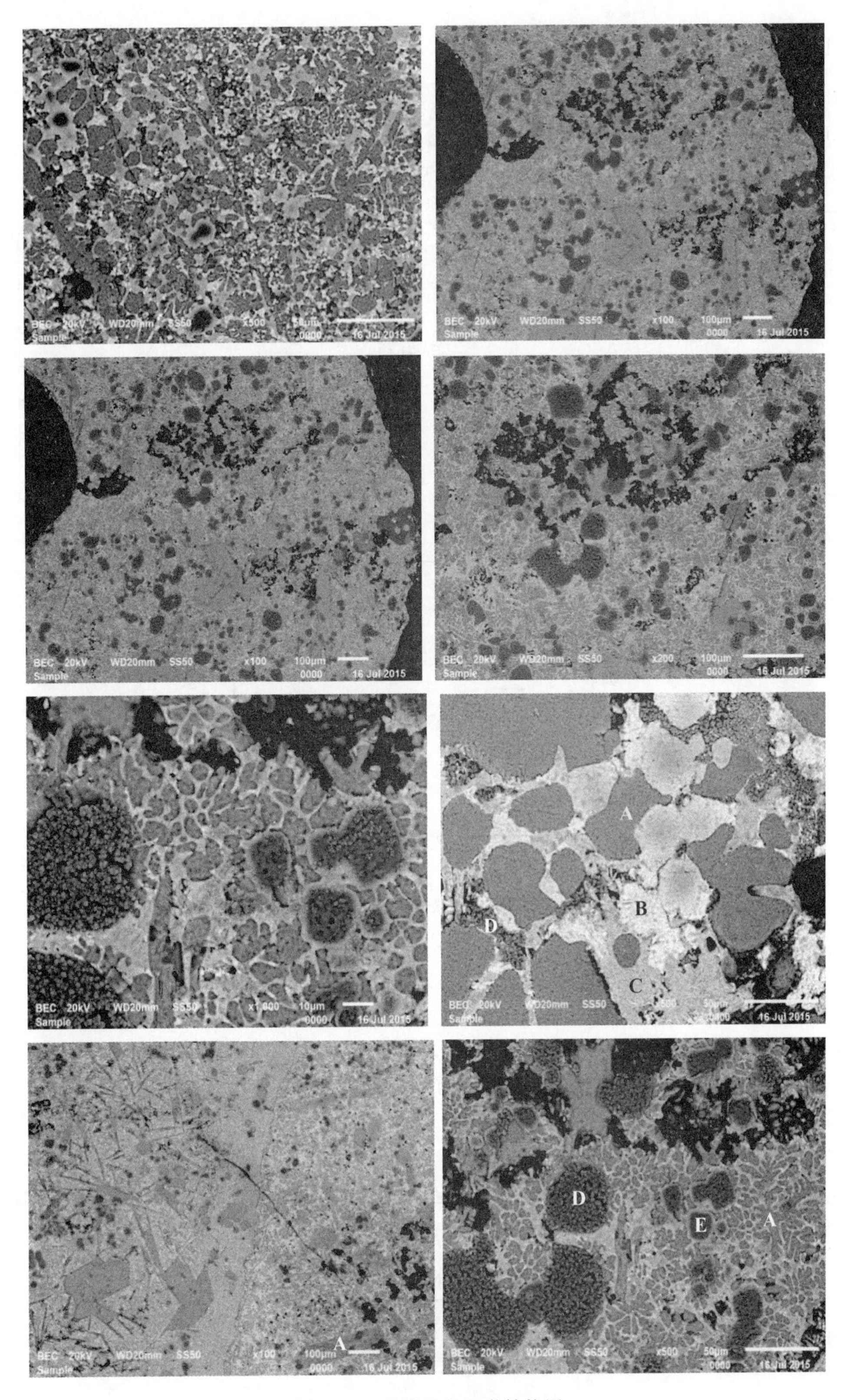

图 6-5　4 号样品的显微结构图

6.4.1.5 差热-热重分析

1、2、4号渣样的差热-热重分析见图6-6。400～500℃的失重和吸热峰由$Ca(OH)_2$分解形成，600～700℃的失重和吸热峰由$CaCO_3$分解形成。差热-热重的分析也表明1、2、4号样品中$Ca(OH)_2$和$CaCO_3$的含量较大，说明渣中的游离氧化钙得到了比较好的消化。

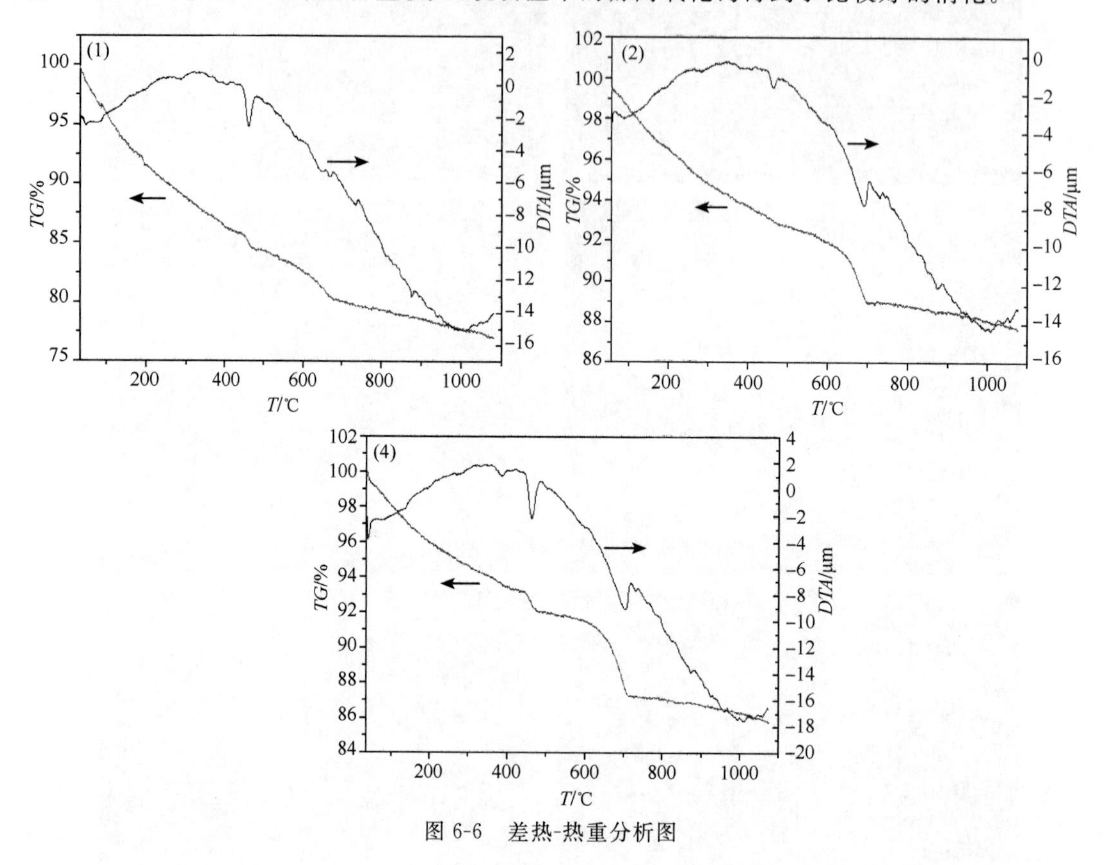

图6-6 差热-热重分析图

6.4.1.6 胶凝活性分析

(1)钢渣胶凝活性指数

2～4号渣样的胶凝活性指数如表6-3所示。国家标准《用于水泥和混凝土中的钢渣粉》规定的一级钢渣粉的7 d胶凝活性指数不小于0.65，28 d胶凝活性指数不小于0.80。三个样品都符合一级钢渣粉要求。

(2)钢铁渣粉胶凝活性指数

2号和3号渣样的磨细粉与矿渣粉按一定比例混合均匀后形成的钢铁渣复合粉的胶凝活性指数如表6-4所示，水泥的掺量统一为50%。

表6-3 样品的胶凝活性指数

钢渣样品号	7 d活性指数	28 d活性指数
2	0.79	0.86
3	0.67	0.83
4	0.75	0.87

表 6-4 钢铁渣复合粉的胶凝活性指数

钢渣样品号	水泥/%	矿渣/%	钢渣/%	7 d 活性指数	28 d 活性指数
—	50	50	0	0.77	1.10
2	50	40	10	0.74	0.976
2	50	30	20	0.70	0.90
2	50	20	30	0.69	0.87
3	50	40	10	0.69	0.99
3	50	30	20	0.66	0.89
3	50	20	30	0.58	0.88

对于 2 号渣样，钢渣掺入量为 10%时，可达到国家标准《钢铁渣粉混凝土应用技术规范》规定的钢铁渣粉 G95 等级，掺入量为 20%和 30%时，可达到 G85 等级；对于 3 号渣样，早期强度较差，掺入量为 10%和 20%时，可达到 G85 等级，掺入量为 30%时，可达 G75 等级。总体来看，在钢铁渣复合粉中钢渣的占比为 20%～30%为好。

6.4.1.7 光学碱度和磷容量的计算

光学碱度和磷容量计算方法见公式(2-1)和(2-3)。对于转炉渣 4 号样，其化学成分见表 6-2，根据公式(2-1)，计算可得 4 号样的光学碱度 $\Lambda=0.7334$。

由于 4 号样的光学碱度 $\Lambda=0.7334$，所以根据公式(2-3)可以算出，1600℃时的磷容量 2.37×10^6，1350℃时的磷容量 1.21×10^9。

6.4.2 精炼渣

6.4.2.1 化学成分分析

A 钢厂各种精炼渣，包括不同热态回用次数的精炼渣都混合堆放在了一起，并未进行严格分类，因此，根据渣的外观不同取了 7 个不同样品，其化学成分如表 6-5 所示。从表可以看出，1、2、5、6 号样品化学成分相差不大，可以将其归一类，3 号样品与这些样品相比 SiO_2 含量有所减小，SO_3 含量有所增大，4 号样品 CaO 含量相对较低，Fe_2O_3 相对较高，7 号样 CaO 含量最大，而 SiO_2 和 SO_3 含量最小。总体来说，各种精炼渣中的 SO_3 含量都较大。

表 6-5 精炼渣化学成分 (%)

成分＼编号	1	2	3	4	5	6	7
Na_2O	0.242	0.346	0.200	0.311	—	0.058	—
MgO	4.046	4.526	4.000	2.74	3.993	3.64	3.50
Al_2O_3	23.66	20.49	21.99	19.63	18.68	22.11	19.89
SiO_2	15.83	18.76	11.3	14.08	16.36	14.96	5.92
P_2O_5	0.041	0.043	0.215	0.407	0.193	0.074	0.14
SO_3	2.45	2.39	5.40	2.86	3.29	3.19	1.73

续表

成分＼编号	1	2	3	4	5	6	7
Cl	0.015	0.017	0.072	0.0868	0.036	0.029	0.029
CaO	52.00	52.16	53.8	46.62	51.30	50.53	62.37
TiO_2	0.895	0.424	0.204	0.332	0.691	1.09	0.731
Cr_2O_3	0.028	0.027	0.085	0.144	0.082	0.042	0.068
MnO	0.220	0.126	0.0788	0.443	0.433	1.10	0.282
Fe_2O_3	0.536	0.637	1.22	8.974	2.23	1.69	2.37
SrO	0.0380	0.0370	0.0362	0.0351	0.0431	0.0470	0.0411
ZrO_2	0.0107	0.0113	0.0087	0.00800	0.0159	—	0.0062
CuO	—	—	0.0088	—	—	—	—
F	—	—	0.33	—	0.97	—	—
K_2O	—	—	0.0649	0.226	0.017	0.018	—
BaO	—	—	—	—	0.642	1.09	—
SeO_2	—	—	—	—	—	—	0.0264

6.4.2.2 光学碱度、曼内斯曼指数和硫容量计算

(1)计算方法

光学碱度和硫容量的计算方法见公式(2-1)和(2-2)。

曼内斯曼指数 $MI=[\omega(CaO)/\omega(SiO_2)]:\omega(Al_2O_3)$，指数用来衡量熔渣的流动性[115]。

(2)计算结果

由于1、2、5、6号样品化学成分相差不大，只计算了1号样品，1、3、4、7号样的光学碱度、硫容量和曼内斯曼指数MI如表6-6所示。

表6-6 精炼渣的光学碱度、硫容量和曼内斯曼指数MI

样品号	光学碱度	硫容量(1600℃)	曼内斯曼指数MI
1	0.743	4.31×10^{-3}	0.14
3	0.77	1.02×10^{-2}	0.216
4	0.728	2.63×10^{-3}	0.17
7	0.8036	3.2×10^{-2}	0.53

6.4.2.3 XRD分析

1、3、4、7号渣样的XRD图谱见图6-7。由图可知，样品1的主要物相为 $Ca_{12}Al_{14}O_{33}$、MgO和 C_2S，与样品1相比，样品3硫含量较高，因而生成 $Ca_{12}Al_{14}O_{32}S$。样品4由于 Fe_2O_3 含量相对较高，因而出现了 $Ca_2Fe_7O_{11}$ 相，游离CaO含量也较高，说明化渣不充分。7号样品的化学成分中CaO含量最大，因而出现了较明显的游离CaO和 $Ca(OH)_2$ 相。

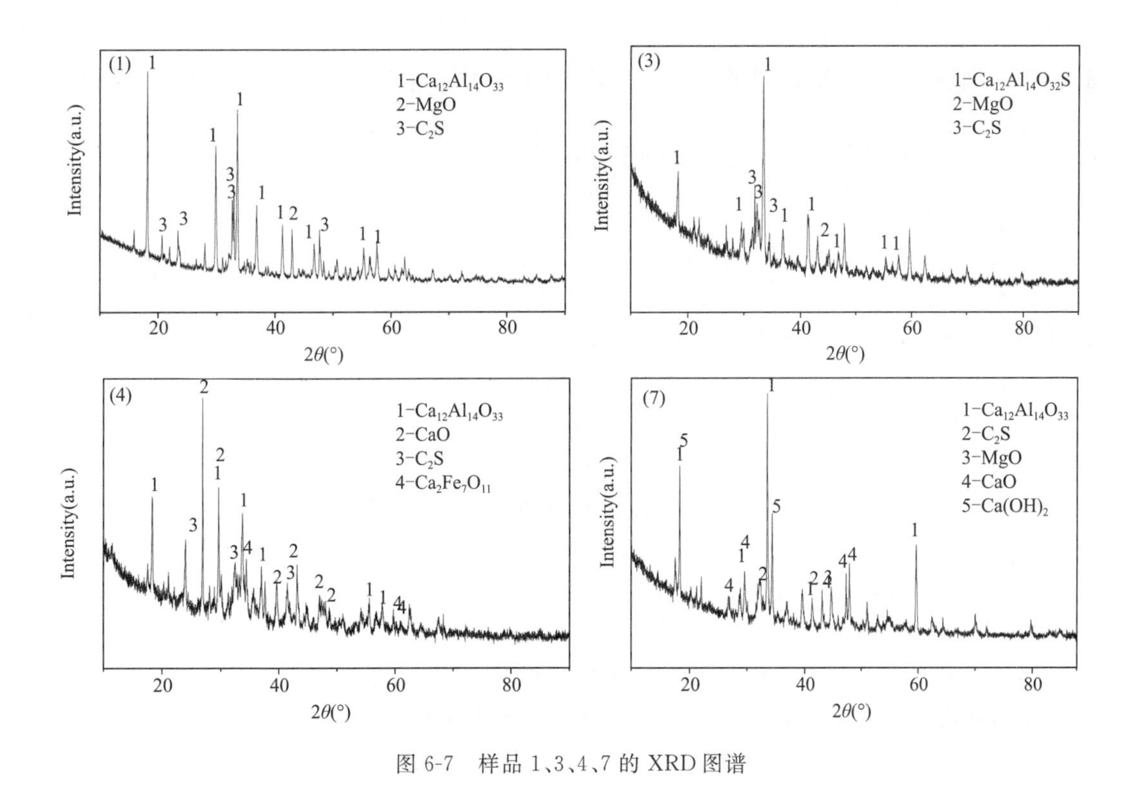

图 6-7 样品 1、3、4、7 的 XRD 图谱

6.5 钢渣梯级利用模式

6.5.1 指导思想和原则

钢渣的梯级利用就是要最大程度地挖掘钢渣的资源价值，使其得到最充分和最合理的利用。钢渣首先考虑的是在厂内的冶金回用，从源头上减少渣的排放量；不能冶金回用的渣在选取有价元素后，根据尾渣的成分构成和性质特点，设计钢渣在其他领域合理的应用途径。同时，不同类的钢渣具有不同的理化性质，应当将钢渣进行分类利用，发挥其各自的特性，确定各类钢渣最适合的利用途径。

确定钢渣的末端利用途径，要遵循以下原则：一是要能大宗化利用，钢渣的产量大，A 钢厂每年的产量在 100 万 t 左右，要消耗如此大量的渣，在建材领域的应用应当是转炉渣利用最重要的方向；二是要充分发挥渣的特性，由于转炉渣与煤矸石、尾矿、矿渣等工业固体废物相比具有硬度大、密度大、耐磨性好、透水性好、水化热低、碱性强、微膨胀性的特点，转炉渣在建材中的应用应当充分发挥这些特性，开展其在耐磨路面、高性能混凝土、钢渣微粉、透水砖、混凝土膨胀剂、高性能砂浆等产品中的应用；三是要着眼于行业未来发展趋势，开发具有发展潜力的产品，如钢渣的综合利用可紧密结合我国海绵城市和地下管廊建设，利用钢渣开发透水砖和透水混凝土产品以及新型的混凝土膨胀剂等，又如紧密跟踪碳排放交易市场建设，积极开发利用钢渣吸收 CO_2 的碳减排技术。

6.5.2 钢渣预处理和磁选选铁工艺存在的问题和建议

6.5.2.1 钢渣预处理工艺存在的问题和建议

(1)存在问题

A钢厂目前仍然采用传统的热泼工艺进行钢渣的处理,这种热泼工艺存在以下问题:

①虽然通过理化性质分析可知渣中的 *f*-CaO 含量有的已经降至2%以下,最高的也在4%以下,但毕竟热泼的处理周期较长,占地较大。

②由于运输到渣场的渣已经基本固化而未在熔融状态经过急冷处理,这表明渣中的 C_3S 有足够的时间分解为 C_2S 和 CaO,会导致渣中 *f*-CaO 含量增加和活性减小,这已在理化性质分析中得到证实。

③热泼工艺容易导致渣的成分、粒度及性质的不均匀,渣铁分离不好,这增加了渣后续处理和利用的负担。

④渣场现场环境较差,烟尘大,环境温度高。

(2)建议

①建议采用热闷、滚筒、风淬等有利于减少渣中 *f*-CaO 含量的工艺。

②如果仍然使用热泼工艺,建议在条件允许的情况下使用炉前热泼后,再送至渣场继续堆闷。这样可避免 C_3S 的分解,减少渣中 *f*-CaO 含量,从而可缩短堆闷时间。

③建议连铸、精炼渣和转炉渣分开处理,分开堆放。

④针对目前热泼闷化过程中的闷化程度不均的问题提出以下建议:

a. 刚倾倒还有红渣时,可采用大的水压和大的水量,至无红渣出现,最好是每来一车渣就打一次水,避免渣堆下部板结;

b. 在无红渣后,可减小水量和水压,避免温度下降过快,同时使水蒸气加速 CaO 和 MgO 的水化,但是要保证所有的渣都能充分润湿;

c. 待渣冷却至室温后,水量可以适中,使游离 CaO 和 MgO 进一步发生水化反应,也是要保证所有的渣都能充分润湿。

6.5.2.2 钢渣磁选选铁工艺存在的问题和建议

湿法磁选选铁工艺是一套较为成熟的工艺,对于南方多水区域使用湿法工艺在经济上是较为可行的。存在的问题主要是尾渣都破碎到10 mm以下,使尾渣的级配较为单一,目前主要是为了外销的需要,为了未来开发钢渣产品的需要,就可能要对现在的破碎分级系统进行改造,满足粗、细各种粒度的需要。

6.5.3 钢渣应用途径分析

6.5.3.1 转炉渣

(1)转炉渣回用于铁水预脱磷的分析

转炉渣回用于铁水预脱磷的分析方法见第5章相关内容。根据第5章提供的方法,假设1 t铁水加入约0.1 t的转炉渣,可计算得到理论上A钢厂转炉渣可回用于[%P]>0.00188%的铁水脱磷。实际上A钢厂铁水中[%P]=0.128%,说明转炉渣回用于铁水脱磷具有很大潜力。

(2)转炉渣返回烧结的分析

①概述

转炉渣返烧结是比较成熟的一种钢渣综合利用方法。转炉渣可部分替代石灰作烧结矿助熔剂。烧结矿中配入适量钢渣后,可改善烧结矿的质量。另外,由于钢渣中 Fe 和 FeO 的氧化放热,可添补钙、镁碳酸盐分解所需热量,使烧结矿燃耗降低,降低生产成本。但烧结循环使用转炉渣后会产生烧结矿、铁水和转炉渣含磷的循环富集,最终可能影响钢水和成品钢的质量,因此会面临磷富集后的控制问题。然而多家钢厂的实践表明,只要控制转炉渣配入烧结的量,转炉渣的磷含量在循环一定次数后会保持平衡,也就意味着不会产生磷富集现象。

②计算公式

宝钢的汪正洁[115]通过理论分析提供了一种转炉渣返回烧结的磷平衡计算公式,这些公式的假设条件包括:生产中主副原料的含磷变化不大,高炉和转炉渣量、高炉渣含磷变化不大;现有转炉渣仍有富余的脱磷能力,即成品钢含磷不增加;不加转炉渣时的三尘量及含磷和加转炉渣后的三尘量及含磷变化不大。转炉渣循环无穷次后的磷含量计算公式如式(6-1):

$$B_{\infty} = \frac{K'M}{Q_S - KM}P_M + \frac{P_{ot} - (P_1 + P_d + P_b)}{Q_S - KM} \tag{6-1}$$

铁水中磷含量的计算公式如式(6-2):

$$P_{tn} = \frac{P_{dl} + P_1 - P_{otl}}{M_t} + \frac{Q_S}{M_t}B_n \tag{6-2}$$

其中: $P_{ot} = P_{ots} + P_{otb} + P_{otl}$;$P_d = P_{ds} + P_{db} + P_{dl}$

式中:M 为吨钢成品消耗的均矿量,kg;P_M 为均矿中的磷含量;K 为烧结混合料中配入转炉渣的配比;K'为烧结混合料中加入 K 的转炉渣时,烧结混合料中均矿配入量的变化系数;Q_S 为生产吨成品钢的渣量,kg;P_{ot}为吨成品钢其他物料带入烧结、炼铁和炼钢的磷,kg;P_1 为吨成品钢带走的磷,kg;P_d 为吨成品钢烧结、炼铁和炼钢三尘带走的磷,kg;P_b 为吨成品钢高炉带走的磷,kg;B_n 为循环 n 次后配入烧结矿的转炉渣中磷的质量分数;P_{sn}为烧结矿中的磷含量;P_{ots}为吨成品钢其他物料(除均矿外)带入烧结的磷,kg;P_{otb}为吨成品钢其他物料(除均矿外)带入炼铁的磷,kg;P_{otl}为吨成品钢其他物料(除均矿外)带入炼钢的磷,kg;P_{ds}为吨成品钢烧结三尘带走的磷,kg;P_{db}为吨成品钢炼铁三尘带走的磷,kg;P_{dl}为吨成品钢炼钢三尘带走的磷,kg;M_t 为吨成品钢消耗的铁水量,kg;P_{tn}为铁水中的磷含量。

③转炉渣返回烧结的磷平衡计算

按照 A 钢厂 2015 年 8 月份的实际生产数据对烧结、炼铁和炼钢的磷平衡进行计算,如表 6-7~6-9 所示。

表 6-7 烧结过程的磷平衡

	混匀料	熔剂	焦粉	烧结矿	三尘
吨耗/kg	935			1000	
P 含量/%	0.072	0	0	0.065	
P 含量/kg	0.67	0	0	0.65	0.02

表 6-8 炼铁过程的磷平衡

	烧结矿	球团矿	块矿	焦炭	煤粉	高炉渣、三尘	铁水
吨铁耗/kg	1350	124	190	419	113		1000
P含量/%	0.067	0.025	0.088	0	0		0.128
P含量/kg	0.972	0.031	0.1088	0	0	0.1682	1.28

表 6-9 炼钢过程的磷平衡

	铁水	废钢	渣钢	其他含铁物料	白云石	石灰	转炉渣	三尘	钢水
吨钢耗/kg	942.71	76.7	5.19		15	38	100		1000
P含量/%	0.128	0.0184	0.095		0.003	0.003	1.143		0.02
P含量/kg	1.207	0.0142	0.005	0.1335	0.00045	0.00114	1.143	0.018	0.2

将表6-8～6-10数据代入公式(6-2)计算铁水中的磷含量：

$$P_{tn} = (0.018 + 0.2 - 0.15429)/942.71 + 100/942.71B_n = 0.00006758 + 0.1061B_n$$

当 B_n 取极大值时，P_{tn} 取极大值，A钢厂铁水要求控制为 $P_{tn} \leqslant 0.15\%$，则 $B_{\infty} \leqslant 1.35\%$。A钢厂渣钢厂磁选出的铁精粉总铁含量在60%以上，$K' = 1 - K$，按公式(6-1)计算：

$$B_{\infty} = (1-K) \cdot 1190 \cdot 0.00072/(100 - K1190) + [(0.113 - 0.2 - 0.018 - 0.1446 - 0.0255 - 0.014)/(100 - K1190)] \leqslant 1.35\%$$

计算得到 $K \leqslant 5.14\%$。A钢厂实际配入烧结的钢渣铁精粉只有0.3%左右，远小于5.14%的配入量，可保证铁水质量。

若是直接用转炉渣配入烧结，由于熔剂中的P含量可忽略，因此，只考虑转炉渣替代烧结矿混匀料中的含铁物料，A钢厂转炉渣中的总铁含量约为14%，$K' = 1 - 0.22K$，按照上述方法可算得 $K \leqslant 4.93\%$。但是实际高炉生产受随机因素的影响，考虑到铁水的含磷会产生随机误差，实际磷控制含量要小于0.15%，因此，配入量应该乘以一个安全系数，根据宝钢的经验计算，A钢厂转炉渣配入烧结的量应该在4%以内。若按照配入4%，钢年产量800万t计算，可配入烧结的转炉渣量可达38.4万t，约占转炉钢渣总产量的40%。

最后，因为假设钢水中的磷是不变的，即转炉渣还有富余的磷容量，还需对其进行验证。已知平衡时渣-钢磷分配比(%P)/[%P]=604，B_{∞}=(%P)=1.35%，则达到平衡时钢水中[%P]=0.00235%，而实际钢水中的[%P]=0.0177%，说明渣的脱磷有富余，符合假设条件。

④经济效益分析

目前，A钢厂生产磁选铁精粉约3.6万t，由于铁矿石价格的下降，现在售价约为380元/t，则每年收入为1368万元。若用磁选后的尾渣配入烧结，根据经验，配入1t尾渣可节约0.75t石灰石，代替含铁60%的铁精粉0.3t，按照石灰石70元/t计算，含铁60%的铁精粉380元计算，每配入1t尾渣，可节省成本167元，若每年配入量为10万t，则可节省成本1670万元。

(3)转炉渣用于生产钢渣微粉的分析

A钢厂转炉渣的理化性质分析表明A钢厂转炉渣制备钢渣粉和钢铁渣复合粉具有可行性。目前，A钢厂所在省份还没有钢铁渣复合粉的生产线，在国家大力推广钢铁渣复合粉的背景下,A 钢厂可利用自身的资源优势占领区域市场。而 A 钢厂本身具有 220 万 t 矿渣粉生产线,按照钢铁渣复合粉中钢渣的占比为 20%～30%计算,钢渣粉的生产规模可设置为年产 50 万 t 左右,考虑到市场的认可和接受程度问题,可先考虑建立 35 万 t/a 的生产规模,钢铁渣复合粉的生产规模 150 万 t。按钢渣粉综合售价 140 元/t,生产成本 80 元/t 计算,35 万 t 钢渣微粉生产线可实现增收 4900 万,实现利润 2100 万元。考虑到钢渣微粉可作为混凝土膨胀剂使用以及内部消耗,最终钢渣微粉的生产规模定在 40 万 t/a。钢渣粉磨生产线中也要进行选铁,生产线精选出的占总量 1.5%金属铁约为 0.6 万 t,按照每吨 850 元计算,年增收入 510 万元。年总收入达 5410 万元。

(4)钢渣作为沥青路面粗集料的分析

①可行性分析

A 钢厂转炉钢渣经过破碎、磁选、筛分后得到的尾渣可以替代天然砂石作为道路底基层、基层和面层的骨料。虽然钢渣在吨成本上具有优势,但钢渣的密度更大,使得运输成本增加,因此,转炉渣用于筑路骨料只能在有限的运距内才能产生效益。目前,普通天然碎石的价格约为 50 元/t。当地的碎石运输价格为 1 元/(t・km),而钢渣的堆积密度比碎石的堆积密度高 20%左右,则每吨钢渣的运输成本比碎石高 0.2 元/(t・km)左右。若钢渣按 40 元/t 销售,则销售半径限定在 50 km 左右,即市区及周边乡镇范围内,且碎石的生产点分布在市区四周,这就进一步压缩了钢渣作为普通碎石的利润空间。而高等级公路沥青路面用玄武岩碎石的价格相对较高,在 200 元/t 左右。玄武岩碎石抗压性强、压碎值低、抗腐蚀性强、耐磨、吸水率低、导电性能差、沥青黏附性高等特点,是国际公认的铁路、公路、机场、码头、市政工程建设最好的石材。用玄武岩修建的设施使用寿命长、维护快捷,无尘土更环保,已被交通部指定使用。转炉钢渣的某些性能要优于玄武岩碎石,则若能用转炉钢渣替代玄武岩碎石具有更好的经济效益。目前,国家标准《耐磨沥青路面用钢渣》《透水沥青路面用钢渣》已经发布,《沥青玛蹄脂碎石混合料用钢渣》即将颁布,这些标准的颁布为钢渣在沥青路面中的应用推广起到了很好的指导作用。2015 年 8 月 31 日,葛洲坝水泥武汉道路材料公司用钢渣集料制备的钢渣沥青混凝土成功应用于宜昌至张家界高速公路上面层(当阳至枝江段(K32+000～K29+000))铺设施工,是国内首次将钢渣集料应用于高速公路主线工程。钢渣沥青路面的成功实践以及可观的经济效益,再加上符合国家循环经济政策和国家的推广,钢渣沥青粗集料的市场前景是可期的。

国家标准《耐磨沥青路面用钢渣》《透水沥青路面用钢渣》和《沥青玛蹄脂碎石混合料用钢渣》对钢渣集料的级配和技术要求进行了规定。级配可以通过破碎、筛分工艺达到要求。技术要求中最主要的是金属铁含量和浸水膨胀率,其他指标要求普通转炉钢渣易达到。金属铁含量要求小于等于 1%,根据理化性质分析结果,A 钢厂钢渣基本可以满足要求;浸水膨胀率要求小于等于 2%,即 *f*-CaO 含量最好小于 3%,根据理化性质分析结果,由于热泼法的特点,各种不同粒度渣中的 *f*-CaO 含量可能分布不均,但整体来说,通过适当延长堆闷时间,加强均化措施,达到标准要求也是易于实现的。

②经济效益分析

考虑到钢渣的吸油值比玄武岩碎石大,用在沥青路面中消耗更多的沥青,综合考虑,钢渣可按 180 元/t 销售,若按 100 元/t 销售,则销售半径可在 400 km 左右,可辐射到 A 钢厂所在城市群区域及周边地区,且该区域的玄武岩资源主要分布在偏远山区,开采运输成本也较高，因此A钢厂钢渣作为玄武岩碎石也更具成本优势。根据A钢厂所在区域交通规划，区域内每年平均新建高速公路里程约为260 km。若未来新建高速公路90%为沥青路面，上面层采用玄武岩碎石，每公里路面使用钢渣1000 t，按每年新建沥青路面高速公路240 km计算，每年可利用钢渣24万t左右。考虑到钢渣粗骨料市场还有一个发展过程，先期建设10万t/a的用于沥青路面的钢渣粗骨料生产线，若按平均售价为120元/t计算，则每年可实现收入1200万元，实现利润在800万元以上。考虑到透水砖等产品中也需要使用粗骨料，粗骨料的生产规模定为12万t/a。

(5)钢渣生产预拌砂浆的分析

①可行性分析

A钢厂所在城市《预拌砂浆行业发展规划(2014—2018)》提出规划期末全市预拌砂浆(干混)供应总量达到200万t，水泥散装率达到70%以上，全市预拌砂浆搅拌站点达10家以上，建设工程预拌砂浆使用率达到65%以上。因此A钢厂利用钢渣砂生产预拌砂浆符合国家政策和政府规划要求，在成本上具有优势。目前，国家标准《普通预拌砂浆用钢渣砂》已经颁布。首钢已建立了年产30万t钢渣预拌砂浆生产线，产品已经在国家体育场等工程中使用，收到很好效果。随着天然砂资源的大量开采，我国天然砂资源已相当匮乏，其价格也会在未来逐渐升高，利用工业固体废物制砂一方面节约了自然资源，另一方面其经济效益也将稳步升高。

国家标准《普通预拌砂浆用钢渣砂》主要规定了钢渣砂的级配和技术要求。级配可以通过破碎、筛分工艺或者使用制砂机达到要求。技术要求中最主要的是金属铁含量和压蒸粉化率，其他指标要求普通转炉钢渣易达到。金属铁含量要求小于等于1%，根据理化性质分析结果，A钢厂钢渣基本可以满足要求；压蒸粉化率要求小于等于5.9%，即*f*-CaO含量最好小于2%，可以通过适当延长堆闷时间，加强均化措施来实现。

②经济效益分析

钢渣预拌砂浆除用钢渣代替天然砂外，还可用钢铁渣复合粉代替一部分水泥。若A钢厂建设一条30万t预拌砂浆生产线，其中砂浆中钢渣砂占70%，水泥占10%，矿渣粉占7%，钢渣粉占3%，则可利用钢渣粉0.9万t。预拌砂浆按250元/t计算，则年收入可达7500万元，由于使用钢渣砂和钢铁渣微粉，每吨原料成本可节省10元左右，再按行业平均利润率10%计算，总利润可实现1050万元。

30万t预拌砂浆生产线实际生产钢渣砂21万t/a左右，因为钢渣砂还可用在水泥混凝土路面等领域，因此，钢渣砂的生产规模定为28万t/a。

(6)钢渣生产其他建材产品的分析

通过建设以上三项生产线，A钢厂能实现年生产40万t钢渣微粉、150万t钢渣矿渣复合微粉、12万t钢渣粗骨料、28万t钢渣细骨料(钢渣砂)四种初级产品，其中21万t钢渣砂用于30万t预拌砂浆生产线。为了灵活应对市场，丰富产品类型，提高产品附加值，可再利用上述四种初级产品生产开发二级产品，除预拌砂浆外，还包括钢渣道路混凝土、透水砖、膨胀剂和钢渣人造石材等。

①钢渣道路混凝土

钢渣作为集料在水泥混凝土路面中使用可提高路面的耐磨性、耐久性，从而显著提高道路工程的使用寿命。目前，国家已颁布了标准《水泥混凝土路面钢渣砂应用技术规程》，其中规定钢渣砂取代天然砂的取代率为50%以上。标准还规定了钢渣砂的级配和技术要求。级配可以通过破碎、筛分工艺或者使用制砂机达到要求。技术要求中最主要的是金属铁含量和压蒸粉化率。金属铁含量要求小于等于2%，根据理化性质分析结果，A钢厂钢渣可以满足要求；压蒸粉化率要求小于等于5.9%，同上一节的分析，A钢厂钢渣要满足该要求是较易实现的。

在前面的分析中已知钢渣代替天然集料利润平衡点的运输半径在50 km左右，考虑到A钢厂所在城郊以及农村公路路面的强度等要求相对较低，因此，可将钢渣砂用于农村公路建设。同时，水泥混凝土中的水泥也可部分由钢铁渣复合粉取代，因此，可发挥综合成本优势，建设一条钢渣道路水泥混凝土生产线。

根据A钢厂所在城市交通运输“十二五”发展规划，“十二五”期间，农村公路水泥路硬化里程达到3000 km以上，平均每年600 km以上。农村公路建设大多以水泥混凝土路面为主，强度要求相对较低，可采用C30水泥混凝土。每年修建长600 km、宽4 m、厚度20 cm的农村公路需使用水泥混凝土48万m^3。综合设备、市场等条件考虑，钢渣道路水泥混凝土生产线的规模可定为20万m^3/a。

每立方米C30水泥混凝土路面耗水泥约0.45 t、砂0.52 t、石子1.3 t，则20万m^3需水泥9万t、砂10.4万t、石子26万t，其中天然砂的50%由钢渣砂替代，水泥的40%由钢铁渣粉代替，则可消耗钢渣砂5.2万t，钢铁渣粉3.6万t(其中钢渣粉1万t左右)。每立方米混凝土价格为300元左右，每年20万m^3可实现收入6000万元，由于使用钢渣砂和钢铁渣微粉，每立方米原料可节省成本20元左右，再按行业平均利润率4%计算，可实现总利润640万元。

②钢渣透水砖

为解决城市“热岛效应”和雨天道路积水现象，全国许多城市在道路扩建工程中大量使用具有渗水功能的渗水砖和迅速自然下排雨水的透水砖，其行业发展状况十分红火。地上“海绵城市”建设结合地下管廊建设将是未来生态城市的必然趋势，因此，透水砖及透水混凝土的需求量必然逐步增加。

目前，我国的一些大中城市在政府部门的重视和引导下，透水性材料(透水砖)已开始铺设。普通碎石类透水砖的原料主要包括碎石、水泥以及其他外加剂等。原料中的碎石可由钢渣替代，而水泥的一部分可由钢渣微粉或钢渣矿渣复合粉替代，因而大大节省了成本。同时由于钢渣的耐磨性、耐久性好，可提高透水砖产品的品质。

若建设20万m^2的钢渣透水砖，透水砖的厚度为50 mm，则消耗透水混凝土1万m^3，每立方米透水混凝土使用钢渣2 t，钢铁渣复合粉0.2 t。若每平方米透水砖为50元，则可实现年收入1000万元，由于使用钢渣粗骨料和钢铁渣微粉，每立方米原料成本可节省20元左右，再按行业利润率15%计算，可实现总利润170万元。

③钢渣混凝土膨胀剂

膨胀剂的主要特性是掺入商品混凝土后起抗裂防渗作用，它的膨胀性能可补偿商品混凝土硬化过程中的收缩，在限制条件下成为自应力商品混凝土。近几年膨胀剂产量(2009年约126.36万t，2011年约135万t，2013年约150万t)在稳步增加，满足了刚性防水和补偿收缩商品混凝土的需求。但我国膨胀剂企业一般规模较小，少数企业年产量能达到10万t以上。随着地铁建设和地下管廊建设的推进，抗裂防渗混凝土的需求量会有更大的需求。

钢渣微粉和硫铝酸盐水泥按一定比例混合形成的混凝土膨胀剂具有持续膨胀性的特点，且成本低，具有较好的竞争优势。作为膨胀剂的钢渣微粉应该保持一定的游离CaO含量。钢渣微粉中有两种游离CaO，由硅酸三钙分解的游离CaO具有较好的活性，会在早期贡献膨胀，而死烧石灰则活性较小，会在中后期产生膨胀，因此如何控制这两种游离 CaO 的含量并确定与其他膨胀剂的配比需通过试验确定，并满足 GB 23439—2009《混凝土膨胀剂》要求。建设一条 15 万 t 膨胀剂生产线，若钢渣微粉、铝酸盐水泥和石膏的比例为 1∶1∶1，则消耗钢渣微粉 5 万 t，若售价为 400 元/t，则年收入可达 6000 万元，钢渣微粉的掺入以及石膏采用部分脱硫石膏使膨胀剂的原料成本降低 20％以上，即利润在 1200 万元以上。

④钢渣人造石材

如前所述，利用钢渣开发人造大理石和花岗石，可提高钢渣利用的附加值。但是钢渣人造石材技术还不成熟，产品还未被市场广泛接受，因此，钢渣人造石材技术可作为将来重点开发的技术之一。

⑤钢渣用于厂内废水处理的分析

目前，A 钢厂的 HCl 酸洗废液目前采用的石灰中和法，用一定量石灰中和到 pH＝6 左右后，再将其送到烧结厂循环使用。A 钢厂曾有将中和后的 HCl 酸洗废液作为冲渣废水的想法，我们建议不采用此法。因为钢渣将来制备钢渣粉或混凝土集料，对 Cl^- 的要求是严格的，而 HCl 酸洗废液含大量 Cl^-，且冲渣废水本来是循环使用的，更易使 Cl^- 富集，会影响钢渣的后续利用。

钢渣本身具有较强的碱性，理论上具备中和酸洗废液的可能性。我们试验了使用 2 号样的钢渣细粉（过 230 目筛）和 2 号原样对废液（$[H^+]>1mol/L$）的中和效果，试验结果如图 6-8、6-9 所示。

图 6-8 所示为废液 pH 值与钢渣加入量间的关系图，中和时间保持在 10 min。由图 6-8 可见，对于原渣，当渣液比达到 0.28 时，pH 值可增加到 3.2 左右，继续增加渣量，pH 值基本保持不变。而使用细粉的中和效果明显好于原渣，当渣液比达到 0.24 时，pH 值可增加到 5.3 左右，同样继续增加渣量，pH 值基本保持不变。图 6-9 所示为废液 pH 值与中和时间的关系，渣液比固定为 0.4。由图 6-9 可知，细粉在 10 min 内就使废液 pH 值基本达到最大值，而使用原渣在前 10 min pH 变化也较快，随后一直缓慢增加。这是因为钢渣磨细后，其中的游离氧化钙、单质铁等更易与废液中的酸接触并发生反应。虽然细粉的成本要比粗渣高，但中和反应快，效果更好，且中和后的废水在输送过程中，细粉相对粗渣不易沉淀而导致管道堵塞。因此，综合来看，使用细粉比粗渣更适宜中和 HCl 酸洗废液。

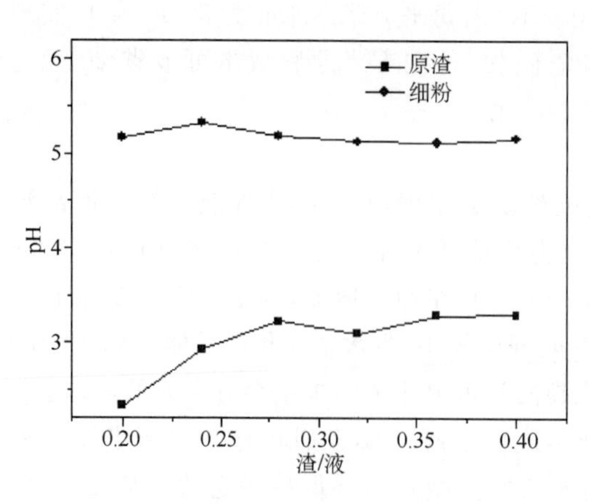

图 6-8　废液 pH 值与钢渣加入量的关系

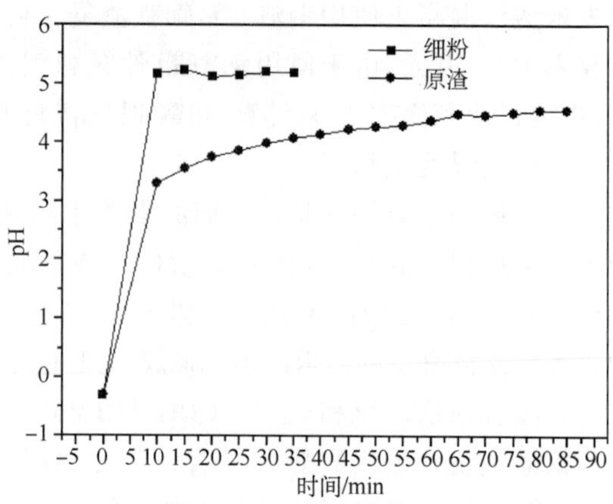

图 6-9　废液 pH 值与时间的关系

目前，A 钢厂中和 HCl 酸洗废液使用的石灰量是每吨废液加入 0.2 t 石灰，pH 值达到 6。我们的试验结果是每吨废液加入 0.2 t 石灰，pH 值达到 6.32。而由图 7 可知，每吨废液加入 0.2 t 钢渣细粉时，pH 值可达到 5.3 左右，而钢渣粉的价格只有石灰价格的 1/4 左右。

6.5.3.2 精炼渣

(1)精炼渣热态回用的分析

精炼渣热态回用的分析方法见第 5 章相关内容。根据第 5 章提供的方法，可计算得到，理论上，1 号精炼渣只能用于[%S]>0.015%的 LF 精炼钢液进行脱硫，由此可见，1 号精炼渣脱硫能力一般，不适合进行热态回用。同理，可计算得出 3 号精炼渣只能用于[%S]>0.014%的 LF 精炼钢液进行脱硫，脱硫能力一般；4 号精炼渣只能用于[%S]>0.029%的 LF 精炼钢液进行脱硫，脱硫能力较差；7 号精炼渣能用于[%S]>0.0014%的 LF 精炼钢液进行脱硫，脱硫能力较强，适合进行热态回用。

精炼渣热态回用于精炼环节应当是精炼渣最经济的回用方式。由以上分析结果可知，1、3、4 号精炼渣已不再适合回用于精炼，主要是因为其中的 S 含量已经较高，这些渣可能是已经进行了 2 次或 3 次回用，不再具有回用价值。7 号精炼渣 S 含量较低，其 CaO 含量较高，因此还具有回用价值。但从曼内斯曼指数 MI 分析，一般该指数在 0.25～0.35 之间，渣具有较好的脱硫效果，7 号精炼渣的 MI 指数已达 0.53，流动性较差，从 XRD 分析也可知，渣中游离 CaO 含量较大，化渣不充分，此时可补加一定量萤石或 Al_2O_3 来改善流动性。

对于 1、3、4 号精炼渣，为继续实现回用，关键是如何除去渣中的 S。对于热态渣，可以采用中钢武汉安环院的热态脱硫专利技术(专利号：CN104046710A)，实现熔渣在热态条件下快速脱硫，该工艺具有节能高效、脱硫彻底等特点。

(2)精炼渣用于制备炼钢用预熔型铝酸钙的分析

预熔型铝酸钙主要用于钢包精炼时脱去钢水中的硫、氧等不纯物，降低钢中的有害元素及杂质的含量，它具有化渣快，脱氧、脱硫效果好，成分稳定等特点，已在国内外钢厂广泛使用。国内的预熔型铝酸钙目前采用方解石等钙基原料和铝矾土等铝基原料通过高温烧结和熔炼而成。根据国家标准《炼钢用预熔型铝酸钙》(YB/T 4265—2011)，预熔型铝酸钙主要矿物为 $12CaO \cdot 7Al_2O_3$，含量大于 85%。从 XRD 分析可知，样品 1、3、7 的主要矿物为 $12CaO \cdot 7Al_2O_3$，若使用精炼废渣制备预熔型铝酸钙可大大节省原料费用。4 号样 Fe_2O_3 含量偏高，不适合制备预熔型铝酸钙。

表 6-10 所示为国家标准《炼钢用预熔型铝酸钙》规定的预熔型铝酸钙的化学成分。对照表 6-10 中的化学成分要求，1、3、7 号精炼渣的 Al_2O_3 和 CaO 含量较接近 CA-30 型，可通过补充少量 Al_2O_3 和 CaO 来调整，其他成分除 S 外，基本能满足要求。因此，这些样品制备预熔型精炼渣的主要问题仍然是 S 含量偏高。

(3)精炼渣用于制备混凝土膨胀剂的分析

A 钢厂精炼渣中含有大量的 $12CaO \cdot 7Al_2O_3$，其在 $Ca(OH)_2$ 和 $CaSO_4$ 存在的条件下可以生成钙矾石，而钙矾石是硫铝酸钙类膨胀剂的主要膨胀相。如前所述，转炉钢渣属于氧化钙类型膨胀剂，并含有 $Ca(OH)_2$。将精炼渣和转炉渣复合配上石膏开发具有持续膨胀性的混凝土膨胀剂应是可行的。膨胀剂的价格在 500 元/t 左右，将精炼渣制成膨胀剂应当比将其与转炉渣混合后作为筑路材料、水泥混合材等产生更大的经济效益。

表 6-10 炼钢用预熔型铝酸钙的化学成分限值

项目	指标				
	CA-50	CA-45	CA-40	CA-35	CA-30
Al_2O_3/%	$50>Al_2O_3\geqslant45$	$45>Al_2O_3\geqslant40$	$40>Al_2O_3\geqslant35$	$35>Al_2O_3\geqslant30$	$30>Al_2O_3\geqslant25$
CaO/%	$45>CaO\geqslant35$	$50>CaO\geqslant45$	$55>CaO\geqslant50$	$60>CaO\geqslant55$	$65>CaO\geqslant60$
SiO_2/%	普通>4,低硅≤4				
MgO/%	≤12(低镁:≤4,普通>4)				
Fe_2O_3/%	≤2.5(低 Fe_2O_3:≤1.5,1.5<普通≤2.5)				
P/%	≤0.08(低磷:≤0.05,0.05<普通≤0.08)				
S/%	≤0.15(低硫:≤0.05,0.05<普通≤0.15)				
F/%	≤4.0(低氟:≤1.5,1.5<普通≤4.0)				
C/%	≤0.10(低碳:≤0.05,0.05<普通≤0.10)				
TiO_2/%	≤0.08(低碳:≤0.03,0.03<普通≤0.08)				

(4)精炼渣用于吸收 CO_2 的分析

①概述

A钢厂精炼渣中含有大量的 $12CaO\cdot7Al_2O_3$ 以及 C_2S、CaO、MgO 和 $Ca(OH)_2$,这些物质都能与 CO_2 生成 $CaCO_3$ 或 $MgCO_3$。目前,用转炉渣吸收 CO_2 国内外已做了大量研究,但实际上用精炼渣吸收 CO_2 与转炉渣相比更具优势。一是因为与转炉渣相比,精炼渣 Fe_2O_3 含量低,CO_2 吸收能力更大,可以获得更纯的 $CaCO_3$ 或 $MgCO_3$;二是精炼渣本身呈粉状,可直接制成浆液使用,因而使用更方便。

目前,利用碱性废渣吸收 CO_2 的成本仍然较高,企业积极性不高。2015 年 9 月 25 日,中美在气候变化问题上达成新合作,中国承诺在 2017 年推出全国的碳排放交易系统,涉及电力、水泥、钢材等重点行业。碳排放交易市场的打开,将有利于碳减排技术更快的发展,也为钢铁企业利用废渣吸收 CO_2 技术创造了更好的机遇,因此,该项技术也应该受到钢铁企业的重视。

②热力学分析

已有的研究表明,钢渣中的 C_2S 和 C_3S 可在比较温和的条件下与 CO_2 反应生成 $CaCO_3$。A钢厂精炼渣中除含有 C_2S 外,还含有大量的 $12CaO\cdot7Al_2O_3$,现主要对 $12CaO\cdot7Al_2O_3$ 浆液与 CO_2 的反应进行热力学分析。

$12CaO\cdot7Al_2O_3$ 浆液与 CO_2 可能发生如下反应[116]:

$$Ca_{12}Al_{14}O_{33(s)}+33H_2O_{(aq)}\longrightarrow12Ca^{2+}_{(aq)}+14Al(OH)^-_{4\ (aq)}+10OH^-_{(aq)} \tag{6-3}$$

$$6CO_{2(g)}+6Ca^{2+}_{(aq)}+7Al(OH)^-_{4\ (aq)}+5OH^-_{(aq)}\longrightarrow6CaCO_{3(s)}+7Al(OH)_{3(s)}+6H_2O_{(aq)} \tag{6-4}$$

$$CO_{2(g)}+H_2O_{(aq)}\longrightarrow H_2CO_{3(aq)} \tag{6-5}$$

$$H_2CO_{3(aq)}\longrightarrow HCO^-_{3\ (aq)}+H^+_{(aq)} \tag{6-6}$$

$$HCO^-_{3\ (aq)}\longrightarrow CO^{2-}_{3\ (aq)}+H^+_{(aq)} \tag{6-7}$$

$$CO_{2(g)}+OH^-_{(aq)}\longrightarrow HCO^-_{3\ (aq)} \tag{6-8}$$

$$CaCO_{3(s)}+CO_{2(g)}+H_2O_{(aq)}\longrightarrow Ca^{2+}_{(aq)}+2HCO^-_{3\ (aq)} \tag{6-9}$$

$$21H_2O_{(aq)}+12HCO_{3\ (aq)}^{-}+Ca_{12}Al_{14}O_{33(s)}\longrightarrow 12CaCO_{3(s)}+14Al(OH)_{3(s)}+12OH_{(aq)}^{-} \tag{6-10}$$

$12CaO\cdot 7Al_2O_3$ 可以通过两种方式与 CO_2 反应生成 $CaCO_3$ 和 $Al(OH)_3$。首先，由于水的溶剂化作用，$12CaO\cdot 7Al_2O_3$ 在水中解离出 Ca^{2+}、$Al(OH)_4^-$ 和 OH^-，然后这些离子再与 CO_2 反应生成最终产物（反应式(6-4)）。再就是 CO_2 反应过程中生成的 HCO_3^- 直接与 $12CaO\cdot 7Al_2O_3$ 反应生成最终产物（反应式(6-10)）。

a. 计算方法

化学反应的标准吉布斯自由能由公式(6-11)计算：

$$G_T^0=\sum_i \upsilon_i G_{iT}^0 \tag{6-11}$$

式中，υ_i 为化学反应计量数，G_{iT}^0 为反应物和生成物的标准摩尔吉布斯自由能。

任一温度 T 下的吉布斯自由能（G_T^0）、焓（H_T^0）和熵（S_T^0），分别用公式(6-12)～(6-14)计算：

$$G_T^0=H_T^0-TS_T^0 \tag{6-12}$$

$$H_T^0=H_{298}^0+\int_{298}^{T}C_p^0\mathrm{d}T \tag{6-13}$$

$$S_T^0=S_{298}^0+\int_{298}^{T}\frac{C_p^0}{T}\mathrm{d}T \tag{6-14}$$

式中，C_p^0 为物质的热容。对纯物质 $C_p^0=a+b\cdot 10^{-3}T+c\cdot 10^5T^{-2}$，J/(mol·K)，其中 a、b、c 为热容系数，不同物质的热容系数见表 6-11。

表 6-11 不同物质的热容系数

物质种类	$C_p^0=a+b\times 10^{-3}T+c\times 10^5T^{-2}$		
	a	b	c
$Ca_{12}Al_{14}O_{33}$	1263.401	274.052	−231.375
$CaCO_3$	104.52	21.92	−25.94
$Al(OH)_3$	36.19	190.79	0
H_2O	33.18	70.92	11.17
CO_2	44.141	9.037	−8.535

对水溶液中离子的 C_p^0，目前数据还很缺乏，一般采用 Criss 提出的“离子熵相对原理”来进行近似计算，计算方法如公式(6-15)～(6-17)：

$$\overline{C_p^0}\,\Big|_{298}^{T}=\frac{S_{T(\text{绝对})}^0-S_{298(\text{绝对})}^0}{\ln\dfrac{T}{298}} \tag{6-15}$$

$$S_{T(\text{绝对})}^0=a+bS_{298(\text{绝对})}^0 \tag{6-16}$$

$$S_{298(\text{绝对})}^0=S_{298}^0-20.92Z \tag{6-17}$$

式中，$\overline{C_p^0}\,|_{298}^{T}$ 为离子在 298K 和 T（单位为 K）两个温度之间的平均热容；$S_{T(\text{绝对})}^0$ 为离子在温度 T 时的偏摩尔绝对熵；$S_{298(\text{绝对})}^0$ 为离子在 298 K 时的偏摩尔绝对熵；S_{298}^0 为离子 298 K 时的标准熵；a、b 是仅同离子类型有关的常数，不同温度下的 a、b 的值列于表 6-12；Z 为离子的电荷数，带相应的“＋”“－”。

表 6-12　不同温度下公式(6-16)中的 a、b 值

离子类型	简单阳离子		简单阴离子和 OH^-		含氧络合阴离子		含氢氧络合阴离子	
298 K	a	b	a	b	a	b	a	b
	0	1	0	1	0	1	0	1
318 K	a	b	a	b	a	b	a	b
	10.213	0.959	−12.33	0.999	−33.83	1.113	−33.11	1.271
333 K	a	b	a	b	a	b	a	b
	16.31	0.955	−21.34	0.969	−58.78	1.217	−56.48	1.38
373 K	a	b	a	b	a	b	a	b
	43.1	0.876	−54.81	1	−129.7	1.416	−126.78	1.894

b. 计算结果

按照上述方法计算反应式(6-4)和反应式(6-10)在不同温度下的 ΔG_T^0 计算结果如图 6-10 所示。由计算可知，反应式(14)和反应式(20)在 298～333 K 温度下的 ΔG_T^0 都小于 500 kJ·mol^{-1}，说明 2 个反应在常压和较低温度下都是可行的，即在 $12CaO \cdot 7Al_2O_3$ 浆液中通入 CO_2，在常压和较低温度下可以生成 $CaCO_3$ 和 $Al(OH)_3$。

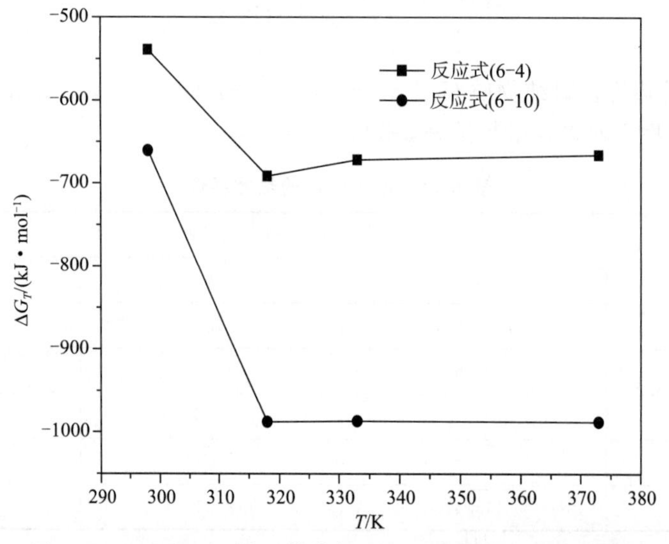

图 6-10　$12CaO \cdot 7Al_2O_3$ 浆液与 CO_2 反应的热力学分析结果

③相关技术

中钢武汉安环院开发的一项精炼渣全量资源化利用技术(专利号:ZL201410152388.7)，利用精炼渣与 CO_2 的反应使精炼渣生成 $CaCO_3$、$MgCO_3$、$Al(OH)_3$ 和硅酸等，再通过 NaOH 碱溶提硅和铝、过滤以及陈化、晶化反应，实现精炼渣中的主要成分 CaO、MgO 和 SiO_2、Al_2O_3 成分分离，同时脱去渣中的 S，将 CaO、MgO 成分制成炼钢或烧结熔剂，SiO_2、Al_2O_3 成分制成 4A 沸石。该项技术能实现 LF 炉精炼渣全量资源化利用，且工艺简单，能实现以废制废，具有很好的经济效益和环境效益。该项技术的工艺流程见图6-11。A 钢厂精炼渣中的主要成分也是 CaO、MgO 和 SiO_2、Al_2O_3，因此，这项技术也适合 A 钢厂精炼渣。

另外，精炼渣吸收 CO_2 也可以脱去渣中的硫，是一种冷态精炼渣脱硫技术，对于高铝精炼渣，碳酸化后的精炼渣主要成分是 $CaCO_3$ 和 $Al(OH)_3$，显然也可以通过制备预熔精炼渣的原料。

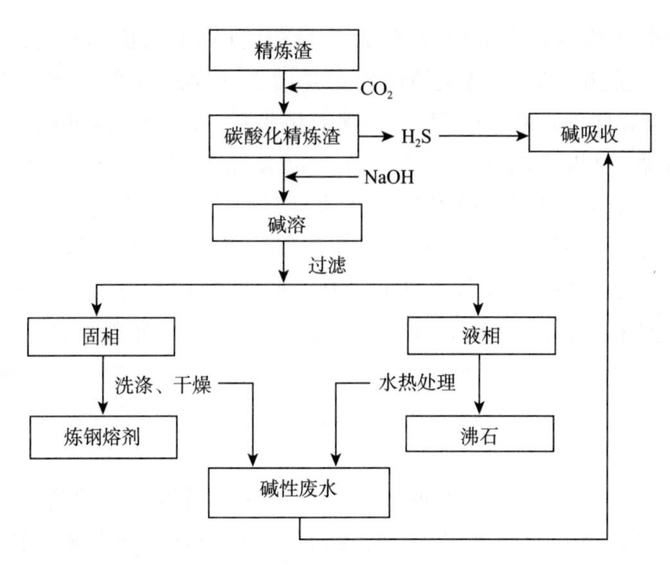

图 6-11 精炼渣全量资源化利用技术工艺流程图

6.5.4 A 钢厂钢渣梯级利用模式的构建

6.5.4.1 梯级利用路线

(1)转炉渣

A 钢厂转炉钢渣梯级利用模式框架见图 6-12。

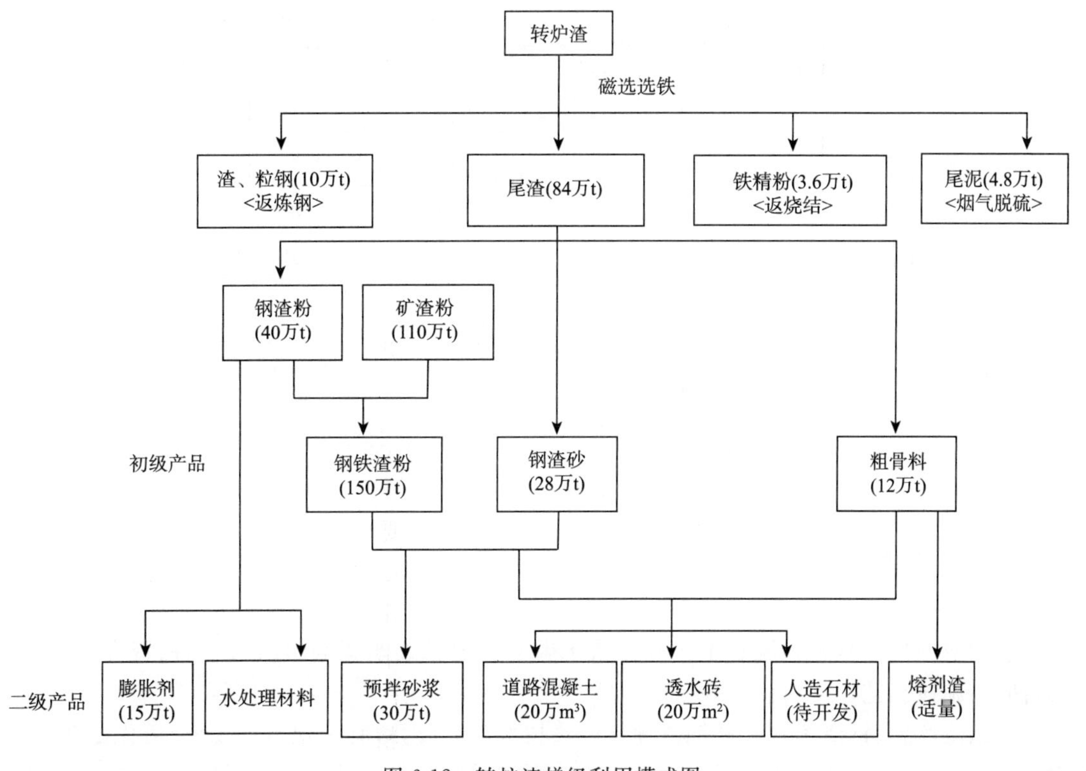

图 6-12 转炉渣梯级利用模式图

转炉钢渣在磁选选铁后选出渣钢、粒钢及铁精粉，分别返回炼钢和烧结。尾泥含水量较大，适合用于湿法烟气脱硫。产量最大的尾渣主要用于开发建材产品，规划生产钢渣微粉 40 万 t(其中 5 万 t 用于膨胀剂)，钢渣砂 28 万 t，钢渣粗骨料 12 万 t。这些初级产品中钢渣砂主要用来生产预拌砂浆；而粗骨料其中一部分作为沥青路面骨料出售，一部分在透水砖中使用，10 mm 以下的作为熔剂渣返回烧结或作为水泥厂原料可在上述产品市场行情不佳时作为调节使用；钢渣微粉主要用来对外出售，其中 5 万 t 作为膨胀剂原料，一部分作为道路混凝土、透水砖、预拌砂浆的胶凝材料，少量用于厂内废水处理材料。这样，就通过初级产品的再开发，形成了钢渣道路混凝土、透水砖、膨胀剂、预拌砂浆、废水处理材料等二级产品，最终形成二级产品体系，各产品之间可根据市场需求和价格行情，灵活调节生产规模和生产节奏，优化产品结构，做到效益最大化。

(2)精炼渣

A 钢厂精炼渣梯级利用模式框架见图 6-13。精炼渣最为经济的利用途径是冶金回用。在热态回用 2～3 次后，由于 S 的富集，不能继续回用，此时通过热态脱硫技术可使渣再生从而可以继续循环使用一定次数或者通过调整成分制成预熔型精炼渣。不能继续回用的渣首先要选出渣中少量的金属铁，进行末端利用，末端利用的方式包括开发混凝土膨胀剂和 CO_2 吸收，碳酸化后的精炼渣可以制成炼钢熔剂和沸石，也可以直接作为预熔精炼渣的制备原料而重新回到精炼工序。两种末端利用方式都充分利用了渣中铝资源的价值，且最终可实现精炼渣的“零排放”。对于表 6-5 所示的 7 个样品，根据它们的成分分析，1、2、5、6 号样适宜于制备沸石，3、7 号样可以制备预熔型铝酸钙，4 号样因为 Fe_2O_3 和 Al_2O_3 都较高，脱硫后可以作为转炉助熔剂，除 4、7 号样外，其他样品适宜于作混凝土膨胀剂。

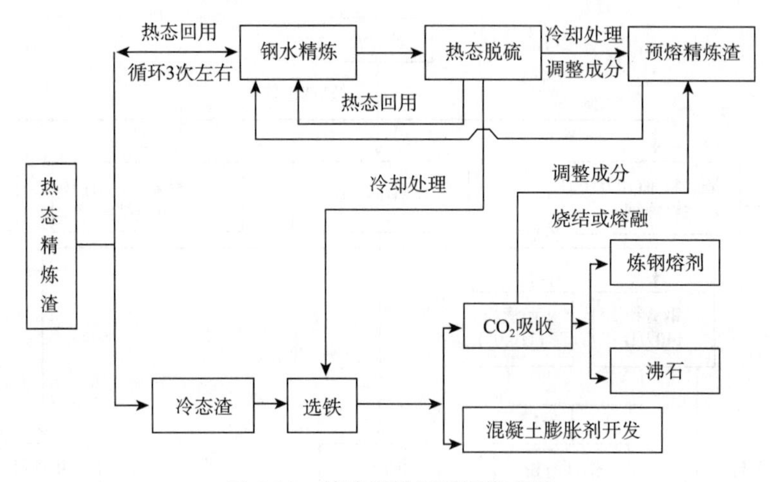

图 6-13　精炼渣梯级利用模式图

6.5.4.2　实施和管理建议

(1)转炉渣

①钢渣回用于铁水预脱磷工艺可在铁水磷含量要求逐步提高，厂房、设备、资金等条件具备时实施该工艺。

②钢渣微粉、钢渣透水砖和钢渣预拌砂浆技术较为成熟，有一定市场规模，可先期实施；钢渣道路混凝土、钢渣膨胀剂可先进行试验路面和示范工程建设；人造石材可作为未来重点

开发产品。

③钢渣用于沥青路面粗集料的市场还有待开拓，在市场需求量达到生产量之前可将一部分钢渣粗骨料作为熔剂料(返烧结或水泥厂)，待市场规模扩大后，再逐步作为沥青路面粗集料对外销售。在市场持续增长时，还可考虑缩减一部分钢渣砂的产能用于生产粗集料。

④作为膨胀剂的钢渣微粉与用于水泥中的钢渣微粉对 f-CaO 的含量要求不同，因此须分开生产，废水处理材料需要较高的 f-CaO，因此用于废水处理材料的钢渣微粉使用作为膨胀剂的钢渣微粉。

⑤上述一系列产品对钢渣级配的要求是较宽的，5～30 mm 用于粗集料，0.075～4.75 mm 用于钢渣砂，而目前 A 钢厂尾渣最终是通过破碎达到 10 mm 以下即可，并未进行严格的分级。因此在未来需要对现在的磁选线进行一定的调整或改造：28 万 t 钢渣砂需破到 4.75 mm 以下，或增设制砂机，可选用磁选线出来的 10 mm 以下尾渣和水洗球磨尾渣；为提高用于沥青路面钢渣石料的品质，粗骨料进入破碎线可在圆锥破后增设兼有破碎和整形功能的反击式破碎机进行终破，可选用磁选线出来的 10 mm 以上尾渣；用于生产钢渣微粉的渣根据磨机的需要来确定最终需要的破碎粒度。通过这些改造措施使磁选线与钢渣产品进行较好的衔接。

⑥由于热泼法处理的渣性质上的不均匀性，以及水洗球磨后的尾渣与破碎线后的尾渣性质也有差别，因此在生产产品前应加强均化措施；对 f-CaO 含量和稳定性的检测，应多点采样，确保检测数据反映渣的整体情况。

(2)精炼渣

①在进行热态脱硫时，可利用精炼渣的显热配入一定的 CaO 和 Al_2O_3，在脱硫的同时制备预熔型铝酸钙。

②不同钢种的精炼渣以及热态回用不同次数的渣分开堆放和保存是利用好精炼渣的前提，因为不同种类的精炼渣在冶金回用和末端利用时的工艺条件是有差别的，混合堆放无法保证工艺条件的稳定。

6.5.4.3 经济效益评估

对转炉渣的利用产生的经济效益进行评估。按照梯级利用模式规划的主要新产品所带来的年收入和年利润估算见表 6-13。由表 6-13 可知，新产品带来的年收入约为 2.7 亿元，年利润 5900 万元，平均每吨钢渣可创造收入 320 元左右，利润 68 元左右，远大于目前以 26 元价格外销的年收入和利润。

表 6-13 转炉渣梯级利用经济效益评估

产品	规模	单价	年收入/万元	年利润/万元
钢渣微粉	34 万 t/a*	140 元/t	5255	2040
预拌砂浆	30 万 t/a	250 元/t	7500	1050
透水砖	20 万 m^2/a	50 元/m^2	1000	170
钢渣道路混凝土	20 万 m^3/a	300 元/m^3	6000	640
粗集料(代玄武岩)	10 万 t/a	120 元/t	1200	800
膨胀剂	15 万 t/a	400 元/t	6000	1200
合计			26955	5900

* 为避免重复计算，剔除了用于道路混凝土的 1 万 t/a。

对于精炼渣，若先期生产规模为预熔精炼渣 2 万 t/a，预熔精炼渣价格为 2000 元，则年收入为 4000 万元，由于使用废渣生产，利润率按 20%计算，则年利润为 800 万元。

两类渣的综合利用可实现年总收入 3.1 亿元，利润 6500 万元。

6.5.4.4 资源化效益系统评价

采用第 3 章提供的模糊数学结合层次分析综合评价法对 A 钢厂钢渣用于生产钢渣微粉、预拌砂浆、钢渣粗骨料、膨胀剂、钢渣道路混凝土、透水砖和烟气脱硫剂的综合效益进行评价。

(1)钢渣用于生产钢渣微粉

首先根据 A 钢厂的实际情况和如前所述的梯级利用模式方案获得各评价指标的隶属度向量，定量指标采用隶属度函数法，非定量指标采用企业自评和专家评价结合的方法。

指标 U_1 的隶属度向量 $\boldsymbol{R}_1=[0,0.33,0.67,0,0]$

指标 U_2 的隶属度向量 $\boldsymbol{R}_2=[1,0,0,0,0]$

指标 u_{31} 隶属度向量 $\boldsymbol{R}_{31}=[1,0,0,0,0]$

指标 u_{32} 隶属度向量 $\boldsymbol{R}_{32}=[1,0,0,0,0]$

指标 u_{33} 隶属度向量 $\boldsymbol{R}_{33}=[1,0,0,0,0]$

指标 u_{41} 隶属度向量 $\boldsymbol{R}_{41}=[1,0,0,0,0]$

指标 u_{42} 隶属度向量 $\boldsymbol{R}_{42}=[0.3,0.7,0,0,0]$

指标 u_{43} 隶属度向量 $\boldsymbol{R}_{43}=[0.2,0.4,0.4,0.2,0]$

指标 u_{44} 隶属度向量 $\boldsymbol{R}_{44}=[0.5,0.5,0,0,0]$

先对具有二级指标的评价因子进行一级综合评定，采用加权评价法进行综合，得：

$$\boldsymbol{R}_3=[0.25,0.50,0.25]\cdot\begin{bmatrix}1&0&0&0&0\\1&0&0&0&0\\1&0&0&0&0\end{bmatrix}=[1,0,0,0,0]$$

$$\boldsymbol{R}_4=[0.1627,0.0922,0.1627,0.5823]\cdot\begin{bmatrix}1&0&0&0&0\\0.3&0.7&0&0&0\\0.2&0.4&0.4&0.2&0\\0.5&0.5&0&0&0\end{bmatrix}$$

$$=[0.514,0.421,0.065,0.032,0]$$

然后进行一级综合评价，综合评判向量

$$\boldsymbol{B}=[0.3713,0.1827,0.1634,0.2825]\cdot\begin{bmatrix}0&0.33&0.67&0&0\\1&0&0&0&0\\1&0&0&0&0\\0.514&0.421&0.065&0.032&0\end{bmatrix}$$

$$=[0.491,0.241,0.267,0.009,0]$$

根据最大隶属度原则进行评判，生产钢渣微粉的综合效益等级为优秀，即资源化效益很好。

(2)钢渣用于生产预拌砂浆

评价方法与上相同。但评价因子“理化性质关键指标”不再使用胶凝活性指数，而使用“f-CaO 含量”，评价标准如表 6-14 所示。A 钢厂钢渣 f-CaO 含量按四个样品的平均值 2.5%计算。

表 6-14　钢渣用于生产预拌砂浆理化性质关键指标评价标准

评价等级	f-CaO 含量
优秀	≤1%
良好	2%
中等	3%
一般	4%
较差	≥5%

采用相同的方法获得各评价因子的隶属度向量为：

指标 U_1 的隶属度向量 $\boldsymbol{R}_1=[0,0,0.25,0.75,0]$

指标 U_2 的隶属度向量 $\boldsymbol{R}_2=[1,0,0,0,0]$

指标 u_{31} 隶属度向量 $\boldsymbol{R}_{31}=[0,0,0,0,1]$

指标 u_{32} 隶属度向量 $\boldsymbol{R}_{32}=[0.25,0.75,0,0,0]$

指标 u_{33} 隶属度向量 $\boldsymbol{R}_{33}=[0,0,0,0.33,0.67]$

指标 u_{41} 隶属度向量 $\boldsymbol{R}_{41}=[0,1,0,0,0]$

指标 u_{42} 隶属度向量 $\boldsymbol{R}_{42}=[0.3,0.7,0,0,0]$

指标 u_{43} 隶属度向量 $\boldsymbol{R}_{43}=[0.8,0.2,0,0,0]$

指标 u_{44} 隶属度向量 $\boldsymbol{R}_{44}=[0,0.5,0.5,0,0]$

先对具有二级指标的评价因子进行一级综合评定，采用加权评价法进行综合，得：

$$\boldsymbol{R}_3=[0.25,0.50,0.25]\cdot\begin{bmatrix}0&0&0&0&1\\0.25&0.75&0&0&0\\0&0&0&0.33&0.67\end{bmatrix}$$

$$=[0.125,0.375,0,0.083,0.418]$$

$$\boldsymbol{R}_4=[0.1627,0.0922,0.1627,0.5823]\cdot\begin{bmatrix}0&1&0&0&0\\0.3&0.7&0&0&0\\0.8&0.2&0&0&0\\0&0.5&0.5&0&0\end{bmatrix}$$

$$=[0.158,0.551,0.291,0,0]$$

然后进行一级综合评价，综合评判向量

$$\boldsymbol{B}=[0.3713,0.1827,0.1634,0.2825]\cdot\begin{bmatrix}0&0&0.25&0.75&0\\1&0&0&0&0\\0.125&0.375&0&0.083&0.418\\0.158&0.551&0.291&0&0\end{bmatrix}$$

$$=[0.248,0.217,0.175,0.292,0.068]$$

根据最大隶属度原则进行评判，生产钢渣预拌砂浆的综合效益等级为一般，即资源化效益一般。

(3)钢渣用于生产粗骨料

评价方法与上相同，“理化性质关键指标”仍然使用“f-CaO 含量”，评价标准采用表 6-15 所示标准。

表 6-15　钢渣用于生产粗骨料理化性质关键指标评价标准

评价等级	f-CaO 含量
优秀	≤2%
良好	3%
中等	4%
一般	5%
较差	≥6%

采用相同的方法获得各评价因子的隶属度向量为：

指标 U_1 的隶属度向量 $\boldsymbol{R}_1=[0,0.67,0.33,0,0]$

指标 U_2 的隶属度向量 $\boldsymbol{R}_2=[0,0,1,0,0]$

指标 u_{31} 隶属度向量 $\boldsymbol{R}_{31}=[0,0,0,0,1]$

指标 u_{32} 隶属度向量 $\boldsymbol{R}_{32}=[1,0,0,0,0]$

指标 u_{33} 隶属度向量 $\boldsymbol{R}_{33}=[0,0,0,0,1]$

指标 u_{41} 隶属度向量 $\boldsymbol{R}_{41}=[0,0,1,0,0]$

指标 u_{42} 隶属度向量 $\boldsymbol{R}_{42}=[0.3,0.7,0,0,0]$

指标 u_{43} 隶属度向量 $\boldsymbol{R}_{43}=[1,0,0,0,0]$

指标 u_{44} 隶属度向量 $\boldsymbol{R}_{44}=[0.5,0.5,0,0,0]$

先对具有二级指标的评价因子进行一级综合评定，采用加权评价法进行综合，得：

$$\boldsymbol{R}_3=[0.25,0.50,0.25]\cdot\begin{bmatrix}0&0&0&0&1\\1&0&0&0&0\\0&0&0&0&1\end{bmatrix}=[0.50,0,0,0,0.50]$$

$$\boldsymbol{R}_4=[0.1627,0.0922,0.1627,0.5823]\cdot\begin{bmatrix}0&0&1&0&0\\0.3&0.7&0&0&0\\1&0&0&0&0\\0.5&0.5&0&0&0\end{bmatrix}=[0.482,0.356,0.1627,0,0]$$

然后进行一级综合评价，综合评判向量

$$\boldsymbol{B}=[0.3713,0.1827,0.1634,0.2825]\cdot\begin{bmatrix}0&0.67&0.33&0&0\\0&0&1&0&0\\0.50&0&0&0&0.50\\0.482&0.356&0.1627&0&0\end{bmatrix}=[0.218,0.350,0.350,0,0.082]$$

根据最大隶属度原则进行评判，生产钢渣粗骨料的综合效益等级为良好，即资源化效益较好。

(4)钢渣用于生产道路混凝土

评价方法与上相同，“理化性质关键指标”仍然使用“f-CaO 含量”，评价标准采用表 6-15 所示标准。

采用相同的方法获得各评价因子的隶属度向量为：

指标 U_1 的隶属度向量 $\boldsymbol{R}_1=[0,0,0,1,0]$
指标 U_2 的隶属度向量 $\boldsymbol{R}_2=[1,0,0,0,0]$
指标 u_{31} 隶属度向量 $\boldsymbol{R}_{31}=[0,0,0,0,1]$
指标 u_{32} 隶属度向量 $\boldsymbol{R}_{32}=[0,0,0.1,0.9,0]$
指标 u_{33} 隶属度向量 $\boldsymbol{R}_{33}=[0,0,0,0,1]$
指标 u_{41} 隶属度向量 $\boldsymbol{R}_{41}=[0,0,1,0,0]$
指标 u_{42} 隶属度向量 $\boldsymbol{R}_{42}=[0.3,0.7,0,0,0]$
指标 u_{43} 隶属度向量 $\boldsymbol{R}_{43}=[1,0,0,0,0]$
指标 u_{44} 隶属度向量 $\boldsymbol{R}_{44}=[0.5,0.5,0,0,0]$

先对具有二级指标的评价因子进行一级综合评定，采用加权评价法进行综合，得：

$$\boldsymbol{R}_3=[0.25,0.50,0.25]\cdot\begin{bmatrix}0&0&0&0&1\\0&0&0.1&0.9&0\\0&0&0&0&1\end{bmatrix}$$
$$=[0,0,0.05,0.45,0.50]$$

$$\boldsymbol{R}_4=[0.1627,0.0922,0.1627,0.5823]\cdot\begin{bmatrix}0&0&1&0&0\\0.3&0.7&0&0&0\\1&0&0&0&0\\0.5&0.5&0&0&0\end{bmatrix}$$
$$=[0.482,0.356,0.1627,0,0]$$

然后进行一级综合评价，综合评判向量

$$\boldsymbol{B}=[0.3713,0.1827,0.1634,0.2825]\cdot\begin{bmatrix}0&0&0&1&0\\1&0&0&0&0\\0&0&0.05&0.45&0.50\\0.482&0.356&0.1627&0&0\end{bmatrix}$$
$$=[0.319,0.101,0.185,0.444,0.082]$$

根据最大隶属度原则进行评判，钢渣生产粗骨料的综合效益等级为一般，即资源化效益一般。

(5)钢渣用于生产透水砖

评价方法与上相同，“理化性质关键指标”仍然使用“f-CaO 含量”，评价标准仍采用表6-14 所示标准。

采用相同的方法获得各评价因子的隶属度向量为：

指标 U_1 的隶属度向量 $\boldsymbol{R}_1=[0.5,0.5,0,0,0]$
指标 U_2 的隶属度向量 $\boldsymbol{R}_2=[0,0,0.5,0.5,0]$
指标 u_{31} 隶属度向量 $\boldsymbol{R}_{31}=[0,0,0,0,1]$
指标 u_{32} 隶属度向量 $\boldsymbol{R}_{32}=[0.25,0.75,0,0,0]$
指标 u_{33} 隶属度向量 $\boldsymbol{R}_{33}=[0,0,0,0,1]$
指标 u_{41} 隶属度向量 $\boldsymbol{R}_{41}=[0,0,1,0,0]$
指标 u_{42} 隶属度向量 $\boldsymbol{R}_{42}=[0.3,0.7,0,0,0]$
指标 u_{43} 隶属度向量 $\boldsymbol{R}_{43}=[1,0,0,0,0]$

指标 u_{44} 隶属度向量 $\boldsymbol{R}_{44}$ =[0,0.5,0.5,0,0]

先对具有二级指标的评价因子进行一级综合评定，采用加权评价法进行综合，得：

$$\boldsymbol{R}_3=[0.25,0.50,0.25]\cdot\begin{bmatrix}0 & 0 & 0 & 0 & 1\\0.25 & 0.75 & 0 & 0 & 0\\0 & 0 & 0 & 0 & 1\end{bmatrix}$$

$$=[0.125,0.375,0,0,0.5]$$

$$\boldsymbol{R}_4=[0.1627,0.0922,0.1627,0.5823]\cdot\begin{bmatrix}1 & 0 & 0 & 0 & 0\\0.3 & 0.7 & 0 & 0 & 0\\1 & 0 & 0 & 0 & 0\\0 & 0.5 & 0.5 & 0 & 0\end{bmatrix}$$

$$=[0.190,0.356,0.454,0,0]$$

然后进行一级综合评价，综合评判向量

$$\boldsymbol{B}=[0.3713,0.1827,0.1634,0.2825]\cdot\begin{bmatrix}0.5 & 0.5 & 0 & 0 & 0\\0 & 0 & 0.5 & 0.5 & 0\\0.125 & 0.375 & 0 & 0 & 0.5\\0.190 & 0.356 & 0.454 & 0 & 0\end{bmatrix}$$

$$=[0.26,0.347,0.22,0.091,0.082]$$

根据最大隶属度原则进行评判，钢渣生产透水砖的综合效益等级为良好，即资源化效益较好。

(6)钢渣用于生产膨胀剂

评价方法与上相同，“理化性质关键指标”仍然使用“*f*-CaO 含量”，评价标准采用表 6-16 所示标准。

表 6-16　钢渣用于生产膨胀剂理化性质关键指标评价标准

评价等级	*f*-CaO 含量
优秀	≥6%
良好	5%
中等	4%
一般	3%
较差	≤2%

采用相同的方法获得各评价因子的隶属度向量为：

指标 U_1 的隶属度向量 $\boldsymbol{R}_1$ =[0.25,0.75,0,0,0]

指标 U_2 的隶属度向量 $\boldsymbol{R}_2$ =[0,0.5,0.5,0,0]

指标 u_{31} 隶属度向量 $\boldsymbol{R}_{31}$ =[0,0,0,0.4,0.6]

指标 u_{32} 隶属度向量 $\boldsymbol{R}_{32}$ =[0,0.1,0.9,0,0]

指标 u_{33} 隶属度向量 $\boldsymbol{R}_{33}$ =[1,0,0,0,0]

指标 u_{41} 隶属度向量 $\boldsymbol{R}_{41}$ =[0,0,1,0,0]

指标 u_{42} 隶属度向量 $\boldsymbol{R}_{42}$ =[0.3,0.7,0,0,0]

指标 u_{43} 隶属度向量 $\boldsymbol{R}_{43}$ =[1,0,0,0,0]

指标 u_{44} 隶属度向量 $\boldsymbol{R}_{44}=[0,0,0,0.25,0.75]$

先对具有二级指标的评价因子进行一级综合评定，采用加权评价法进行综合，得：

$$\boldsymbol{R}_3=[0.25,0.50,0.25]\cdot\begin{bmatrix}0&0&0&0.4&0.6\\0&0.1&0.9&0&0\\1&0&0&0&0\end{bmatrix}$$

$$=[0.25,0.05,0.45,0.10,0.15]$$

$$\boldsymbol{R}_4=[0.1627,0.0922,0.1627,0.5823]\cdot\begin{bmatrix}0&0&1&0&0\\0.3&0.7&0&0&0\\1&0&0&0&0\\0&0&0&0.25&0.75\end{bmatrix}$$

$$=[0.190,0.065,0.163,0.146,0.437]$$

然后进行一级综合评价，综合评判向量

$$\boldsymbol{B}=[0.3713,0.1827,0.1634,0.2825]\cdot\begin{bmatrix}0.25&0.75&0&0&0\\0&0.5&0.5&0&0\\0.25&0.05&0.45&0.10&0.15\\0.190&0.065&0.163&0.146&0.437\end{bmatrix}$$

$$=[0.146,0.453,0.211,0.057,0.148]$$

根据最大隶属度原则进行评判，钢渣生产膨胀剂的综合效益等级为良好，即资源化效益较好。

(7)钢渣用于生产烟气脱硫剂

评价方法与上相同，“理化性质关键指标”仍然使用“f-CaO 含量”，评价标准仍采用表6-16所示标准。

采用相同的方法获得各评价因子的隶属度向量为：

指标 U_1 的隶属度向量 $\boldsymbol{R}_1=[1,0,0,0,0]$

指标 U_2 的隶属度向量 $\boldsymbol{R}_2=[0,0,0,1,0]$

指标 u_{31} 隶属度向量 $\boldsymbol{R}_{31}=[0,0,0,0.3,0.7]$

指标 u_{32} 隶属度向量 $\boldsymbol{R}_{32}=[1,0,0,0,0]$

指标 u_{33} 隶属度向量 $\boldsymbol{R}_{33}=[1,0,0,0,0]$

指标 u_{41} 隶属度向量 $\boldsymbol{R}_{41}=[0,0,0,1,0]$

指标 u_{42} 隶属度向量 $\boldsymbol{R}_{42}=[0.2,0.8,0,0,0]$

指标 u_{43} 隶属度向量 $\boldsymbol{R}_{43}=[1,0,0,0,0]$

指标 u_{44} 隶属度向量 $\boldsymbol{R}_{44}=[0,0,0,0.25,0.75]$

先对具有二级指标的评价因子进行一级综合评定，采用加权评价法进行综合，得：

$$\boldsymbol{R}_3=[0.25,0.50,0.25]\cdot\begin{bmatrix}0&0&0&0.3&0.7\\1&0&0&0&0\\1&0&0&0&0\end{bmatrix}$$

$$=[0.50,0,0,0.075,0.425]$$

$$\boldsymbol{R}_4 = [0.1627, 0.0922, 0.1627, 0.5823] \cdot \begin{bmatrix} 0 & 0 & 0 & 1 & 0 \\ 0.2 & 0.8 & 0 & 0 & 0 \\ 1 & 0 & 0 & 0 & 0 \\ 0 & 0 & 0 & 0.25 & 0.75 \end{bmatrix}$$

$$= [0.195, 0.074, 0, 0.308, 0.437]$$

然后进行一级综合评价，综合评判向量

$$\boldsymbol{B} = [0.3713, 0.1827, 0.1634, 0.2825] \cdot \begin{bmatrix} 1 & 0 & 0 & 0 & 0 \\ 0 & 0 & 0 & 1 & 0 \\ 0.5 & 0 & 0 & 0.075 & 0.425 \\ 0.195 & 0.074 & 0 & 0.308 & 0.437 \end{bmatrix}$$

$$= [0.508, 0.014, 0, 0.282, 0.193]$$

根据最大隶属度原则进行评判，钢渣生产烟气脱硫剂的综合效益等级为优秀，即资源化效益很好。

(8)小结

通过综合评价，资源化效益为优秀的产品包括钢渣微粉和烟气脱硫剂，良好的是粗骨料、透水砖和膨胀剂，中等的是预拌砂浆，一般的是道路混凝土。实际上，目前A钢厂已上或筹备上的项目包括钢渣微粉、烟气脱硫剂和透水砖，表明系统评价结果对企业钢渣资源化利用项目的决策起到了很好的指导作用。

第 7 章　钢渣理化性质及应用性能评价数据库

7.1　数据库简介

钢渣理化性质及应用性能评价数据库是中钢集团武汉安全环保研究院有限公司承担的国家“十二五”科技支撑计划课题“钢渣梯级利用与余热梯度回用技术及应用”的成果之一。数据库涵盖了宝钢、南钢、马钢、武钢、沙钢、首钢等 34 家大型钢铁联合企业各类典型钢渣样品(图 7-1)的理化性质数据，并通过数据库管理平台实现数据的管理和查询，平台主界面如图 7-2 所示。数据库的建立为钢铁企业钢渣的精细化管理和综合利用工作提供了详尽的基础和应用性数据及指导性作用，也为国家相关部门和钢铁企业推动钢渣综合利用提供了决策依据。

图 7-1　中钢集团武汉安全环保研究院有限公司钢渣样品展示

	Check	ID	样品代号	钢渣种类	处理方式	工艺简介	录入时间	录入用户
>1		4	ANS1	转炉渣	热泼	炼钢工艺：铁水预处理→转炉…	2014/10/14	admin
2		48	BAT2	铁水预处理脱硫渣	热泼	KR 法CaO脱硫	2014/10/16	admin
3		67	BAS1	电炉氧化渣	热泼	电炉→CC	2014/10/17	admin
4		73	BAS2	电炉氧化渣	滚筒	电炉→CC	2014/10/17	admin
5		79	BAT1	转炉渣	热泼	铁水预处理脱硫→转炉→LF（…	2014/10/17	admin
6		84	BAS4	铸余渣	热泼	转炉（电炉）→CC	2014/10/17	admin
7		92	BAST3	转炉渣	滚筒	转炉→CC	2014/10/17	admin
8		103	BEX2	铁水预处理脱硫渣	热泼	钙镁复合喷吹	2014/10/20	admin
9		112	BEX1	转炉渣	热闷	炼钢工艺：铁水预处理→转…	2014/10/20	admin
10		119	FEB1	转炉渣	热泼	炼钢工艺：转炉→LF→CC	2014/10/21	admin
11		133	HAD1	转炉渣	热闷	炼钢工艺：铁水预处理→转炉…	2014/10/21	admin
12		145	HAZ2	电炉氧化渣	热泼	电炉→LF→CC	2014/10/21	admin
13		152	HAZ4	电炉精炼渣	热泼	LF炉	2014/10/21	admin
14		162	HAZ3	转炉精炼渣	热泼	LF和VD 炉混合渣	2014/10/21	admin
15		168	JIN1	转炉渣	热泼	炼钢工艺：KR铁水预处理→…	2014/10/22	admin
16		170	JIN2	转炉精炼渣	热泼	LF炉	2014/10/22	admin
17		176	JIN3	铁水预处理脱硫渣	热泼	KR法脱硫	2014/10/22	admin
18		182	JIQB1	不锈钢钢渣（EAF）	热泼	炼钢工艺:铁水预处理→电炉…	2014/10/22	admin
19		184	JIQB2	电炉精炼渣	热泼	LF炉	2014/10/22	admin
20		189	JIQB3	铁水预处理脱硫渣	热泼	脱P转炉	2014/10/23	admin

图 7-2　钢渣理化性质及应用性能评价数据库主界面

7.2 数据库内容和功能

7.2.1 钢渣理化性质和应用性能分析数据

数据库涵盖了34家大型钢铁联合企业预处理渣、转炉渣、电炉渣和精炼渣的冶金回用理论计算数据、应用性能数据、物相分析数据、显微结构数据、热分析数据等，分析项目见表7-1。

表 7-1 钢渣理化性质和应用分析项目

项目类别	项目名称
理论计算数据	光学碱度，硫容量，磷容量，熔点，黏度，物相平衡图
应用性能数据	稳定性，胶凝活性，易磨性，粒度
化学成分分析	荧光光谱分析(XRF)，游离氧化钙、金属铁和全铁含量分析
物相分析	X-射线衍射分析(XRD)
显微结构分析	扫描电镜分析(SEM)和X射线能谱分析(EDS)
热分析	差热-热重分析

数据库管理系统可以通过钢渣种类、钢渣处理方式以及数据的取值范围进行数据查询，如图7-3所示，选择钢渣种类为“转炉渣”；钢渣处理方式为“热泼法”；检测项目1为“CaO含量”，数据范围为“40～50”；检测项目2为“Fe_2O_3含量”，数据范围为“0～20”；检测项目3为“浸水膨胀率”，数据范围为“0～2”，点“检索”按钮，下方出现的便是符合条件的样品基本信息，在“check”栏里选取想要查看的样品，并点击右侧上方的“查看”按钮，就能查看到所选样品的数据，如图7-4所示。在数据查看界面上方设有“功能按钮”，可以实现页面的打印、保存、缩放以及数据查找等功能。

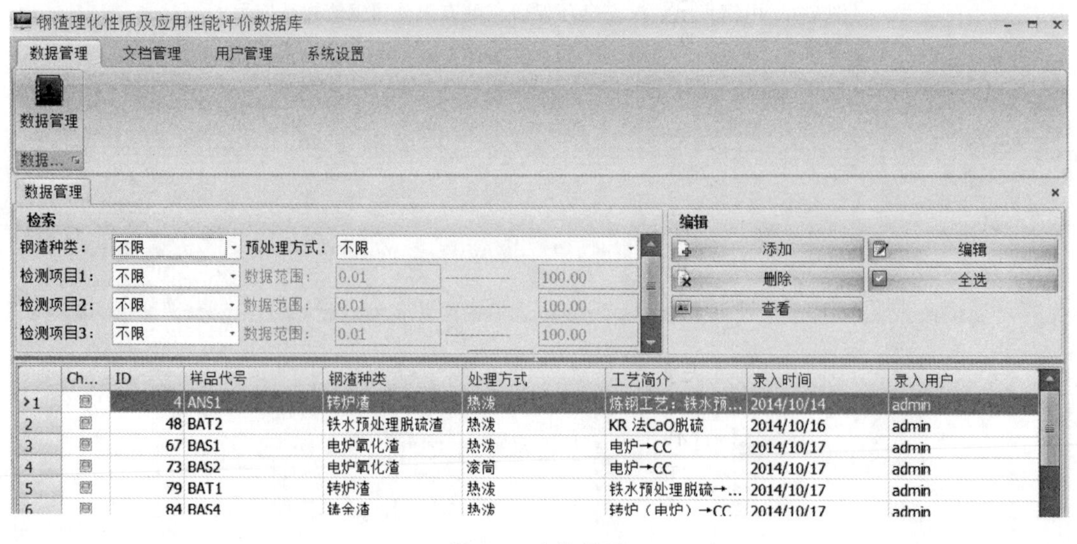

图7-3 查询界面

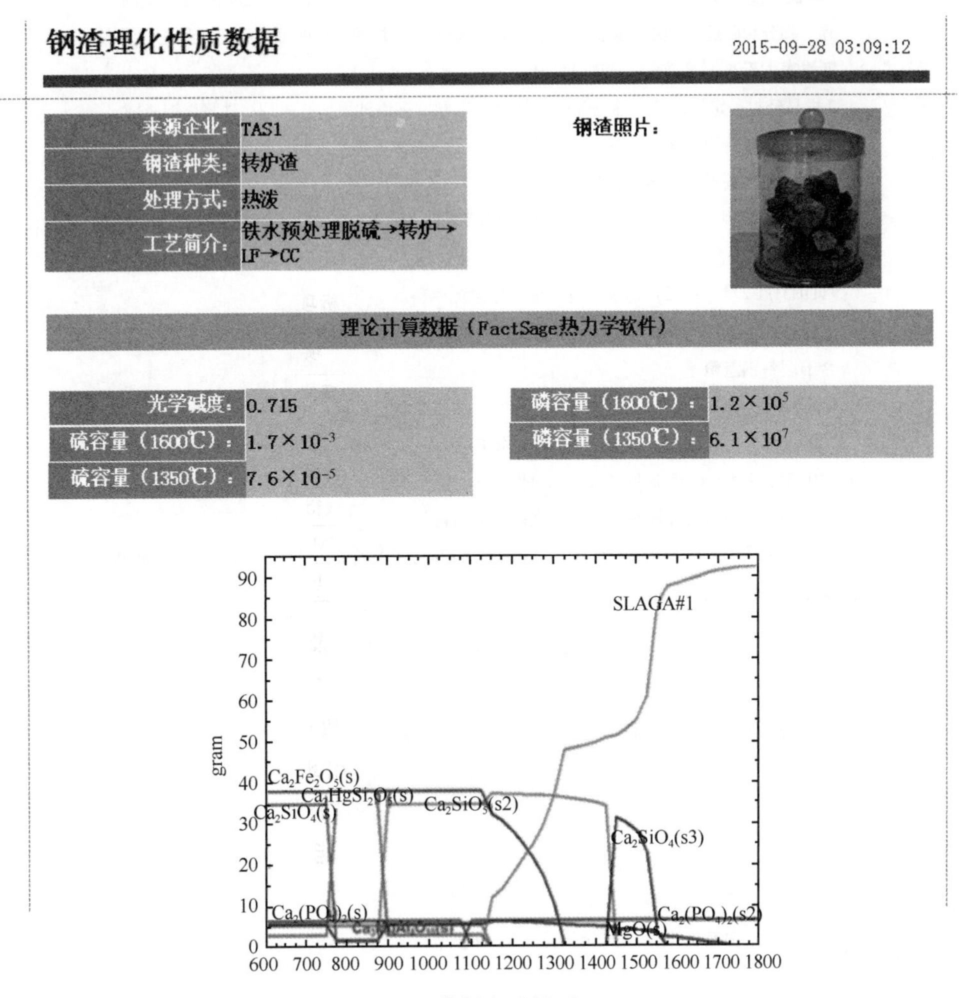

图 7-4 数据查看界面

7.2.2 钢渣应用性能评价

根据钢渣的理化性质、相关标准、国内外钢渣综合利用研究成果，对每一个钢渣样品的应用性能进行了综合评价。钢渣应用性能评价在数据查看界面最后一栏，如图 7-5 所示。

7.2.3 钢渣综合利用的相关资料、技术信息等

数据库中还收录了钢渣综合利用的相关标准、钢渣处理工艺、国内外钢渣综合利用统计数据等文档内容，如图 7-6 所示。可以通过文档管理功能，按文档名称检索到需要的相关文档，如图 7-7 所示。

应用性能评价

1.样品粒度较细，13.2 mm以下的占比93.6%，不适宜用于作粗骨料，适宜经过一定的破碎、筛分和磁选处理用于道路工程、水泥混凝土、工程回填等的细骨料，但应注意浸水膨胀率大于2%，需经过一定陈化处理。

2.样品经过一定的破碎、筛分和磁选处理可以制成钢渣砂用于普通预拌砂浆、钢渣桩、混凝土多孔砖和路面砖、透水砖、泡沫混凝土、水泥混凝土路面，但应注意压蒸粉化率大于5.9%，需经过一定陈化处理。

3.样品不符合标准《冶金炉料用钢渣》(YB/T 802—2009）要求，不适宜用于烧结矿原料。

4.样品经过一定的破碎、筛分和磁选处理可符合地方标准《用于水泥原料的钢渣粒料》（DB31/T 274—2002）要求，适合用于作水泥原料。

5.根据标准《用于水泥和混凝土中的钢渣粉》，样品活性指数符合二级钢渣粉要求，适合于制备钢渣粉。

6.样品碱度高，可考虑用于CO_2、SO_2吸收，废水处理，及酸性土壤改良处理。

7.国家标准《肥料中砷、镉、铅、铬、汞生态指标》（GB/T 23349—2009）对肥料中Cr的限定是不大于0.05%（以Cr计），即Cr_2O_3含量不大于0.058%，样品Cr_2O_3含量为0.17%，在作为肥料使用时应注意潜在的重金属污染可能性。

8.经计算，理论上，样品可回用于[%P]>0.0088%的铁水脱磷，可见，样品具有较强的脱磷能力，可以直接回用于铁水预处理脱磷。

图 7-5　钢渣应用性能评价界面

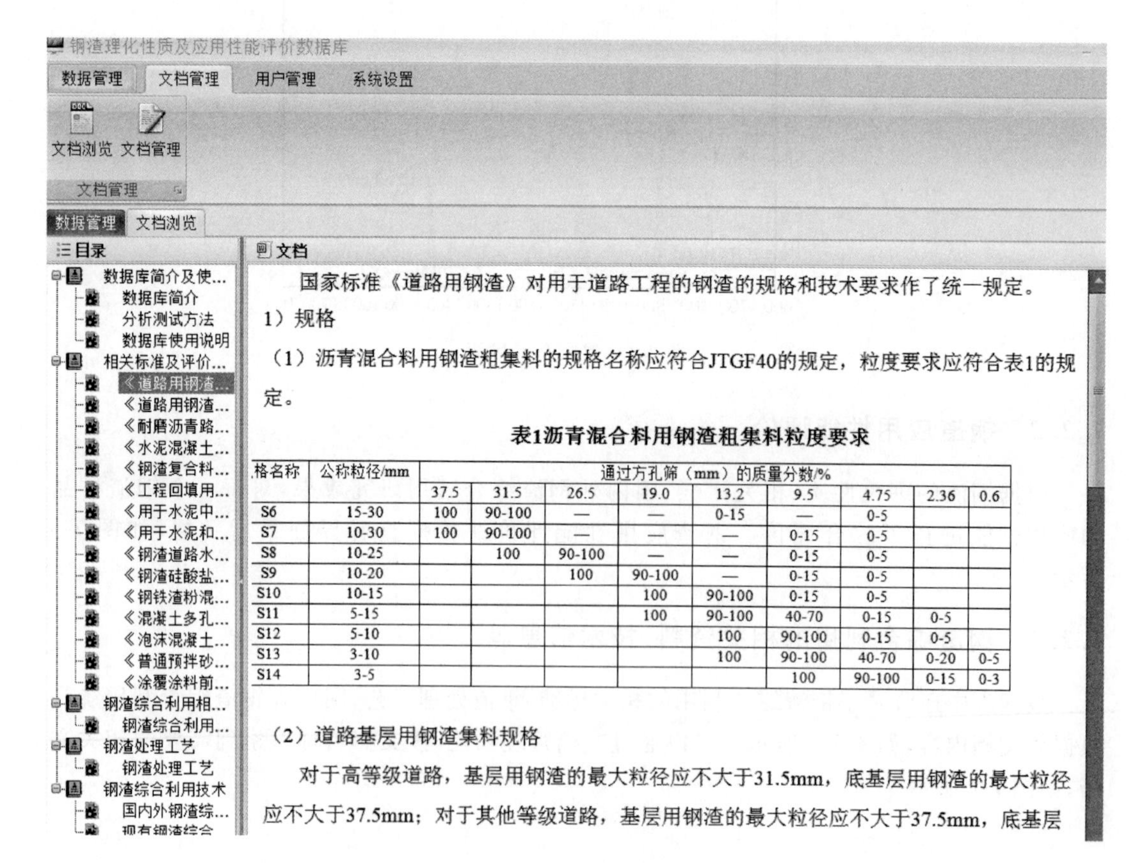

国家标准《道路用钢渣》对用于道路工程的钢渣的规格和技术要求作了统一规定。

1）规格

（1）沥青混合料用钢渣粗集料的规格名称应符合JTGF40的规定，粒度要求应符合表1的规定。

表1沥青混合料用钢渣粗集料粒度要求

格名称	公称粒径/mm	通过方孔筛（mm）的质量分数/%								
		37.5	31.5	26.5	19.0	13.2	9.5	4.75	2.36	0.6
S6	15-30	100	90-100	—	—	0-15	—	0-5		
S7	10-30	100	90-100	—	—	—	0-15	0-5		
S8	10-25		100	90-100	—	—	0-15	0-5		
S9	10-20			100	90-100	—	0-15	0-5		
S10	10-15				100	90-100	0-15	0-5		
S11	5-15				100	90-100	40-70	0-15	0-5	
S12	5-10					100	90-100	0-15	0-5	
S13	3-10					100	90-100	40-70	0-20	0-5
S14	3-5						100	90-100	0-15	0-3

（2）道路基层用钢渣集料规格

对于高等级道路，基层用钢渣的最大粒径应不大于31.5mm，底基层用钢渣的最大粒径应不大于37.5mm；对于其他等级道路，基层用钢渣的最大粒径应不大于37.5mm，底基层

图 7-6　文档浏览界面

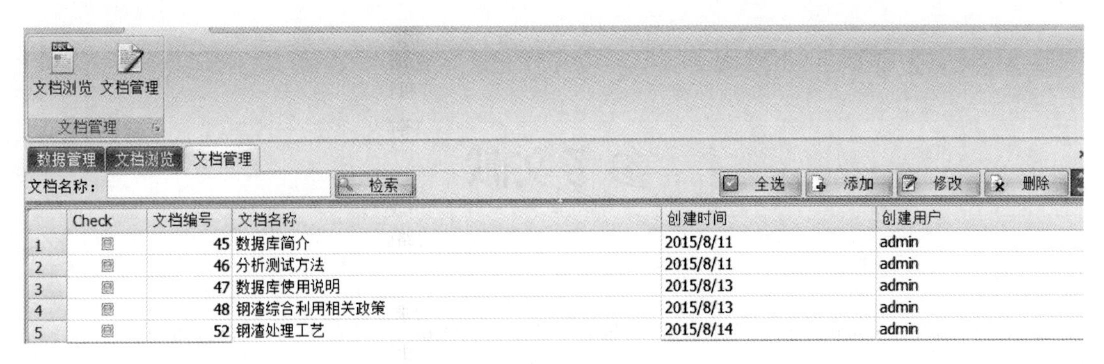
文档浏览
文档管理
文档管理
数据管理
文档浏览
文档管理
文档名称：
检索
全选
添加
修改
删除
Check
文档编号
文档名称
创建时间
创建用户
1
45
数据库简介
2015/8/11
admin
2
46
分析测试方法
2015/8/11
admin
3
47
数据库使用说明
2015/8/13
admin
4
48
钢渣综合利用相关政策
2015/8/13
admin
5
52
钢渣处理工艺
2015/8/14
admin

图 7-7　文档检索界面

参考文献

[1] MASON B. The constitution of some open-hearth slag[J]. J Iron Steel Inst. ,1994,**11**:69-80.

[2] World Steel association. Steel industry by-products[R]. Project group report 2007-2009,2010.

[3] 李建新,余其俊,韦江雄. 钢渣高温重构中 RO 相的转变规律[J]. 武汉理工大学学报,2012,**34**(5):1-4.

[4] 侯贵华,王占华,朱祥. 钢渣的难磨相组成及其胶凝性的研究[J]. 盐城工学院学报,2010,**23**(1):1-3.

[5] KOUROUNIS S,TSIVILIS S,TSAKIRIDIS P E,et al. Properties and hydration of blended cements with steelmaking slag[J]. Cement and Concrete Research,2007(37):815-822.

[6] 王雁,叶平,张伟,等. 风淬钢渣砂在混凝土中替代黄砂的试验研究[J]. 安徽冶金科技职业学院学报,2008,**18**(2):32-35.

[7] 管建红. 宝钢钢渣处理技术的发展及其产品特点[J]. 冶金丛刊,2005(1):31-33.

[8] 徐建华. 沙钢 90 t 竖炉型电弧炉氧化渣热泼工艺应用[J]. 上海金属,1998,**20**(3):59-60.

[9] 王少宁,龙跃,张玉柱. 钢渣处理方法的比较分析及综合利用[J]. 炼钢,2010,**26**(2):75-78.

[10] 金强,徐锦引,高卫波. 宝钢钢渣处理工艺及其资源化利用技术[J]. http://wenku. baidu. com/link? url=K3KYSa5sLUT7UzmsEkD_iAZOiszP25q3_0OIzkVOWper_KTMUgBC2Myp4bPGlCRIWcg4T39zmukH-cxN1FnZ41spKQuM_XyW-mBVEw6gkxe,2012-9-10.

[11] 谢良怀. 钢渣水淬工艺技术与效益[J]. 钢铁,1987,**22**(8):67-71.

[12] 谢良怀. 液态钢渣水淬粒化的防爆技术[J]. 钢铁,1994,**29**(10):63-66.

[13] 肖双林,陈荣全,谷孝保. 应用水淬法处理韶钢 120 t 转炉钢渣[J]. 材料研究与应用,2010,**4**(4):561-563.

[14] 王纯,钱雷,杨景玲,等. 熔融钢渣池式热闷在新余钢铁钢渣处理中的应用[J]. 环境工程,2012,**30**(4):90-92.

[15] 王占英. 转炉钢渣处理风淬工艺的探讨[J]. 河北冶金,1995(6):53-55.

[16] 李文翔. 钢渣风碎粒化技术的研究与实践的探讨[C]. 第十五届全国炼钢学术会议文集,2008,691-697.

[17] 胡东风,仵增. 转炉钢渣风碎技术在石钢 30 t转炉的应用[J]. 河北冶金,1997(1):35-39.

[18] 曹志栋,谢良德. 宝钢滚筒法液态钢渣处理装置及生产实绩[J]. 宝钢技术,2001(3):1-3.

[19] 李嵩. BSSF 滚筒法钢渣处理技术发展现况研究[J]. 环境工程,2013,**31**(3):113-115.

[20] 张维田. 嘉恒法钢渣综合处理利用展望[J]. 炼钢,2006,**22**(6):52-54.

[21] 解连文,司海波,何姝,等. 嘉恒法炉渣粒化工艺的应用与发展[J]. 炼铁,2003,**22**(2):53-55.

[22] 刘福岭,李永青,杜久文,等. 本钢 HK 法转炉钢渣粒化系统设计及应用[J]. 中国钢铁业,2007(10):30-32.

[23] 张志伟,黄元民,杜久文,等. 柳钢 HK 法转炉钢渣粒化系统设计及应用[J]. 中国钢铁业,2007(1):39-42.

[24] 张玉柱,鲍继伟,龙跃,等. CaO 对气淬钢渣中 C_2S 等温析晶动力学影响规律[J]. 钢铁. 2013(11):84-88.

[25] 丁宁,秦登平,王坚,等. 80 t LF 精炼特殊钢的热态返回渣的循环应用[J]. 特殊钢,2011,**32**(4):42-43.

[26] 张峰,方德. LF 热态精炼渣在转炉炼钢厂的循环应用试验[J]. 炼钢,2010,**26**(1):25-27.

[27] 崔九霄. 冶金渣的循环利用——用 LF 炉精炼渣替代转炉助熔剂[D]. 鞍山:辽宁科技大学,2007.

[28] DAHLIN A, TILLIANDER A, ERIKSSON J, et al. Influence of ladle slag additions on BOF process performance[J]. Ironmaking & Steelmaking, 2012, **39**(5): 378.

[29] 李长新. 热态精炼渣铁水脱硫循环利用的工艺实践[J]. 中国高新技术, 2014(7): 32-33.

[30] 刘航航. LF 精炼废渣循环利用脱硫方法探讨[J]. 山东冶金, 2014, **36**(2): 46-49.

[31] 崔玉元. 钢渣中有价组元回收及资源化利用的基础研究[D]. 沈阳: 东北大学, 2013.

[32] 何环宇. LF 废渣硫赋存相及亚临界水浸出去硫研究[D]. 武汉: 武汉科技大学, 2010.

[33] 赵小燕. 钢渣回用潜能评价及相关指标体系的研究[D]. 西安: 西安建筑科技大学, 2007.

[34] 朱桂林, 孙树杉. 积极采用先进设备加快推进钢渣零排放[J]. 冶金环境保护, 2007(2): 3.

[35] 宋喜民. 湿法、干法钢渣高效综合回收利用工艺及成套设备[J]. 冶金环境保护, 2007(2): 39-42.

[36] 苏兴文. 鞍钢冶金渣处理应用技术[C]. 2014 年冶金渣处理工艺及综合利用技术交流会论文集, 2014, 12-16.

[37] 李葆生. 唐钢钢渣资源化利用工程设计[J]. 炼钢, 2005, **21**(3): 54-57.

[38] LIN L, BAO Y P, WANG M, et al. Separation and recovery of phosphorus from P-bearing steelmaking slag[J]. Journal of Iron and Steel Research, International, 2014, **21**(5): 496-502.

[39] 林路, 包燕平, 王敏, 等. 二氧化钛改质对含磷转炉渣中磷富集行为的影响[J]. 北京科技大学学报, 2014, **36**(8): 1013-1018.

[40] 叶国华, 童雄, 路璐. 含钒钢渣资源特性及其提钒的研究进展[J]. 稀有金属, 2010, **34**(5): 769-775.

[41] 姬云波, 童雄, 叶国华. 提钒技术的研究现状和进展[J]. 国外金属矿选矿, 2007(5): 10-13.

[42] KIM E, SPOOREN J, BROOS K, et al. Selective recovery of Cr from stainless steel slag by alkaline roasting followed by water leaching[J]. Hydrometallurgy, 2015(158): 139-148.

[43] 张炳华, 戴仁杰. 钢渣桩加固软土地基的应用[J]. 地基基础, 1998(1): 40-42.

[44] 张贯峰, 原喜忠. 钢渣桩加固公路软土地基若干问题的简述[J]. 西部探矿工程, 2005(2): 176-177.

[45] 景天然, 黄品立, 马伊磊, 等. 高速公路软基钢渣桩加固效果的研究[J]. 华东公路, 1997(4): 34-36.

[46] 周启伟, 凌天清, 武明. 钢渣在路面基层中的应用分析[J]. 路基工程, 2011(4): 144-146.

[47] 王晓明, 李强, 李辉, 等. 水泥钢渣路面基层的质量控制[J]. 北方交通, 2006(6): 51-52.

[48] 肖常青. 水泥稳定钢渣基层施工技术及其应用研究[J]. 中外公路, 2004, **24**(5): 104-107.

[49] 刘红堂. 二灰钢渣基层的施工工艺简介[J]. 山西建筑, 2006, **32**(16): 292.

[50] 朱婧, 徐方, 魏茂. 水泥粉煤灰稳定碎石路面基层施工[J]. 科技风, 2013(11): 160-161.

[51] 谢君, 吴少鹏, 陈美祝. 钢渣在沥青混凝土中的应用[J]. 筑路机械与施工机械化, 2010(9): 28-30.

[52] 张宝华, 李鑫国, 李北春. 钢渣沥青混合料在雁栖湖联络通道路面工程中的应用[J]. 城市建设理论研究, 2012(24): 4-5.

[53] 齐广和. 钢渣沥青混合料在乌鲁木齐市政道路工程中的应用[J]. 道路工程, 2014(3): 122-124.

[54] 甄云璞, 宗燕兵, 苍大强, 等. 熔融态下掺入粉煤灰对钢渣性质的影响研究[J]. 钢铁, 2009, **44**(12): 91-94.

[55] 许亚华. 高炉水渣微粉可抑制转炉钢渣膨胀[J]. 上海金属, 1999, **21**(2): 64.

[56] MATSUMIYA T. Steelmaking technology for a sustainable society[J]. CALPHAD, 2011(35): 627-635.

[57] 徐玉州. 钢渣桩加固软土地基的机理及效果分析[J]. 铁道标准设计, 1995(3): 11-13.

[58] 胡春林, 胡义德, 王茂丽. 钢渣桩加固软土地基的工程应用[J]. 土工基础, 2006, **20**(5): 1-3.

[59] 黄涛, 王小章, 吴跃刚. 豫北某钢厂钢渣桩复合地基的试验研究与应用[J]. 岩土工程学报. 1999, **21**(3): 329-333.

[60] 袁琦. 钢渣桩在复合地基中的应用[J]. 河北冶金, 2005(5): 83-85.

[61] 关志梅. 钢渣回填技术在奥运工程中的引用[J]. 工程质量, 2008, **6**(A): 36-38.

[62] 杨凯敏, 卢都友, 严生. 钢渣配料硅酸盐水泥熟料的矿物组成和微观结构[J]. 硅酸盐通报, 2013, **32**

(6):1032-1036.

[63] MONSHI A,ASGARANI M K. Producing Portland cement from iron and steel slags and limestone[J]. Cement and Concrete Research,1999(29):1373-1377.

[64] TSAKIRIDIS P E,PAPADIMITRIOU G D,TSIVILIS S,et al. Utilization of steel slag for Portland cement clinker production[J]. J Hazard Mater,2008(152):805-811.

[65] 张桂英.转炉钢渣代铁粉配料在 5000 t/d 生产线上的应用[J].水泥,2005(11):13-14.

[66] 朱桂林,杨景玲,李可.生产钢渣粉是钢渣高价值利用的途径[J].冶金环境保护,2006(1):31-37.

[67] KOUROUNIS S,TSIVILIS S,TSAKIRIDIS P E,et al. Properties and hydration of blended cements with steelmaking slag[J]. Cement Concrete Res. ,2007(37):815-822.

[68] 陆静娟,刑天鹏,施存有,等.钢渣粉磨工艺技术探讨[J].新型建筑材料,2011(9):70-72.

[69] 魏盛远,张慧,陈玉平.高压辊磨机在国内外金属矿山的应用[J].现代矿业,2013(6):5-8.

[70] 马涛,卢忠飞,徐春明,等.日照钢铁公司钢渣粉和钢铁渣复合粉生产应用情况[J].冶金环境保护,2012(1):59-61.

[71] 王群星.透水生态钢渣混凝土路面施工技术[J].山西建筑,2010,**36**(23):296-297.

[72] 孔祥红.钢渣混凝土彩色路面砖的配比[J].天津市政工程,2001,**13**(3):40-41.

[73] 秦鸿根,王元纲,张高勤,等.掺钢渣微粉干粉砂浆的性能与应用研究[J].新型建筑材料,2004(2):7-9.

[74] 张国庆,张钦礼,周碧辉,等.煤矸石充填骨料替代品可行性研究[J].广西大学学报(自然科学版),2013,**38**(5):1223-1229.

[75] 张静文,倪文,胡文.无熟料钢渣胶凝体系制备矿山充填料的流动性能研究[J].中国新技术新产品,2013(7):81-83.

[76] 米春艳,刘顺妮,林宗寿.钢渣作水泥膨胀剂的初步研究[J].水泥工程,2000(6):1-4.

[77] 陈平,王红喜,王英.一种钢渣基新型膨胀剂的制备及其性能[J].桂林工学院学报,2002,**26**(2):259-262.

[78] 朱洪波,董容珍,马宝国,等.利用多种工业废渣制备新型水泥混凝土膨胀剂[J].建筑石膏与胶凝材料,2005(1):20-21.

[79] 杨志杰,苍大强,李宇,等.熔融钢渣制备微晶玻璃的试验研究[J].新型建筑材料,2011(7):53-54.

[80] 郭文波,苍大强,杨志杰,等.钢渣熔态提铁后的二次渣制备微晶玻璃的实验研究[J].硅酸盐通报,2011,**30**(5):1190-1192.

[81] 饶磊.钢渣熔制微晶玻璃技术研究[D].武汉:华中科技大学,2007.

[82] 李延竹.转炉钢渣制备 CMAS 系微晶玻璃的实验研究[D].贵阳:贵州大学,2015.

[83] 仪桂兰.利用不锈钢尾渣、粉煤灰制备微晶玻璃[J].中国资源综合利用,2010,**28**(10):32-34.

[84] 吴志宏,邹宗树,王承智.转炉钢渣在农业生产中的再利用.矿产综合利用,2005(6):25-28.

[85] MUNN,DAVID A. Steel Industry Slags Compared with Calcium Carbonate in Neutralizing Acid Mine Soil[J]. Ohio Journal of Science,2015,**105**(4):78-87.

[86] BECK M,DANIELS W L. Tube City IMS,LLC steel slag characterization study[R]. Department of Crop and Soil Environmental Sciences. Virginia Tech University,Blacksburg,VA. (Unpublished report),2008.

[87] 宁东峰.钢渣硅钙肥高效利用与重金属风险性评估研究[D].北京:中国农业科学院,2014.

[88] 魏贤.钢渣对不同轮作制度酸性土壤改良效果及安全性评价[D].武汉:华中农业大学,2015.

[89] TATSUHITO T,KAZUYA Y. New applications for iron and steelmaking slag[J]. NKK Technical Review,2002(87):38-44.

[90] 臧惠林.钢渣在我国南方土壤施用效果的初步研究[J].土壤,1987(6):299-303.

[91] 滑小赞,程滨,赵瑞芬,等.农田施用钢渣对玉米生产的影响[J].山西农业科学,2015,**43**(1):43-46.

[92] 滑小赞,程滨,赵瑞芬,等.农田施用钢渣对洋葱生产的影响[J].山西农业科学,2015,**43**(3):293-296.
[93] 马新,陈家杰,刘涛,等.水淬渣与钢渣硅肥对玉米硅、磷养分吸收及产量的影响[J].土壤,2016,**48**(1):1-6.
[94] 朱跃刚,陈仁民,李灿华,等.钢渣吸附剂在废水处理中的应用[J].武钢技术,2007,**45**(3):35-38.
[95] CHAMTEUT O,SUNGSU R,MYOUNGHAK O,et al. Removal characteristics of As(Ⅲ)and As(Ⅴ) from acidic aqueous solution by steel making slag[J]. Hazard Mater,2012:213-214,147-155.
[96] Water improvement initiatives in New Zealand using melter slag filter beds. http://nationalslag.org/sites/nationalslag/files/mf_205-1_water_improvement.pdf.
[97] Phosphorus and pathogen removal from wastewater,storm water and groundwater using permeable reactive materials. http://www.nationalslag.org/sites/nationalslag/files/phos_removal-bof-slag.pdf.
[98] ELAINE R,GOETZ R,GUY R. Performance of steel slag leach beds in acid mine drainage treatment [J]. Chemical Engineering Journal,2014(240):579-588.
[99] SUN Y,YAO M S,ZHANG J P,et al. Indirect CO_2 mineral sequestration by steelmaking slag with NH_4Cl as leaching solution[J]. Chemical Engineering Journal,2011,**173**:437-445.
[100] KUNZLER C,ALVES N,PEREIRA E,et al. CO_2 storage with indirect carbonation using industrial waste[J]. Energy Procedia,2011(4):1010-1017.
[101] KAKIZAWA M,YAMASAKI A,YANAGISAWA Y. A new CO_2 disposal process via artificial weathering of calcium silicate accelerated by acetic acid[J]. Energy,2001(26):341-354.
[102] ELONEVA S,PUHELOINEN E M,KANERVA J,et al. Co-utilisation of CO_2 and steelmaking slags for production of pure $CaCO_3$-legislative issues[J]. J CLEAN PROD,2010(18):1833-1839.
[103] 唐辉.利用炼钢厂废渣碳酸化固定 CO_2 的研究[D].武汉:武汉科技大学,2012.
[104] HUIJGEN W J J,COMANS R N J,WITKAMP G J. Cost evaluation of CO_2 sequestration by aqueous mineral carbonation[J]. Energy Conversion & Management,2007(48):1923-1935.
[105] OYAMADA K,WATANABE K,OKAMOTO M,et al. Reproduction technology of coral reefs using "MARINE BLOCK®"[R]. JFE Technical Report,2009.
[106] TAREK A M,HAMED A,HABIB N,et al. Coral rehabilitation using steel slag as a substrate[J]. International Journal of Environmental Protection,2012,**2**(5):1-5.
[107] 李颖,倪文,陈德平,等.冶金渣制备高强人工鱼礁结构材料的试验研究[J].材料科学与工艺,2013.**21**(1):73-78.
[108] 李琳琳,苏兴文,李晓阳,等.鞍钢钢渣矿渣制备人工鱼礁混凝土复合胶凝材料[J].硅酸盐通报,2012(31):117-121.
[109] 尚世智,杨中原.钢渣制取硫酸亚铁的研究[J].辽宁化工,2013,**42**(7):764-766.
[110] 张莉,彭峰莉,毛静,等.高铁脱硫渣制备高纯度硫酸亚铁及草酸亚铁的研究[J].环境工程学报,2009,**3**(6):1127-1131.
[111] 崔玉元,杨义同,史培阳,等.利用钢渣制备颜料型磁性氧化铁粉的试验研究[J].钢铁研究,2013,**41**(3):5-14.
[112] 王晨雪.废钢渣制备氧化铁红颜料[J].新疆有色金属,2012(增刊):110-115.
[113] 耿磊.钢渣的处理与综合应用研究[D].南京:南京理工大学,2010.
[114] 刘殿勇.钢渣煤矸石制取复合铁铝混凝剂及混凝效果研究[J].中国资源综合利用.2011,**29**(10):26-27.
[115] 郭佳林.LF炉渣返回应用的基础研究[D].西安:西安建筑科技大学,2009.
[116] 汪正洁.烧结循环使用转炉渣后磷的富集和控制[J].世界钢铁,2014(6):1-5.
[117] 张海宝.二氧化碳中和法处理水合铝酸钙的理论研究[D].长沙:中南大学,2010.

附　录　书中涉及的国家和地方标准名单

1.《钢渣化学分析方法》(YB/T 140—2009)
2.《钢渣稳定性试验方法》(GB/T 24175—2009)
3.《冶炼渣易磨性试验方法》(YB/T 4186—2009)
4.《钢渣处理工艺技术规范》(GB/T 29514—2013)
5.《烧结熔剂用高钙脱硫渣》(GB/T 24184—2009)
6.《道路用钢渣》(GB/T 25824—2010)
7.《道路用钢渣砂》(YB/T 4187—2009)
8.《钢渣混合料路面基层施工技术规程》(YB/T 4184—2009)
9.《钢渣石灰类道路基层施工及验收规范》(CJJ 35—1990)
10.《二灰钢渣混合料公路基层应用技术指南》(DB13/T 1383—2011)
11.《耐磨沥青路面用钢渣》(GB/T 24765—2009)
12.《透水沥青路面用钢渣》(GB/T 24766—2009)
13.《钢渣复合料》(GB/T 28294—2012)
14.《公路沥青路面施工技术规范》(JTG F40—2004)
15.《水泥混凝土路面用钢渣砂应用技术规程》(YB/T 4329—2012)
16.《工程回填用钢渣》(YB/T 801—2008)
17.《用于水泥原料的钢渣粒料》(DB31/T 274—2002)
18.《钢渣矿渣水泥》(GB 13590—1992)
19.《钢渣道路水泥》(YB 4098—1996)
20.《低热钢渣矿渣水泥》(YB/T 057—1994)
21.《钢渣砌筑水泥》(YB 4099—1996)
22.《用于水泥中的钢渣》(YB/T 022—2008)
23.《钢渣硅酸盐水泥》(GB 13590—2006)
24.《钢渣道路水泥》(GB 25029—2010)
25.《用于水泥和混凝土中的钢渣粉》(GB/T 20491—2006)
26.《钢铁渣粉混凝土应用技术规范》(GB/T 50912—2013)
27.《钢渣粉混凝土应用技术规程》(DG/T J08—2013—2007)
28.《混凝土多孔砖和路面砖用钢渣》(YB/T 4228—2010)
29.《泡沫混凝土砌块用钢渣》(GB/T 24763—2009)
30.《普通预拌砂浆用钢渣砂》(YB/T 4201—2009)
31.《涂覆涂料前钢材表面处理 喷射清理用非金属磨料的技术要求 第11部分:钢渣特种型砂》(GB/T 17850.11—2011)
32.《钢渣处理用磁力多刮条铠装除铁器》(JB/T 11385—2013)
33.《炼钢用预熔型铝酸钙》(YB/T 4265—2011)